高等学校电子信息类专业"十三五"规划教材

高频电子通信电路

主编 葛海波 刘智芳

西安电子科技大学出版社

内 容 简 介

本书从电子通信的全过程出发,在全面系统地介绍高频电子通信电路基本原理和分析方法的基础上,引入一些新内容。全书内容包括:绪论、信号的选频与滤波、高频小信号放大器、非线性电路和变频器、高频功率放大器、正弦波振荡器、振幅调制与解调、角度调制与解调、噪声与干扰及高频通信电子电路应用举例。

本书内容新颖,力求突出高频电子通信电路的基本原理和基本电路的分析,并注重讲解其物理含义。在讲解中,将高频电路的分析与通信系统和通信过程紧密结合,使读者可以从通信技术的角度理解和分析高频电子电路。

本书可作为通信工程、电子信息工程等专业的教材,也可作为相关专业科研及工程人员的参考书。

图书在版编目(CIP)数据

高频电子通信电路/葛海波,刘智芳主编. —西安:西安电子科技大学出版社,2020.1

ISBN 978 - 7 - 5606 - 5372 - 3

Ⅰ. ① 高…　Ⅱ. ① 葛…　② 刘…　Ⅲ. ① 高频—通信系统—电子电路—高等学校—教材　Ⅳ. ① TN91　②TN91

中国版本图书馆 CIP 数据核字(2019)第 294973 号

责任编辑　宁晓蓉　刘玉芳
出版发行　西安电子科技大学出版社(西安市太白南路 2 号)
电　　话　(029)88242885　88201467　　邮　　编　710071
网　　址　www.xduph.com　　电子邮箱　xdupfxb001@163.com
经　　销　新华书店
印刷单位　陕西天意印务有限责任公司
版　　次　2020 年 1 月第 1 版　2020 年 1 月第 1 次印刷
开　　本　787 毫米×1092 毫米　1/16　印张 15.5
字　　数　364 千字
印　　数　1~3000 册
定　　价　36.00 元
ISBN 978 - 7 - 5606 - 5372 - 3/TN

XDUP 5674001 - 1

＊＊＊ 如有印装问题可调换 ＊＊＊

前　言

"高频电子通信电路"是通信与信息系统专业的一门重要的专业基础课，也是一门工程性及实践性较强的课程。该课程的特点是概念多、电路类型多，对学生的基础知识有一定的要求。近年来，通信技术发展很快，各类电子通信系统也越来越多且越来越先进，而原来的教材内容较陈旧，不利于满足教学和现代通信发展的需要。为了使读者能够深入理解通信系统中高频电子电路的组成及工作原理，作者根据多年的教学经验和实践研究编写了本书。

本书主要讨论电子通信系统中通信电路的基本原理、线路组成和分析方法。全书共分为十章。第一章：绪论，从整体上介绍了通信系统的组成、无线通信的原理及传输方式、电子通信系统的分类。第二章：信号的选频与滤波，着重介绍了 LC 谐振回路的特性及应用。第三章：高频小信号放大器，主要介绍了晶体管 Y 参数等效电路，以及用 Y 参数等效求解谐振放大器的方法。第四章：非线性电路和变频器，介绍了非线性电路的特点、分析方法及常用电路，讨论了混频器及其干扰。第五章：高频功率放大器，介绍了谐振功率放大器的特点，分析了其特性及电路组成。第六章：正弦波振荡器，介绍了反馈型振荡器的原理、三端式振荡器电路、石英晶体振荡器。第七章：振幅调制与解调，介绍了调幅波的性质、振幅调制电路，分析了解调方法。第八章：角度调制与解调，介绍了调角波的性质，比较了 FM 与 PM 的特性、实现调频的方法及电路。第九章：噪声与干扰，分析了电子噪声的来源、特性及如何克服等。第十章：高频通信电子电路应用举例，介绍了几个高频通信电子电路芯片及其实际应用实例。

本书以通信为出发点，从通信全过程的角度展开讨论，便于读者更深入地理解高频电子线路在通信过程中的重要意义。作者力求取材广泛，注重实际和最新技术的发展，重点突出，着重讲清基本原理和方法，避免繁琐公式的推导，注重说明有关结论的物理含义。本书通俗易懂，层次清楚，推导简明扼要，可以满足不同层次读者的需要。

本书第一、二、三、五、六及第九章由葛海波编写，第四、七、八、十章由刘智芳编写。

由于作者水平有限，书中不妥之处在所难免，欢迎读者批评指正。

编者

2019 年 9 月

目　　录

第一章　绪　　论

近百年来，在自然科学领域涌现了很多重大发现和发明，无线通信系统是其中很重要的一种。无线通信在自诞生起到现在的一百多年时间里飞速发展，已广泛应用于国民经济、国防建设和人们日常生活的各个领域。

通信的目的与任务是传递信息。信息的类型很多，包括语言、音乐、图像、文字和数据等；传输信息的方法也很多，而无线电通信是其中的一个重要方法。无线电通信形式最能体现高频电子线路的应用，尽管现代各种无线电通信系统在传递信息的形式、工作方式及设备体制组成上有很大差异，但产生和接收、检测高频信号的基本电路大致相同。

本书以无线通信系统为主要对象，阐述利用高频信号和高频电子线路来传递信息的过程及其中的一些问题。本章首先介绍无线通信系统中无线电信号的发送和接收过程、传输特点及相关电路，然后介绍电子通信系统的基本类型和特性，使读者对电子通信系统有一个较全面的认识，以及对各组成部分之间的联系有所了解。

1.1　无线电通信技术

1.1.1　无线电通信系统的组成和特点

无线电通信指把声音、图像等信息以"无线电"为手段进行传送。现代无线电通信类型很多，在传递方式、频率范围、用途及设备组成上都有所不同，但它们的基本组成不变。图1.1.1是无线电通信系统的基本组成框图。

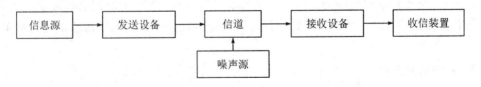

图 1.1.1　无线电通信系统框图

信息源是指所需传送的信息，如语言、文字、图像等，一般是非电物理量，这些信息在变换成电信号后，送入发送设备，以无线电形式送入信道，这里的信道就是大气层或自由空间。信号在传输过程中不可避免地会受到噪声干扰。在接收端通过接收设备把无线电信号接收下来，恢复成原信息，送给收信装置，完成无线通信过程。

1. 无线电信号传送方法

无线电是怎样把信息传送出去的呢？人耳听到的语音频率为 20 Hz～20 kHz，要把这样的信号传送出去，需要先把它变成电信号，再把电信号变换成交变的电磁振荡，就可以利用天线向空中辐射出去，但天线尺寸必须和电信号的波长为同一数量级，这种辐射才有效。前面说过，声音信号频率为 20 Hz～20 kHz，其波长范围是 $15 \times 10^3 \sim 15 \times 10^6$ m，要制造出如此大的天线是很困难的，即使这样的天线制造出来，各个电台所发出的信号频率都相同，它们在空中混在一起，收听者也无法选择所要接收的信号。为了有效地进行传输，就必须利用频率更高的电振荡，把高频振荡信号作为载体，将携带信息的低频电信号"装载"到高频振荡信号上，然后由天线辐射出去。这样天线尺寸就可以比较小，到了接收端后，再把低频电信号从高频振荡信号上"取"下来。同时，不同的发射台可以采用不同的高频振荡频率，使彼此互不干扰。

高频信号也称射频信号，广义上讲就是适宜无线电发射和传播的信号。

高频振荡信号称为载波信号，带有信息的低频电信号称为调制信号。把低频电信号装载到高频振荡信号上的过程称为调制，把低频电信号从高频振荡信号上"取"下来的过程称为解调。经过调制的高频振荡信号称为已调波。

所谓调制，就是用调制信号去控制载波信号的某一参数，使之随调制信号的变化规律而变化。如果载波是正弦波信号，其主要参数是振幅、频率和相位，调制分为三种基本方式，它们是振幅调制、频率调制、相位调制，分别用 AM、FM、PM 表示，后两种也称为角度调制。当调制信号为数字信号时，称为键控，键控的基本方式为振幅键控（ASK）、频率键控（FSK）和相位键控（PSK）。一般情况下，高频载波为单一频率的正弦波，对应调制也称为正弦调制。若载波为一脉冲信号，则称为脉冲调制。本书主要讨论模拟调制信号和正弦载波的模拟调制。

2. 无线电波频谱

已经知道在无线通信系统中，研究的信号有调制信号、载波信号和已调波信号。这些电信号有多方面的特性，其中频谱特性是描述和分析这些信号的重要方法。对于周期性信号，可以用求傅里叶级数的方法得到频谱；对于非周期信号，可以用傅里叶变换的方法分解为连续谱，信号为连续谱的积分。另外，任何信号都会占据一定的带宽，从频谱特性看，带宽就是信号能量主要部分所占据的频率范围。不同信号的带宽不同，话音频率一般在 6 kHz 以内，电视频谱宽度约为 6 MHz。无线电发射频率越高，可利用的频带宽度越宽，可用的通信信道越多，也越易于实现频分复用和频分多址。这也是无线通信采用高频的原因之一。

3. 无线电波波段

前面讲过，无线电通信是通过电磁辐射实现的，电磁波的波谱图如图 1.1.2 所示。

从图 1.1.2 可以看出，无线电波是一种波长比较长的电磁波，占据的频率范围也较宽。在自由空间中，波长和频率之间存在以下关系：

$$\lambda = \frac{c}{f} \qquad\qquad (1.1.1)$$

式中 c 为光速，其值为 3×10^8 m/s，f 和 λ 分别为无线电波的频率和波长。无线电波可以按频率或波长进行分段，称为频段或波段。

表 1.1.1 列出了无线电波的频段和波段划分以及主要传播方式和用途。表中关于传播方式和用途的划分是相对的，并不具有绝对分界线。超短波也称为米波。

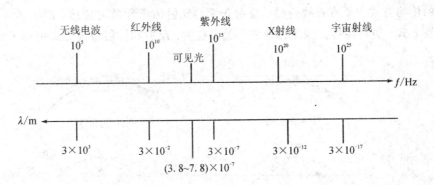

图 1.1.2 电磁波波谱图

表 1.1.1 无线电波的频段和波段划分

波段名称		波长范围	频率范围	频段名称	主要传播方式和用途
长波(LW)		$10^3 \sim 10^4$ m	30～300 kHz	低频(LF)	地波；远距离通信
中波(MW)		$10^2 \sim 10^3$ m	300 kHz～3 MHz	中频(MF)	地波、天波；广播、通信、导航
短波(SW)		10～100 m	3～30 MHz	高频(HF)	天波、地波；广播、通信
超短波(VSW)		1～10 m	30～300 MHz	甚高频(VHF)	直线传播、对流层散射；通信、电视广播、调频广播、雷达
微波	分米波(USW)	10～100 cm	300 MHz～3 GHz	特高频(UHF)	直线传播、散射传播；通信、中继与卫星通信、雷达、电视广播
	厘米波(SSW)	1～10 cm	3～30 GHz	超高频(SHF)	直线传播；中继与卫星通信、雷达
	毫米波(ESW)	1～10 mm	30～300 GHz	极高频(EHF)	直线传播；微波通信、雷达

不同的频段在用途上有一定差别。低频(LF)频段主要用于航海和航空导航；中频(MF)频段主要用于 AM 广播(535～1605 kHz)；高频(HF)频段主要用于短波电台和短波无线电广播；甚高频(VHF)主要用于移动无线电、航海航空通信、调频广播(88～108 MHz)及电视 2～13 频道；特高频(UHF)主要用于电视 14～83 频道、移动通信蜂窝电话、雷达等；超高频(SHF)主要用于微波和卫星通信系统。应当指出，不同频段信号具有不同的分析和实现方法。从使用的元器件、线路结构及工作原理方面来讲，中波、短波和米波基本相同，但它们和微波段明显不同。中波、短波和米波段采用集总参数元件，如电阻、电容和电感等，微波段采用分布参数元件，如同轴线、波导。在器件方面，中波、短波和米波段用一般的二极管、三极管和线性组件，微波段还需特殊器件如速调管、行波管、磁控管等。

本书讨论的"高频"段是指频率范围主要在 3～30 MHz，波长为 10～100 m 的短波波段。

4. 无线电波传播

无线电波的传输媒质是大气层和自由空间。无线电波也是一种电磁波，电磁波在自由空间的传播方式主要有直线传播、绕射传播、反射传播和散射传播。图 1.1.3 表示了这四种传播方式。绕射传播方式也称地波传播，直射、反射和散射传播方式也称天波传播。

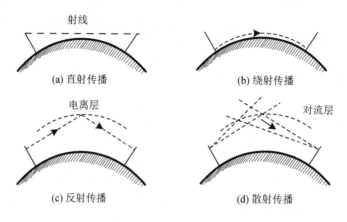

图 1.1.3　无线电波的主要传播方式

　　无线电波的直射传播，就是从发射天线发出的电波沿直线传播到接收天线。由于地球表面是一个曲面，因此在地面上直线传播的电波所能到达的距离只能在视距范围内，也称视距传播。实践表明：当发射和接收天线高度为 50 m 时，传播的通信距离约为 50 km。直射传播主要是超短波、微波和更高频率无线电波的传播方式，它主要用于中继通信、调频广播、电视和卫星通信等。

　　无线电波的另一种传播方式是绕射，它可以绕地球的弯曲面传播。由于地面是不理想导体，无线电波在绕射时，会有一部分能量损耗，通常是波长愈长，吸收愈小，损耗愈小。因此中长波无线电波主要采用绕射传播。另外由于地面电性能在较短时间内的变化不大，所以地波传播比较稳定。中长波多用作远距离通信与导航。粗略估计，辐射功率为几十千瓦的长波信号，可以用于几千千米之间的通信。不过它的天线要求很大，应用受到限制。

　　无线电波传播的另一种重要方式就是利用电离层的反射。地球表面有一个厚厚的大气层，由于受到太阳等星际空间的辐射，大气层上部的气体将发生电离产生自由电子和离子，形成电离层。电离层主要有两层，一层离地面约 100～130 km，叫 E 层，另一层离地面约 200～400 km，叫 F 层。当无线电波辐射到电离层时，电波传播方向会发生变化，有一部分电波能量被电离层吸收而损失，另一部分被电离层反射回地球表面，形成电波通信。电离层电离程度愈大，对电波的反射和吸收的作用愈强，电波的波长越长，电离层作用越强，电波越容易反射回地面。而波长较短的电波较容易穿过电离层辐射到宇宙空间。另外，电离层高度及电子和离子密度与太阳有密切关系。白天、夏天以及太阳活动频繁时，电离层中的电子密度较大，电离层的作用较强。比如中波广播，白天电离层的吸收作用很强，中波在白天基本上不能靠电离层的反射传播，传播距离只有 100 km 左右。晚上电离层作用减弱，中波可以传播较远的距离。某些位于远处的电台白天听不到，晚间就能听得清楚，就是这个原因。

　　其次，电离层也是一层介质，它对电波的折反射情况还与电波的入射角有关。入射角即入射波的传播方向与铅垂线的夹角。入射角愈大，愈易产生反射，入射角愈小，愈易产生折射。由于 F 层离地面高度约 200～400 km，一次反射的跳跃距离可达 4000 km 左右，短波可以利用这种电离层的反复折射传播很远的距离，几乎可到达地球的每个角落，因此短波是国际无线电广播的主要手段，也是现代各种无线电台通信的重要工具。上面讲过，电离层的物理特性受太阳等影响经常变化，所以短波的传播不稳定。实际中应根据电离层情况经常更换工作波长，才能获得较好的通信效果。

离地面大约 10～16 km 的大气层称为对流层，大气现象（如风、雨雪、雷电等）发生在这一层。在对流层中，大气密度比较高，物理特性也不均匀，当波长较短的电波照射到不均匀介质时，会产生杂乱反射，这种现象叫散射。散射的电波可以避免地球曲面的限制，传播到直线传播时所不能到达的地方。利用散射传播方式，可以使超短波和微波通信距离增加，一般可达 100～500 km。

由以上描述可看出，长波以地波传播为主，中波和短波以天波传播为主，超短波以直射传播为主。

现代无线电通信系统按照其关键部分的不同特性，可分为较多类型。按照通信方式来分类，主要有单工方式、半双工和全双工方式。单工通信指的是只能发或只能收的方式，实际中的例子就是广播和电视，发射台总是发送者，接收台总是接收者。半双工通信是一种既可以发也可以收但不能同时收发的通信方式，实际中有些电台和对讲机属于这种方式。双工通信是一种可以同时收发的通信方式，无线电话系统就是双工通信方式。宽带无线接入网和 LMDS（本地多点分配系统）等多址无线通信方式可同时传输话音、数据等宽带业务。

按照发射和接收信号的工作频率来分，有中波通信、短波通信、超短波通信、微波通信和卫星通信等。按照调制方式的不同来分，有调幅、调频、调相及混合调制等。不论哪种类型的无线通信系统，组成系统的设备可能有较大不同，但组成设备的基本电路都是相同的，遵从同样的原理和规律。

1.1.2 无线电发射机和接收机的基本组成

前面介绍了无线通信系统的基本组成、通信过程和特点，下面介绍无线电发射和接收部分的具体组成。图 1.1.4 是无线电发射机和接收机组成框图。

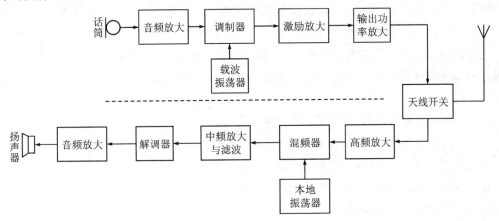

图 1.1.4 无线电发射机和接收机组成框图

图 1.1.4 中音频放大器、话筒和扬声器属低频部件，本书不予讨论。在发射部分，高频振荡产生高频正弦波，在通信中作为载波信号。若载波频率不够高，可以通过倍频器进行倍频，提高载波频率。由低频放大器输出的调制信号去控制正弦载波的某个参数，实现调制。最后经过发射前功率放大，通过天线把无线电信号辐射出去。在有些无线电发射机中，根据需要在发射前还可进行倍频或上变频，以提高发射频率。

接收机的工作过程恰好和发射机相反，它将天空中传来的电波接收下来，并把它恢复成原来的信号。接收从天空中传来的电波的任务是由接收天线完成的。由于电台很多，接收天线收到的将不仅是希望收听到的电波信号，还包含许多不同电台、不同载频的无线电信号。为了收听到所需要的信号，在接收天线之后，应有一个选择性电路。它的作用就是把所要接收的无线电信号挑选出来，把不要的信号滤掉，以免产生干扰。选择电路由电感线圈 L 和电容 C 组成，称为振荡回路，也叫谐振回路(将在第二章中介绍)。选择电路的输出就是某个电台的高频信号，刚接收的信号很微弱，需经过高频小信号放大器进行放大，如图 1.1.4 所示。利用选择电路输出的高频信号还无法推动耳机或收信装置，必须把它恢复成原来的调制信号。这种从已调波中检取出原调制信号的过程叫检波或解调，相应的部件叫检波器或解调器。把检波器获得的调制信号送到耳机，就可得到所需信息。这种最简单的接收方式称为直接检波式接收。但这种接收方式得到的信号很小，要把从天线得到的高频信号放大到几百毫伏，一般需要几级高频放大器，而每一级高频放大器都需要有一个 LC 选择回路。当被接收信号频率改变时，所有 LC 选择回路需要重新调谐，很不方便。为了克服这种缺点，实际接收机都采用超外差式电路。超外差的特点是：接收到的高频信号经过选择放大后，把已调波的载波频率 f_s 变成频率较低且固定不变的中频频率 f_I，取出中频后再进行中频放大，如图 1.1.4 所示，然后再检波。

把高频信号变为中频信号由混频器来完成。混频是超外差接收的核心部分，在后面的章节中将介绍。混频后的中频信号频率是固定不变的。收音机中的中频大都是 465 kHz，电视接收机中图像中频是 37 MHz。从图 1.1.4 中还看出，为了获得中频信号，还需外加一个正弦信号，称为本地振荡信号。由于变频后的中频频率是固定的，因此中频放大器的选择谐振回路不需要随时调整，容易实现较好的选择性。信号频率改变时，只要改变本地振荡频率即可，这就是超外差接收的优点。

上面以语音广播为例扼要地介绍了广播电台发送和接收信号的基本原理和电路组成，根据这种原理同样可以传送图像、数据等其他信息，对其他通信系统也基本适用。"高频电子通信电路"课程研究的基本内容主要包括：

(1) 高频信号产生电路(信号源、载波和本振的产生)；

(2) 高频放大电路(高频小信号放大和高频功率放大)；

(3) 高频信号变换(调制、解调和混频)。

高频电子电路就是实现高频信号的产生、放大和变换的电路。

后续章节中把这些具体高频电路作为研究对象，除此以外，还要考虑信道或接收机中的干扰与噪声问题。应该注意的是，这些电路既有线性电路，也有非线性电路。

1.2 电子通信系统的组成及类型

介绍了无线通信系统的电路组成及工作过程后，为了更好地理解通信过程，再介绍一下一般现代电子通信系统的组成。电子通信系统概括起来是在两点或多点之间用电子电路手段对信息进行传送、接收和变换的系统。原始信息可以是连续的信号，比如人的声音、音乐等，也可以是数字信号，比如二进制码等，不论是什么样的信息形式，在传播前，都要通过电子通信系统转变为电磁能量。传输媒质可以是铜线电缆、光纤或大气。图 1.2.1 为电子通信系统的组成框图。

图 1.2.1 电子通信系统的组成

电子通信系统的组成主要包括发送设备、传输媒质和接收设备。发送设备主要用电子部件和电路把原始信息变化为适合于传输媒质传输的信息。传输媒质提供了一个由发送者到接收者之间信息传输的通道。所传输信息的形式可以是铜线电缆中的电流、光纤中的光信号或前面介绍的无线电波。接收设备用电子部件和电路接收从传输媒质中传输过来的信息，并恢复成原始信息。现代电子通信系统主要包括数字通信系统、光纤通信系统、数字微波与卫星通信系统和移动通信系统等。下面简单说明它们的组成。

1.2.1 数字通信系统

数字通信系统就是用于完成数字信号产生、变换、传递及接收全过程的系统，其框图如图 1.2.2 所示。

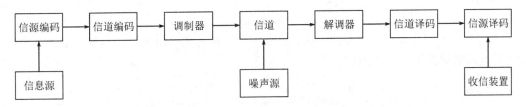

图 1.2.2 数字通信系统框图

信息源就是前面所说的需传送的信息，如声音、文字和图像等。它是模拟信号，信源编码就是把这些模拟信号变换成数字信号，即模/数转换。例如电话把话音模拟信号（300～3400 Hz）通过用户线送到数字程控交换机，通过话路模块（PCM 编译码器）变换成 64 kbit/s 的数字信号。信道编码就是把数字信号变换成适合于信道传输码型的过程。

如前所述，数字信号在通过媒质传输前，也需要进行调制，如果传输媒质是空间，就是无线传输，要传输的信号称为数字基带信号。载波可以是正弦波，把数字基带信号加载到载波上的过程就是调制。调制过的数字信号称为数字频带信号。同样，数字调制的基本方式有振幅键控（ASK）、频率键控（FSK）和相位键控（PSK）。另外还有这些方式的变异和组合方式，如二相差分相移键控（2DPSK）、正交相移键控（QPSK）、既调幅又调相的 16QAM 和 64QAM 等方式。

数字解调就是从数字频带信号中恢复出原来的数字信号，再经信道解码和码型反变换后恢复成数字基带信号的过程。它是调制的逆过程。

数字无线通信系统和模拟无线通信系统的通信过程和原理是一致的，不同之处是数字通信系统需把模拟信息转变为数字信号进行传输，从电路结构上看，除了模拟无线通信所需的电路模块外，还需要数/模和模/数转换、码型变换等电路，使电路结构更加复杂化。

1.2.2　光纤通信系统

光纤通信的发展速度非常快。目前，人们信息传送任务量的 80% 是由光纤通信来完成的，它是世界信息革命的重要标志。光纤通信系统是把光作为信息载体的电子通信系统，它同样由发送部分、接收部分和传输媒质三大部分构成，其中传输媒质是光纤。目前普遍采用的数字光纤通信系统，是采用数字编码信号经"强度调制—直接检波"形成的通信系统。这里的强度指光强度，就是利用数字信号直接调制光源强度。直接检波（解调）是指信号在光接收机的光频上检测出数字脉冲信号。光纤通信系统的框图如图 1.2.3 所示。

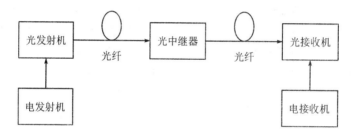

图 1.2.3　光纤通信系统框图

电端机由电发射机和电接收机组成，在发送时，其作用是利用电发射机把要传送的电信号转换为脉冲编码调制（PCM）信号，即转换为数字信号。在接收时，其作用相反。

光端机主要由光发射机、光接收机、信号处理及辅助电路组成。光发射机主要完成电/光转换，其组成如图 1.2.4 所示。

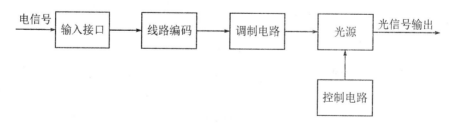

图 1.2.4　光发射机主要组成

来自电发射机的数字信号，经过编码、调制，再由光源变为光信号送入光纤。编码实质上就是信号处理，把数字脉冲信号再处理，进行码型变换，使之适合光纤传输。辅助电路主要包括告警、公务、监控及区间通信等。

光接收机主要完成光/电转换，其组成如图 1.2.5 所示。

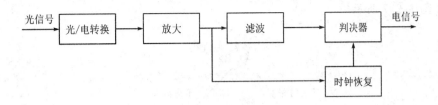

图 1.2.5　光接收机主要组成

　　光接收机工作过程与光发射机相反，由光电检测器把光纤传来的光信号转变为电信号，经过放大后，由判决器恢复成数字信号，再由解码器解码恢复成脉冲调制(PCM)信号送至电接收机，完成光纤通信过程。在这个过程中同样需要信号处理等其他辅助电路。这里主要讨论的是数字光纤通信系统，实际中还有模拟光纤通信系统，比如光纤 CATV 系统等。

　　光纤通信系统与一般通信系统的通信过程和基本原理是一致的，只是具体采用的设备和传输媒质不同，但其中采用的很多电路形式和完成功能都很类似。

1.2.3　数字微波与卫星通信系统

　　微波通信就是以自由空间或大气为传输媒质的无线通信系统。微波波长短，接近光波，是直线传播，要求两个通信点间无阻挡，即前面讲的视距传播。这样两站间的通信距离不会太远，一般为 50 km。要实现远距离传送信号，就要像人们进行接力赛那样，由接力中继站把信号一段一段往前传送，又称为微波接力通信。

　　数字微波通信系统由两个终端站和若干个中间中继站构成。如图 1.2.6 所示。从图上看出，当甲地的 PCM 电信号要传到乙地时，先对数字基带信号进行多路复用或压缩，再经数字调制形成数字中频调制信号(70 MHz 或 140 MHz)，再送入发送设备，进行射频调制变成微波信号，进而送入发射天线向微波中继站发送。经微波中继站转发后，送到乙地接收站，接收站把微波信号经过混频、中频解调恢复出数字基带信号，形成原 PCM 电信号。

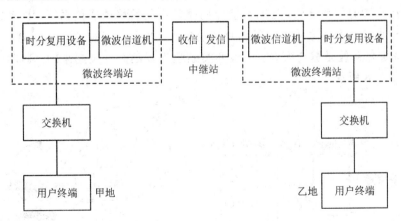

图 1.2.6　数字微波通信系统

　　卫星通信是地面微波中继通信的发展，卫星通信是指利用人造地球卫星作为中继站转发无线电信号，在多个地球站之间进行信息交流的通信方式。

　　卫星通信主要包括发端地球站、收端地球站、上行链路、下行链路和通信卫星等部分，其组成如图 1.2.7 所示。

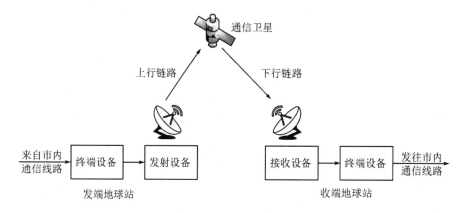

图 1.2.7　卫星通信系统组成

　　当甲地要向乙地传送信息时,甲地地球站把本站信息的电信号组成基带信号,经过调制器变换为中频信号(70 MHz),再经上变频变为微波信号,经高功放放大后,由天线发向卫星(上行链路)。卫星收到甲地球站的上行信号,经放大处理,变换为下行的微波信号。乙地收端地球站收到从卫星传送来的信号(下行链路),经低噪声放大、下变频、中频解调,还原为基带信号,并分路后送到各信息用户。这就完成了甲地至乙地的信息传输过程。乙地地球站发向甲地的信号传输过程与此相同。这样地面站和卫星都要求具有双工通信功能,地面站要向卫星发射信号,也要接收卫星转发的其他地面站送给本站的信号,只是上行链路、下行链路的频率不同而已。

　　微波和卫星通信同上节介绍的无线通信系统相比,其通信过程和方法是一样的,只是频率更高,要采用一些特殊设备来实现。

1.2.4　移动通信系统

　　除了上述几种通信系统外,还有目前应用非常广泛的移动通信系统。移动通信就是指通信的双方至少有一方在移动中进行信息的交换。这里的信息应当包括语音、数据、图像等多种。移动通信系统是综合有线、无线两类系统为基础而发展起来的。移动通信系统结构框图如图 1.2.8 所示。

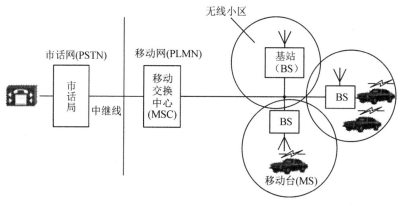

图 1.2.8　移动通信系统结构框图

在移动通信系统中，移动部分体现在基站与移动终端之间，它是移动通信的主体部分。每个基站都有一个通信服务范围，称之为无线小区。基站与移动终端通过电磁波来传送信号，为无线通信。基站与移动交换机之间、移动交换机与移动交换机之间及与市话网之间是通过光纤来传送信息的，是有线通信。

移动通信目前在我国主要有两种体系，一种是全球移动通信系统（GSM），另一种是码分多址（CDMA）移动通信系统。移动通信系统在我国发展迅速，目前第四代移动通信系统（4G）已商用化，5G 即将预商用，6G 的研发已经启动。

1. 全球移动通信系统（GSM）

GSM 使用频段为 900 MHz 和 1.8 GHz，频带宽度为 25 MHz，通信方式为全双工，双工通信时收、发频率间隔为 45 MHz，信道数字结构为时分多址（TDMA）帧结构，调制方式为高斯最小移频键控（GMSK）。

GSM 的终端设备是移动电话，也就是常说的手机。它的内部电路主要包括无线部分、基带信号处理和控制部分、接口部分。GSM 移动手机的原理框图如图 1.2.9 所示。

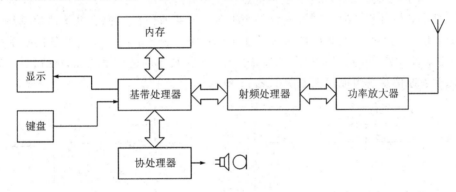

图 1.2.9　GSM 移动手机的原理框图

无线部分主要为高频系统，包括天线、发送、接收、调制与解调、振荡器等。它和模拟无线通信系统的原理是一样的。

基带信号处理和控制部分主要涉及发送通道和接收通道。在控制器的控制下，发送通道主要对信号进行语音编码、信道编码、加密及帧形成。接收通道的工作可看作发送通道的逆过程。接口部分主要指语音接口，用以实现 A/D 及 D/A 转换、语音传输等，这部分工作过程与数字通信系统工作过程是类似的。

2. 码分多址（CDMA）移动通信系统

码分多址移动通信系统是近些年才发展起来的。码分多址利用码型区别用户，实现多路用户同时收发信号。

在 CDMA 系统中，在一个小区内使用同一频率，各用户同时发送和接收信号。各个用户在同一个频带内占用相同带宽，为了最大限度降低各用户之间的干扰，码分系统一般与扩频技术结合使用。在实际中较多采用直接序列（DS）扩频技术。

直接序列扩频技术是指用一高速伪随机序列与信息数据相乘（模 2 加）。由于伪随机序列的带宽远大于信息数据带宽，从而扩展了传输信号频带。码分多址直接序列扩频通信系统的组成框图如图 1.2.10 所示。

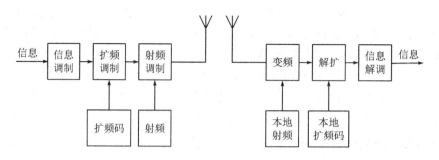

图 1.2.10　码分多址直接序列扩频通信系统的组成框图

发端用户数据信息首先与对应的用户地址码调制，再与高速伪随机码(PN 码)进行扩频调制，最后进行发射前调制与功放。在接收端，对接收到的信号进行混频解调后，再进行与发端对应的相反的操作，从而得到所需用户信息。

前面介绍了几类通信系统的组成及特点，这些通信系统在具体实现方法和设备上有较大不同，但从通信过程和原理上看又都是类似的。这些通信系统都是电子通信系统，应该强调的是，现在各类通信系统中都融入了计算机技术，如光端机等通信设备包括手机中都包含有 CPU 及软件。在这里把融合了计算机硬、软件技术的通信系统称为现代电子通信系统。现代电子通信系统组成框图如图 1.2.11 所示。

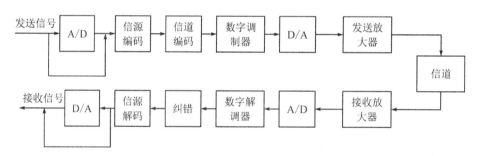

图 1.2.11　现代电子通信系统组成框图

由于各种技术发展不平衡，因此各类通信系统的发展水平与状况也不尽相同，但其发展的一个很重要的趋势是"五化"，即数字化、综合化、宽带化、智能化和个人化。近年来，还出现了软件无线电技术，它的基本思想是将宽带模/数和数/模转换器尽可能靠近天线。软件无线电技术可以解决多种通信标准及频谱拥挤的问题，它的最大优点是基于同样的硬件环境，针对不同功能采用不同的软件来实现。另外，随着集成电路和数字信号处理(DSP)技术的迅速发展，各种通信电路甚至系统都可以做在一个芯片内，称为片上系统。

1.3　本课程的特点

本章在着重介绍了无线电通信系统和无线电广播技术的组成和特点的基础上，介绍了现代各类电子通信系统的基本组成和发展特点。目的是让读者清楚，任何通信系统的基本原理是一致的，一个通信过程需要由能完成各种功能的单元电路组成，而能够实现各种功能的单元电路就是本书后面各章讨论的内容(有些功能可能未涉及)。读者应首先从通信系统及通信过程理解各种功能单元电路的作用及意义,这样当学习完各种单元电路后就可以更好地理解通信过程及其意义。本书各章节内容就是按照通信过程实现的顺序来安排的。

通信系统及设备中的各种功能单元电路都是高频电子线路,这些电路几乎都是由线性元件和非线性器件组成的,而具有非线性器件的电路都是非线性电路。在不同的使用条件下,非线性器件表现的非线性程度有所不同。例如高频小信号放大器,在输入小信号情况下,其非线性可以用线性等效电路来表示。本书中的绝大部分电路都是非线性电路,非线性是本课程的重要特点。

在分析非线性电路时,不能采用线性电路的分析方法,也就是叠加原理在非线性电路中不适用,必须求解非线性方程(包括微分方程等)。实际中想精确求解比较困难,一般采用近似方法。非线性电路中物理概念很多,读者应注重其物理意义,根据实际情况进行合理的近似,而不必过分追求理论的严格性。

高频电子通信电路能够实现的功能和单元电路很多,实现每一种功能的电路形式更是繁多。随着微电子技术的发展和各类高频集成电路不断出现,各类现代电子通信系统及相关设备中的电路更是千差万别,但它们都是由基本非线性器件实现的,也都是在分立器件基础上,在为数不多的基本电路的基础上发展起来的。因此,在学习过程中,应抓住各种电路的共性,把握基本电路的分析方法和物理意义,把握各种功能之间的内在联系,把握高频电路的系统性,这样对提高电路的系统设计能力和加深对通信过程的理解是非常有意义的。

高频电子通信电路是在科学技术和实践中发展起来的,具有很强的实践性和工程性,只有通过实践才能深入理解。因此,在本课程的学习中应注重实践和实验环节,在实践中积累经验,深化理解。

思考题与习题

1.1 画出无线电广播发射调幅系统的组成框图以及各框图对应的波形。

1.2 画出无线电接收设备的组成框图以及各框图对应的波形。

1.3 无线通信为什么要进行调制?

1.4 FM 广播、TV 以及导航移动通信均属于哪一波段通信?

1.5 非线性电路的主要特点是什么?

第二章　信号的选频与滤波

2.1　概　　述

选频网络在高频电子线路中有广泛的应用。其主要作用是从不同频率的信号中选出需要的频率分量，滤除不需要的频率分量，另外还完成作为负载和变换阻抗等任务。

通常在高频电子电路中应用的选频网络分为两大类。第一类是由电感和电容元件组成的振荡回路（也称谐振回路），它又可分为单振荡回路和耦合振荡回路；第二类为各种滤波器，如石英晶体滤波器、陶瓷晶体滤波器和声表面波滤波器等。

本章重点讨论第一类振荡回路，特别是第一类中的谐振回路。对第二类即滤波器只进行简单介绍。

谐振回路是由电感和电容器串联或并联组成的回路，它具有谐振特性和选择性。图2.1.1是串联振荡回路，图2.1.2是并联振荡回路。

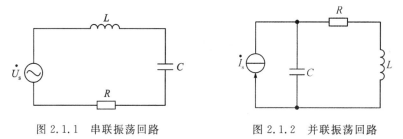

图 2.1.1　串联振荡回路　　　　　　图 2.1.2　并联振荡回路

2.2　串联谐振回路

2.2.1　基本原理、谐振频率与品质因数

图 2.1.1 是由电感 L、电容 C、电阻 R 和外加电源 $\dot{U}_s$ 组成的串联振荡回路。R 是电感的等效串联电阻，电容的等效串联电阻可忽略不计，其回路阻抗 Z 为

$$Z = R + \mathrm{j}\left(\omega L - \frac{1}{\omega C}\right) = R + \mathrm{j}X = |Z|\,\mathrm{e}^{\mathrm{j}\varphi} \tag{2.2.1}$$

回路电抗 X 为

$$X = \omega L - \frac{1}{\omega C} \tag{2.2.2}$$

由式(2.2.1)的阻抗公式，可以得到阻抗的模值和辐角分别为

$$|Z| = \sqrt{R^2 + X^2} = \sqrt{R^2 + \left(\omega L - \frac{1}{\omega C}\right)^2} \qquad (2.2.3)$$

$$\varphi = \arctan \frac{X}{R} = \arctan \frac{\omega L - \dfrac{1}{\omega C}}{R} \qquad (2.2.4)$$

可见，回路总电抗 X、回路总阻抗 $|Z|$、阻抗角 φ 均与 ω 有关，其变化曲线如图 2.2.1 所示。

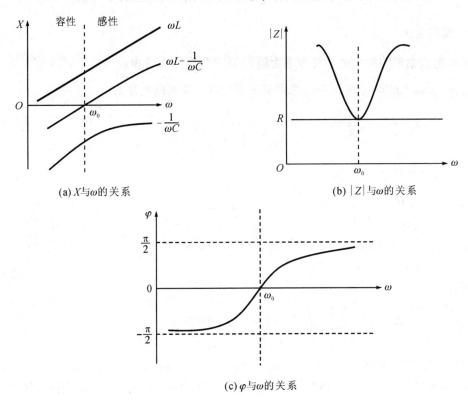

(a) X 与 ω 的关系　　　　　　　　(b) $|Z|$ 与 ω 的关系

(c) φ 与 ω 的关系

图 2.2.1　X、$|Z|$、φ 与 ω 的关系

从图 2.2.1 中曲线可知：

(1) $\omega < \omega_0$ 时，$X < 0$，此时串联振荡回路阻抗是容性的，且 $|Z| > R$，阻抗角 $\varphi < 0$；

(2) $\omega > \omega_0$ 时，$X > 0$，此时串联振荡回路阻抗是感性的，且 $|Z| > R$，阻抗角 $\varphi > 0$；

(3) $\omega = \omega_0$ 时，$X = 0$，此时串联振荡回路是纯阻性的，且 $|Z| = R$，阻抗角 $\varphi = 0$。

可以看出，在某一特殊频率 ω_0 时 $X = 0$，电路的阻抗最小，电流最大，此时电路称为谐振，所以谐振条件是 $X = 0$，即 $\omega L = \dfrac{1}{\omega C}$，此时有

$$\omega_0 = \frac{1}{\sqrt{LC}}, \qquad f_0 = \frac{1}{2\pi \sqrt{LC}} \qquad (2.2.5)$$

式中，ω_0 称为谐振角频率，f_0 称为谐振频率。当回路谐振时，有

$$\omega_0 L = \frac{1}{\omega_0 C} = \frac{\sqrt{LC}}{C} = \sqrt{\frac{L}{C}} \qquad (2.2.6)$$

令 $\rho = \sqrt{L/C}$，称为谐振回路的特性阻抗。

谐振时，回路的感抗值和容抗值相等，我们把谐振时回路感抗值与回路电阻 R 的比值或谐振时回路容抗值与回路电阻 R 的比值称为品质因数，一般用 Q 来表示。

$$Q = \frac{\omega_0 L}{R} = \frac{1}{\omega_0 CR} = \frac{1}{R}\sqrt{\frac{L}{C}} \qquad (2.2.7)$$

2.2.2 串联谐振回路的谐振曲线、相频特性曲线和通频带

1. 谐振曲线

回路电流幅值与外加电动势频率之间的关系曲线称为谐振曲线。设回路电流为 $\dot{I}$，谐振时电流为 $\dot{I}_0$，此即为 I/I_0 与 ω 之间的关系，而已知回路电流为

$$\dot{I} = \frac{\dot{U}_s}{R + j\left(\omega L - \dfrac{1}{\omega C}\right)} \qquad (2.2.8)$$

谐振时电流 $\dot{I}_0 = \dot{U}_s/R$，则有

$$\frac{\dot{I}}{\dot{I}_0} = \frac{R}{R + j\left(\omega L - \dfrac{1}{\omega C}\right)} = \frac{1}{1 + j\dfrac{\omega L - \dfrac{1}{\omega C}}{R}} = \frac{1}{1 + j\dfrac{\omega_0 L}{R}\left(\dfrac{\omega}{\omega_0} - \dfrac{\omega_0}{\omega}\right)} = \frac{1}{1 + jQ\left(\dfrac{\omega}{\omega_0} - \dfrac{\omega_0}{\omega}\right)}$$

$$(2.2.9)$$

它的模为

$$\frac{I}{I_0} = \frac{1}{\sqrt{1 + Q^2\left(\dfrac{\omega}{\omega_0} - \dfrac{\omega_0}{\omega}\right)^2}} \qquad (2.2.10)$$

根据式(2.2.10)可画出相应的谐振曲线，如图 2.2.2 所示。从图中可以看出，对于同样的频率偏移，Q 值越大，I/I_0 越小，曲线越尖锐，对外加电压的选频作用越显著，回路选择性越好。

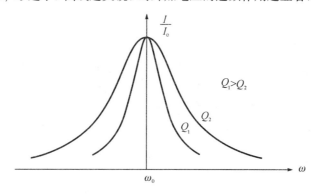

图 2.2.2　串联振荡回路的谐振曲线

在实际应用中，经常用外加电压的频率 ω 与回路谐振频率 ω_0 之差 $\Delta\omega = \omega - \omega_0$ 表示频率偏离程度，将 $\Delta\omega$ 称为失谐。在式(2.2.10)中，当 ω 与 ω_0 很接近时，有

$$\frac{\omega}{\omega_0} - \frac{\omega_0}{\omega} = \frac{\omega^2 - \omega_0^2}{\omega_0\omega} = \left(\frac{\omega + \omega_0}{\omega}\right)\left(\frac{\omega - \omega_0}{\omega_0}\right) \approx \frac{2\omega}{\omega}\left(\frac{\omega - \omega_0}{\omega_0}\right) = \frac{2\Delta\omega}{\omega_0} \qquad (2.2.11)$$

因此,式(2.2.10)可写成

$$\frac{I}{I_0} = \frac{1}{\sqrt{1 + Q^2\left(\dfrac{\omega}{\omega_0} - \dfrac{\omega_0}{\omega}\right)^2}} = \frac{1}{\sqrt{1 + \left(Q\dfrac{2\Delta\omega}{\omega_0}\right)^2}} \quad (2.2.12)$$

所以有

$$\frac{\omega L - \dfrac{1}{\omega C}}{R} = \frac{X}{R} = \frac{\omega L\omega_0}{R\omega_0} - \frac{\omega_0}{\omega C R\omega_0} = Q\left(\frac{\omega}{\omega_0} - \frac{\omega_0}{\omega}\right) \approx Q\frac{2\Delta\omega}{\omega_0} \quad (2.2.13)$$

式中,$Q\dfrac{2\Delta\omega}{\omega_0}$ 仍旧具有失谐的含义,所以称 $Q\dfrac{2\Delta\omega}{\omega_0}$ 为广义失谐,用 ξ 来表示。

2. 相频特性曲线

串联振荡回路的相频特性曲线是指回路的电流相角 ψ 随频率 ω 变化的曲线。由式(2.2.9)和式(2.2.12)可求得回路电流相角 ψ 的表达式为

$$\frac{\dot{I}}{\dot{I}_0} = \frac{1}{1 + \mathrm{j}\dfrac{X}{R}} = \frac{1 - \mathrm{j}\dfrac{X}{R}}{1 + \left(\dfrac{X}{R}\right)^2} \quad (2.2.14)$$

$$\psi = -\arctan\frac{X}{R} = -\arctan Q\frac{2\Delta\omega}{\omega_0} = -\arctan\xi \quad (2.2.15)$$

根据式(2.2.15)画出不同 Q 值时的相频特性曲线,如图 2.2.3 所示。由图可知,Q 值越大,电流相频特性曲线在谐振频率 ω_0 附近的变化越陡峭。

3. 通频带

为了衡量谐振回路的选择性,引入通频带的概念。当回路外加电动势保持不变,频率改变为 $\omega = \omega_1$ 或 $\omega = \omega_2$ 时,回路电流值下降为谐振值 I_0 的 $\dfrac{1}{\sqrt{2}}$,如图 2.2.4 所示。$\omega_2 - \omega_1$ 称为回路的频带宽度。

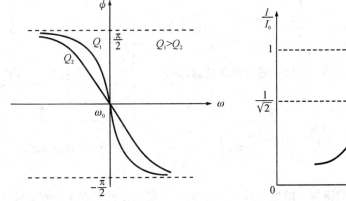

图 2.2.3 串联振荡回路的相频特性曲线

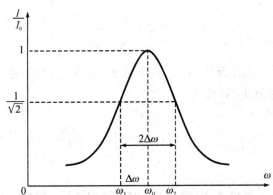

图 2.2.4 串联振荡回路的通频带

通频带可表示为 $2\Delta\omega = \omega_2 - \omega_1$,$\omega_1$ 和 ω_2 称为通频带的边界角频率。在边界角频率 ω_1 和 ω_2 上,$I/I_0 = 1/\sqrt{2}$。这时,回路中所损耗的功率为谐振时的一半,所以 ω_1 和 ω_2 也称为半功率点。

由式(2.2.12)可知 $\dfrac{I}{I_0}=\dfrac{1}{\sqrt{1+\xi^2}}$，故在边界角频率点上有 $\dfrac{1}{\sqrt{1+\xi^2}}=\dfrac{1}{\sqrt{2}}$，即广义失谐 $\xi=\pm1$。根据广义失谐的定义，有

$$\xi_2=2\frac{\omega_2-\omega_0}{\omega_0}Q=1，而\ \omega_2>\omega_0，可知\ \omega_2-\omega_0=\frac{\omega_0}{2Q};$$

$$\xi_1=2\frac{\omega_1-\omega_0}{\omega_0}Q=-1，而\ \omega_1<\omega_0，可知\ \omega_1-\omega_0=-\frac{\omega_0}{2Q}。$$

将上述两式相减，可得通频带的表达式为

$$2\Delta\omega=(\omega_2-\omega_0)-(\omega_1-\omega_0)=\omega_2-\omega_1=\frac{\omega_0}{Q}\quad 或\quad 2\Delta f=\frac{f_0}{Q}\quad(2.2.16)$$

可得出结论：通频带与回路的 Q 值成反比，Q 越高，选择性越好，但通频带越窄。

4. 有载品质因数

Q 为无载品质因数(不考虑负载 R_L 和信号源内阻 R_s)，若信号源内阻为 R_s，负载为 R_L，则此时电路中的总电阻为 $R+R_s+R_L$，此时的品质因数称为有载品质因数 Q_L，可用下式表示

$$Q_L=\frac{\omega_0 L}{R+R_s+R_L}\quad(2.2.17)$$

可见，由于 R_L 和 R_s 的存在，回路的有载品质因数 Q_L 比无载品质因数 Q 要小。

2.3 并联谐振回路

2.3.1 阻抗及谐振频率

如图 2.3.1 所示的并联振荡回路，R 为电感的等效电阻，回路两端的阻抗为

$$Z=\frac{(R+j\omega L)\dfrac{1}{j\omega C}}{R+j\omega L+\dfrac{1}{j\omega C}}\quad(2.3.1)$$

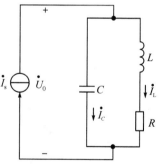

图 2.3.1　并联振荡回路

在实际应用中，由于电感内阻 R 比较小，通常都满足 $\omega L\gg R$ 的条件，因此有

$$Z\approx\frac{L/C}{R+j\left(\omega L-\dfrac{1}{\omega C}\right)}=\frac{1}{\dfrac{CR}{L}+j\left(\omega C-\dfrac{1}{\omega L}\right)}$$

$$=R_e+jX_e\quad(2.3.2)$$

当电抗 X_e 为 0 时，电路达到谐振，即当 $\omega_p C=\dfrac{1}{\omega_p L}$ 时，并联谐振回路发生谐振，可求出并联谐振角频率 ω_p 为

$$\omega_p=\frac{1}{\sqrt{LC}}\quad(2.3.3)$$

此时谐振回路呈现纯阻性且谐振电阻 R_p 最大，谐振电导 G_p 最小。回路阻抗可表示为

$$Z = Z_{\max} = R_p = \frac{1}{G_p} = \frac{L}{CR} = \frac{\omega_p^2 L^2}{R} \tag{2.3.4}$$

和串联振荡回路一样，并联振荡回路的品质因数 Q_p 定义为

$$Q_p = \frac{\omega_p L}{R} = \frac{1}{\omega_p CR} = \frac{1}{R}\sqrt{\frac{L}{C}} \tag{2.3.5}$$

因此式(2.3.4)也可表示为

$$R_p = \frac{\omega_p^2 L^2}{R} = Q_p \omega_p L = \frac{1}{\omega_p^2 C^2 R} = Q_p \frac{1}{\omega_p C} \tag{2.3.6}$$

并联振荡回路的等效阻抗 Z、电阻 R_e、电抗 X_e 随频率的变化曲线如图 2.3.2 所示。

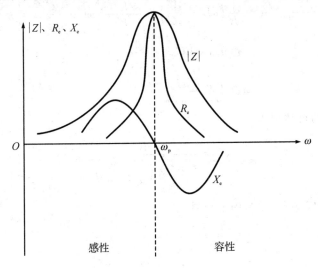

图 2.3.2　并联振荡回路等效阻抗等与频率的关系

从图中可以看出：

(1) 谐振时阻抗最大，且回路呈纯阻性。

(2) 失谐时，Z 包含 R_e 和 X_e 且有当 $\omega < \omega_p$ 时，$X_e > 0$，回路呈感性；当 $\omega > \omega_p$ 时，$X_e < 0$，回路呈容性。这些特性与串联振荡回路刚好相反。

(3) 谐振时，回路端电压 $\dot{U}_0$ 与 $\dot{I}_s$ 同相，电容支路电流 $\dot{I}_{Cp}$ 超前 $\dot{I}_s$ 90°，电感支路电流 $\dot{I}_{Lp}$ 滞后 $\dot{I}_s$ 90°，其相位相反，且满足矢量和 $\dot{I}_{Cp} + \dot{I}_{Lp} = \dot{I}_s$。此外，在谐振时：

$$\dot{U}_0 = \dot{I}_s \cdot \frac{L}{CR} = \dot{I}_s R_p = Q_p^2 R \cdot \dot{I}_s = Q_p \omega_p L \cdot \dot{I}_s = Q_p \frac{1}{\omega_p C} \cdot \dot{I}_s$$

$$\dot{I}_{Cp} = \frac{\dot{U}_0}{\frac{1}{j\omega_p C}} = j\omega_p C \cdot \dot{U}_0 = j\omega_p C \cdot \dot{I}_s Q_p \frac{1}{\omega_p C} = jQ_p \dot{I}_s$$

$$\dot{I}_{Lp} = \frac{\dot{U}_0}{j\omega_p L} = \frac{\dot{U}_0}{j\omega_p L} = \frac{Q_p \omega_p L \dot{I}_s}{j\omega_p L} = -jQ_p \dot{I}_s \tag{2.3.7}$$

可以看出电感支路和电容支路电流相位相反，且大小都等于信号源电流的 Q_p 倍。并联谐振又称为电流谐振。

2.3.2　谐振曲线、相频特性曲线和通频带

由图 2.3.1 所示的并联振荡电路看出，回路输出电压 $\dot{U}$ 可表示为

$$\dot{U} = \dot{I}_s Z = \frac{\dot{I}_s \frac{L}{C}}{R + j\left(\omega L - \frac{1}{\omega C}\right)} = \frac{\dot{I}_s \frac{L}{CR}}{R + \frac{j\left(\omega L - \frac{1}{\omega C}\right)}{R}} \tag{2.3.8}$$

又由于

$$\frac{\omega L - \frac{1}{\omega C}}{R} = \frac{1}{R}\left(\omega L - \frac{1}{\omega C}\right) = \frac{\sqrt{L/C}}{R}\left[\omega L \cdot \frac{\sqrt{C}}{\sqrt{L}} - \frac{1}{\omega C} \cdot \frac{\sqrt{C}}{\sqrt{L}}\right]$$

$$= Q_p\left(\omega\sqrt{LC} - \frac{1}{\omega\sqrt{LC}}\right)$$

$$= Q_p\left(\frac{\omega}{\omega_p} - \frac{\omega_p}{\omega}\right)$$

所以式（2.3.8）可整理为

$$\dot{U} = \frac{\dot{I}_s R_p}{1 + jQ_p\left(\frac{\omega}{\omega_p} - \frac{\omega_p}{\omega}\right)}$$

而谐振时回路两端电压 $\dot{U}_0 = \dot{I}_s R_p$，则有

$$\frac{\dot{U}}{\dot{U}_0} = \frac{1}{1 + jQ_p\left(\frac{\omega}{\omega_p} - \frac{\omega_p}{\omega}\right)} \tag{2.3.9}$$

可导出并联振荡回路的谐振曲线表达式和相频特性曲线表达式为

$$\frac{U}{U_0} = \frac{1}{\sqrt{1 + Q_p^2\left(\frac{\omega}{\omega_p} - \frac{\omega_p}{\omega}\right)^2}} \tag{2.3.10}$$

$$\psi = -\arctan Q_p\left(\frac{\omega}{\omega_p} - \frac{\omega_p}{\omega}\right) \tag{2.3.11}$$

当外加信号频率 ω 与回路谐振频率 ω_p 很接近时，上两式可写为

$$\frac{U}{U_0} = \frac{1}{\sqrt{1 + \left(Q_p\frac{2\Delta\omega}{\omega_p}\right)^2}} = \frac{1}{\sqrt{1 + \xi^2}} \tag{2.3.12}$$

$$\psi = -\arctan Q_p\frac{2\Delta\omega}{\omega_p} = -\arctan\xi \tag{2.3.13}$$

将上述两式与式（2.2.12）及式（2.2.15）进行比较，可以看出并联回路的谐振曲线和相频特性与串联回路相同，只不过纵坐标由串联振荡回路的 $\frac{I}{I_0}$ 换成了并联振荡回路的 $\frac{U}{U_0}$；在串联振荡回路中，ψ 是指回路电流 $\dot{I}$ 与信源电势 $\dot{U}_s$ 的相位差，在并联振荡回路中，ψ 指端电压 $\dot{U}$ 对信源电流 $\dot{I}_s$ 的相位差。

同样，并联回路的通频带为

$$2\Delta\omega = \frac{\omega_{p}}{Q_{p}}, \ 2\Delta f = \frac{f_{p}}{Q_{p}} \tag{2.3.14}$$

2.3.3　回路抽头时的阻抗变换

前述串、并联谐振回路，在高频、低阻负载时难以实现良好的阻抗匹配与选频作用，此时往往采用抽头式并联谐振回路实现阻抗变换。带抽头的并联谐振回路如图 2.3.3 所示。

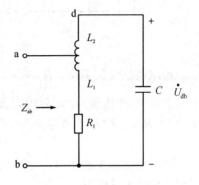

图 2.3.3　带抽头的并联谐振回路

为分析简单，不考虑 L_1 和 L_2 之间的互感 M 时，令 $p=\dfrac{L_1}{L_1+L_2}=\dfrac{L_1}{L}$，$p$ 称为接入系数，且通常有 $p<1$，此时可将 L_2 和 C 看成一个等效 C'，则 a、b 两端的等效阻抗为并联谐振回路阻抗

$$|Z_{ab}| = \frac{(\omega_{p}L_1)^2}{R_1} \tag{2.3.15}$$

此时并联谐振回路谐振频率为

$$\omega_{p} = \frac{1}{\sqrt{(L_1+L_2)C}} = \frac{1}{\sqrt{LC}}$$

将其代入式(2.3.15)，可得

$$|Z_{ab}| = \left(\frac{L_1}{L}\right)^2 \frac{L}{CR_1} = p^2 |Z_{db}| \tag{2.3.16}$$

其中 $Z_{db} = \dfrac{L}{CR_1}$ 为谐振时 d、b 两端的等效阻抗，所以有

$$|Z_{ab}| = p^2 |Z_{db}|, \qquad |Z_{db}| = \frac{|Z_{ab}|}{p^2} \tag{2.3.17}$$

可见，当 p 值改变时，回路参数没有改变，只改变了抽头位置，就可以改变回路 a、b 两端等效阻抗，即由低抽头向高抽头转换时，等效阻抗提高了 $1/p^2$ 倍，当由高抽头向低抽头变换时，等效阻抗变成了原来的 p^2 倍。

除了阻抗需要折合外，有时电压源和电流源也需要折合。对于电压源，存在如下的关系：

$$\dot{U}_{ab} = \frac{\omega L_1}{\omega L_1 + \omega L_2}\dot{U}_{db} = \frac{L_1}{L_1+L_2}\dot{U}_{db} = p\dot{U}_{db} \tag{2.3.18}$$

即

$$\dot{U}_{ab} = p\dot{U}_{db} \quad 且 \quad \dot{U}_{db} = \frac{\dot{U}_{ab}}{p} \tag{2.3.19}$$

即 a、b 端电压为 d、b 端电压的 p 倍。

对于图 2.3.4 所示的电流源，所谓电流关系，是指当有部分接入时，I 对 R_L 提供的电流与无部分接入时 I' 对 R_L 提供相同功率时电流间的关系。

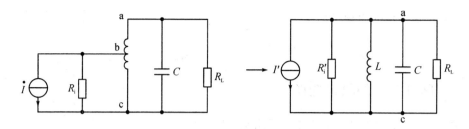

图 2.3.4　电流源折合电路

由电阻抗变换关系，有：$R'_i = \dfrac{1}{p^2}R_i$。

忽略 R_i 中电流（电流源内阻大），R_L 在两个等效回路中吸收功率相等，且 $R'_L = p^2 R_L$，即 $I^2(p^2 R_L) = I'^2 R_L$，可得出

$$I' = pI \qquad\qquad (2.3.20)$$

除了电感抽头的电路，实际中也经常有电容抽头的情况。如图 2.3.5 所示的电容抽头电路，其接入系数为

$$p = \frac{U_{ab}}{U_{db}} = \frac{\dfrac{1}{\omega C_1}}{\omega \dfrac{C_1 C_2}{C_1 + C_2}} = \frac{C_2}{C_1 + C_2} \qquad\qquad (2.3.21)$$

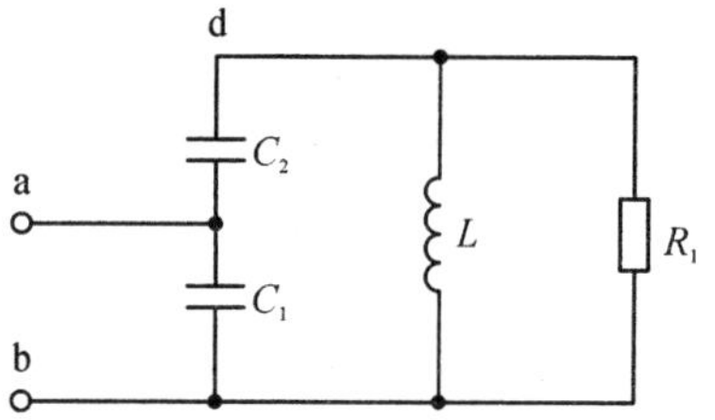

图 2.3.5　电容抽头电路

电容抽头电路的其他算法同电感抽头电路。另外，部分抽头方式还有图 2.3.6 所示的几种形式。

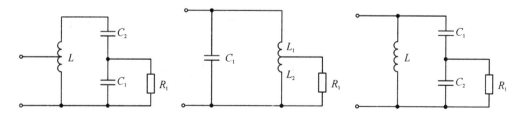

图 2.3.6　其他部分抽头电路形式

2.3.4　信号源内阻和负载电阻对并联谐振回路的影响

在 2.3.1 节中对并联谐振回路已有一些讨论，知道图 2.3.1 所示的并联谐振回路存在

如下特性：

$$Q_\mathrm{p} = \frac{\omega_\mathrm{p} L}{R}, \quad R_\mathrm{p} = \frac{L}{CR}, \quad G_\mathrm{p} = \frac{CR}{L}$$

当考虑信号源内阻 R_s 和负载电阻 R_L 时，电路如图 2.3.7 所示，此时回路的等效品质因数称为有载品质因数，其值为

$$Q_\mathrm{L} = \frac{1}{\omega_\mathrm{p} L(G_\mathrm{p} + G_\mathrm{s} + G_\mathrm{L})} = \frac{Q_\mathrm{p}}{1 + \dfrac{R_\mathrm{p}}{R_\mathrm{s}} + \dfrac{R_\mathrm{p}}{R_\mathrm{L}}} \tag{2.3.22}$$

其中 $G_\mathrm{s} = \dfrac{1}{R_\mathrm{s}}$，$G_\mathrm{L} = \dfrac{1}{R_\mathrm{L}}$。

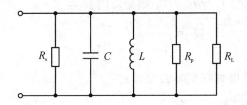

图 2.3.7　考虑内阻和负载时的并联谐振回路

可以看出：R_s 和 R_L 愈小（即 G_s 和 G_L 越大），Q_L 下降越多，因而回路通频带变宽了，选择性也变差了。

例 2 - 1　部分接入电路如图 2.3.8 所示，已知：$L = 1.5\ \mu\mathrm{H}$，$C_1 = 50\ \mathrm{pF}$，$C_2 = 150\ \mathrm{pF}$，$R_\mathrm{s} = R_\mathrm{L} = 1\ \mathrm{k\Omega}$，$p_\mathrm{s} = 0.2$，$Q_\mathrm{p} = 100$（空载）。

求：（1）谐振电阻 R_p；

（2）有载品质因数 Q；

（3）带宽 $B_{0.7}$。

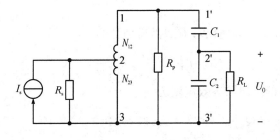

图 2.3.8　例 2 - 1 图

解　（1）谐振回路总电容 C 为电容 C_1 和电容 C_2 串联后的总电容，即

$$C = \frac{C_1 C_2}{C_1 + C_2} = 37.5\ \mathrm{pF}$$

由 $Q_\mathrm{p} = R_\mathrm{p}\omega_0 C = R_\mathrm{p}\sqrt{\dfrac{C}{L}}$，可得谐振电阻为

$$R_\mathrm{p} = Q_\mathrm{p}\sqrt{\frac{L}{C}} = 20\ \mathrm{k\Omega}$$

（2）由 $p_\mathrm{s} = 0.2$，根据接入系数的定义可知

$$R'_s = \frac{R_s}{p_s^2} = 25 \text{ k}\Omega$$

又由于 $p_L = \dfrac{C_1}{C_1 + C_2} = 0.25$，所以有

$$R'_L = \frac{R_L}{P_L^2} = 16 \text{ k}\Omega$$

根据有载品质因数的定义，有

$$Q = \frac{Q_p}{1 + \dfrac{R_p}{R'_s} + \dfrac{R_p}{R'_L}} = 32.8$$

若采用直接接入，此时 $P_s = P_L = 1$，则品质因数为

$$Q' = \frac{Q_p}{1 + \dfrac{R_p}{R_s} + \dfrac{R_p}{R_L}} = 2.44$$

可以看出部分接入可提高有载时的 Q 值。

(3)　　　　　$B_{0.7} = \dfrac{f_0}{Q} = \dfrac{1}{Q 2\pi \sqrt{LC}} = 642 \text{ kHz}$

例 2 - 2　若放大器负载并联振荡回路，中心频率 $f_p = 10 \text{ MHz}$，回路电容 $C = 50 \text{ pF}$。
(1) 求电感 L；
(2) 若 $Q = 100$（空载），求谐振电阻及带宽；
(3) 若所需带宽为 0.5 MHz，需并联多大电阻？

解　(1)　　　　　$L = \left(\dfrac{1}{2\pi}\right)^2 \dfrac{1}{f_p^2 C} = 5.07 \ \mu\text{H}$

(2)　　　$R_p = Q\omega_p L = 100 \times 2\pi \times 10^7 \times 5.07 \times 10^{-6} = 31.8 \text{ k}\Omega$

带宽　　　　　　　$B = \dfrac{f_p}{Q} = 100 \text{ kHz}$

(3) 设并联电阻 R_1，并联电阻后有载品质因数为

$$Q_L = \frac{f_p}{B'} = \frac{10 \text{ MHz}}{0.5 \text{ MHz}} = 20$$

并联电阻 R_1 后，谐振回路等效电阻为

$$\frac{R_p R_1}{R_p + R_1} = Q_L \omega_p L = 20 \times 2\pi \times 10^7 \times 5.07 \times 10^{-6} = 6.37 \text{ k}\Omega$$

即　　　　　　　$R_1 = \dfrac{6.37 R_p}{R_p - 6.37} = 7.97 \text{ k}\Omega$

2.4　耦合振荡回路

前两节中讲述的单振荡回路虽然具有频率选择和阻抗变换的作用，但是存在选频作用较差，阻抗变换不够灵活的缺点。理想的选频特性应是矩形曲线，以使在通频带内各种频率的响应相同，通频带之外各频率的响应为零。图 2.4.1 为单振荡回路的谐振曲线与理想的矩形选频特性。为了得到接近理想的频率特性或阻抗变换特性，在实际中通常采用两个

或两个以上的单振荡回路通过不同的耦合方式组成的耦合振荡系统，这种电路形式通常称为耦合振荡回路。

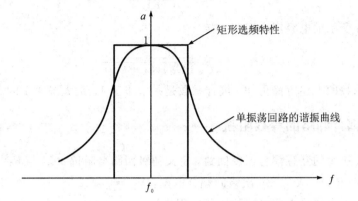

图 2.4.1 矩形选频特性与单振荡回路的谐振曲线

耦合回路的主要功能是：进行阻抗变换以完成高频信号的传输；形成比简单振荡回路更好的频率特性。

在耦合回路中，接有激励信号源的回路称为初级回路，与负载相接的回路称为次级回路，初、次级一般都是谐振回路。耦合振荡回路有两种常用的电路形式：互感耦合振荡回路和电容耦合并联型回路，如图 2.4.2 和图 2.4.3 所示。

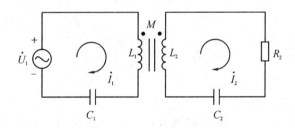

图 2.4.2 互感耦合振荡回路

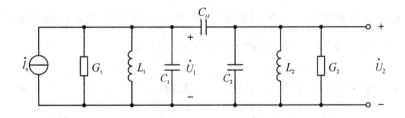

图 2.4.3 电容耦合并联型回路

耦合回路的特性和功能与初、次级回路的耦合程度密切相关。为了说明回路间的耦合程度，引入耦合系数的概念，耦合系数一般用 K 来表示，其定义为：耦合回路元件电抗绝对值与初、次级回路中同性质电抗值的几何中项之比值，即

$$K = \frac{|X_{12}|}{\sqrt{X_{11}X_{22}}} \qquad (2.4.1)$$

因此，对图 2.4.2 所示的电感耦合回路，有

$$K = \frac{M}{\sqrt{L_1 L_2}} \tag{2.4.2}$$

对图 2.4.3 所示的电容耦合回路，有

$$K = \frac{C_M}{\sqrt{(C_1 + C_M)(C_2 + C_M)}} \tag{2.4.3}$$

根据耦合系数的上述定义可知，耦合系数是一个小于 1，最大等于 1 的无量纲正实数。

2.4.1 互感耦合回路的等效阻抗

对图 2.4.2 所示的互感耦合振荡回路，定义初级回路自阻抗：$Z_{11} = R_{11} + jX_{11}$，次级回路自阻抗：$Z_{22} = R_{22} + jX_{22}$，初、次级间耦合电抗：$X_{12} = j\omega M$。

根据基尔霍夫定律可得到电路的回路方程为

$$\begin{cases} Z_{11} \dot{I}_1 - j\omega M \dot{I}_2 = \dot{U}_1 \\ -j\omega M \dot{I}_1 + Z_{22} \dot{I}_2 = 0 \end{cases} \tag{2.4.4}$$

可解得

$$\begin{cases} \dot{I}_1 = \dfrac{\dot{U}_1}{Z_{11} + \dfrac{(\omega M)^2}{Z_{22}}} \\ \\ \dot{I}_2 = \dfrac{-j\omega M \dfrac{\dot{U}_1}{Z_{11}}}{Z_{22} + \dfrac{(\omega M)^2}{Z_{11}}} \end{cases} \tag{2.4.5}$$

观察式(2.4.5)可以发现：

(1) 自初级回路向右看，次级回路耦合产生的效应相当于在初级回路中串联了一个 $Z_{f1} = \dfrac{(\omega M)^2}{Z_{22}}$ 的阻抗，因此将其称为次级对初级的反射阻抗；

(2) 从次级回路向左看，初级回路耦合产生的效应相当于在次级回路串联了一个 $Z_{f2} = \dfrac{(\omega M)^2}{Z_{11}}$ 的阻抗，因此将其称为初级对次级的反射阻抗；

(3) L_2 两端感应电压为：$\dot{U}_2 = -j\omega M \dot{I}_1 = -j\omega M \dfrac{\dot{U}_1}{Z_{11}}$，且有

$$\begin{aligned} Z_{f1} &= \frac{(\omega M)^2}{Z_{22}} = \frac{(\omega M)^2}{R_{22} + jX_{22}} = \frac{(\omega M)^2}{R_{22}^2 + X_{22}^2} R_{22} + j \frac{-(\omega M)^2}{R_{22}^2 + X_{22}^2} X_{22} \\ &= R_{f1} + jX_{f1} \end{aligned} \tag{2.4.6}$$

$$\begin{aligned} Z_{f2} &= \frac{(\omega M)^2}{Z_{11}} = \frac{(\omega M)^2}{R_{11} + jX_{11}} = \frac{(\omega M)^2}{R_{11}^2 + X_{11}^2} R_{11} + j \frac{-(\omega M)^2}{R_{11}^2 + X_{11}^2} X_{11} \\ &= R_{f2} + jX_{f2} \end{aligned} \tag{2.4.7}$$

这样可得等效电路如图 2.4.4 所示。必须指出，在初级和次级回路中，并不存在实体的

反射阻抗。所谓反射阻抗，只不过是用来说明一个回路对另一个相互耦合回路的影响。例如 Z_{f1} 表示次级电流 $\dot{I}_2$ 通过线圈 L_2 时，初级线圈 L_1 所引起的互感电压对初级电流 $\dot{I}_1$ 的影响。

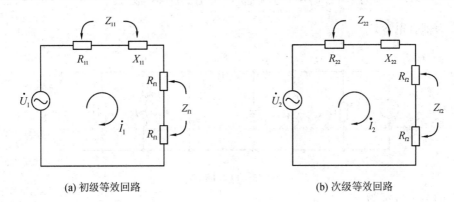

(a) 初级等效回路　　　　　　　　　　(b) 次级等效回路

图 2.4.4　初、次级等效回路

观察式(2.4.6)和式(2.4.7)还可以发现：

(1) R_{f1} 和 R_{f2} 为正；

(2) X_{f1} 和 X_{f2} 的性质与原回路总电抗的性质相反；

(3) 当初、次级同时调谐于信源频率时，$X_{11} = X_{22} = 0$，此时反射阻抗为一纯阻 R_f，且 R_f 与 R_{11} 或 R_{22} 成反比。

根据图 2.4.4 可写出初级回路和次级回路的总阻抗表达式为

$$Z_{e1} = (R_{11} + R_{f1}) + j(X_{11} - X_{f1})$$
$$= \left[R_{11} + \frac{(\omega M)^2}{R_{22}^2 + X_{22}^2}R_{22}\right] + j\left[X_{11} - \frac{(\omega M)^2}{R_{22}^2 + X_{22}^2}X_{22}\right] \tag{2.4.8}$$

$$Z_{e2} = (R_{22} + R_{f2}) + j(X_{22} - X_{f2})$$
$$= \left[R_{22} + \frac{(\omega M)^2}{R_{11}^2 + X_{11}^2}R_{11}\right] + j\left[X_{22} - \frac{(\omega M)^2}{R_{11}^2 + X_{11}^2}X_{11}\right] \tag{2.4.9}$$

由式(2.4.8)和式(2.4.9)可以看出，由于反射阻抗的存在，初、次级的阻抗不仅仅与本级有关，还与初、次级阻抗有关。

2.4.2　耦合回路的频率特性

下面讨论当 L、C 不变时，回路输出电压 $\dot{U}_2$ 随 ω 变化的关系或回路输出电流 $\dot{I}_2$ 与输入信号频率 ω 的关系。

1. 频率特性方程(以图 2.4.5 所示的电容耦合电路为例)

在实际电路中初、次级回路的参量往往是相同的，因此进行如下假定：$L_1 = L_2 = L$，$\omega_{01} = \omega_{02} = \omega_0$，$C_1 = C_2 = C$，$Q_1 = Q_2 = Q$，$G_1 = G_2 = G$，$\xi_1 = \xi_2 = \xi$。根据图 2.4.5 可写出该电路中 A 点的节点方程：

$$\dot{I}_s = \dot{U}_1 G + \frac{\dot{U}_1}{j\omega L} + j\omega C_1\dot{U}_1 + j\omega C_M(\dot{U}_1 - \dot{U}_2)$$

整理后可得

$$\dot{I}_s = \dot{U}_1 G + \frac{\dot{U}_1}{j\omega L} + j\omega(C_1 + C_M)\dot{U}_1 - j\omega C_M \dot{U}_2 \qquad (2.4.10)$$

其中 C_M 为耦合电容。

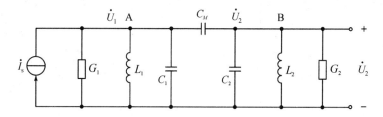

图 2.4.5　电容耦合电路

B 点的节点方程为

$$0 = \dot{U}_2 G + \frac{\dot{U}_2}{j\omega L} + j\omega C_2 \dot{U}_2 + j\omega C_M(\dot{U}_2 - \dot{U}_1)$$

整理后可得

$$0 = \dot{U}_2 G + \frac{\dot{U}_2}{j\omega L} + j\omega(C_2 + C_M)\dot{U}_2 - j\omega C_M \dot{U}_1 \qquad (2.4.11)$$

令 $C' = C_1 + C_M = C_2 + C_M$, $\xi = Q\left(\dfrac{\omega}{\omega_0} - \dfrac{\omega_0}{\omega}\right)$, 对上面的方程进行变换, 有

$$\dot{I}_s = \dot{U}_1 G - j\frac{\dot{U}_1}{\omega L} + j\omega C' \dot{U}_1 - j\omega C_M \dot{U}_2 = \dot{U}_1 G(1 + j\xi) - j\omega C_M \dot{U}_2 \qquad (2.4.12)$$

$$0 = \dot{U}_2 G - j\frac{\dot{U}_2}{\omega L} + j\omega C' \dot{U}_2 - j\omega C_M \dot{U}_1 = \dot{U}_2 G(1 + j\xi) - j\omega C_M \dot{U}_1 \qquad (2.4.13)$$

对上述两式进行求解, 可得

$$\dot{U}_2 = \frac{j\omega C_M \dot{I}_s}{G^2(1 + j\xi)^2 + \omega^2 C_M^2} = \frac{j\omega C_M \dot{I}_s}{G^2\left(1 - \xi^2 + \dfrac{\omega^2 C_M^2}{G^2} + j2\xi\right)} \qquad (2.4.14)$$

取其模:

$$U_2 = \frac{\omega C_M I_s}{G^2 \sqrt{\left(1 - \xi^2 + \dfrac{\omega^2 C_M^2}{G^2}\right)^2 + 4\xi^2}} \qquad (2.4.15)$$

定义反映耦合程度的耦合因数 $\eta = \dfrac{\omega C_M}{G}$ 代入式(2.4.15), 有

$$U^2 = \frac{\eta I_s}{G \sqrt{(1 - \xi^2 + \eta^2)^2 + 4\xi^2}} \qquad (2.4.16)$$

从式(2.4.16)可以看出, 在谐振点附近, 次级回路输出电压幅值随频率和耦合度变化。为了得到输出电压的最大值。对式(2.4.16)求导可知, 当 $\eta = 1$、$\xi = 0$ 时, U_2 将达到最大, 并且可以得到

$$U_{2\max} = \frac{I_s}{2G} \qquad (2.4.17)$$

将式(2.4.16)除以式(2.4.17)，有

$$\alpha = \frac{U_2}{U_{2\max}} = \frac{2\eta}{\sqrt{(1-\xi^2+\eta^2)^2+4\xi^2}} \tag{2.4.18}$$

这就是耦合谐振回路谐振曲线的表达式。α 又称为谐振曲线的相对抑制比，是 ξ、η 的函数。η 为耦合因数，与耦合系数存在线性关系：

$$\eta = \frac{C_M\omega}{G} = \frac{\omega C}{G} \cdot \frac{C_M}{C} = Q \cdot K \tag{2.4.19}$$

2. 频率特性曲线

对式(2.4.18)进行变形，可得

$$\alpha = \frac{2\eta}{\sqrt{(1+\eta^2)^2+2(1-\eta^2)\xi^2+\xi^4}} \tag{2.4.20}$$

以 ξ 为变量，η 为参变量，可画出图 2.4.6 所示的次级回路频率响应曲线。可以看出，当回路的 η 不同，即初、次级回路的耦合程度不同时，回路的频率特性具有不同的形状。

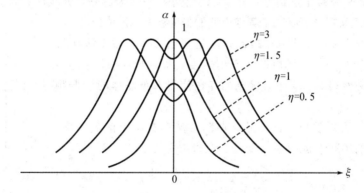

图 2.4.6　次级回路电压归一化的频率响应曲线

当 $\eta=1$ 即 $KQ=1$ 时，称为临界耦合，从图 2.4.6 可以看出，临界耦合谐振曲线是单峰曲线。在谐振点($\xi=0$)上，$\alpha=1$，回路电压达到可能的最大值，这是最佳耦合下的全谐振。下面考虑此时回路的带宽 B，令 $\alpha=1/\sqrt{2}$ 代入式(2.4.20)，可以得到 $\xi=\sqrt{2}$，又由于 $\xi = Q\frac{2\Delta f}{f_0} = B\frac{Q}{f_0}$，因此有 $B = \frac{\sqrt{2}f_0}{Q}$。

当 $\eta<1$ 即 $KQ<1$ 时，随着 ξ 的增加，α 的分母增加，导致 α 的值变小。可知，当 $\xi=0$ 时 α 最大，即此时的频率特性曲线与单独的串联谐振回路特性一致，此时初级回路对次级回路的影响比较小，回路处于欠耦合状态。同样令 $\alpha=1/\sqrt{2}$ 代入式(2.4.20)，可以看出欠耦合状态下的带宽 B 比全耦合有所减小。

当 $\eta>1$ 时，回路处于强耦合状态，此时随着 ξ 的增加，α 先增大后减小，即此时的谐振曲线会出现双峰，且 $\xi=0$ 为谷点。再考虑回路的通频带，同样令 $\alpha=1/\sqrt{2}$ 代入式(2.4.20)，可以解出

$$|\xi| = \sqrt{\eta^2+2\eta-1} \tag{2.4.21}$$

所以有

$$B = \sqrt{\eta^2+2\eta-1}\,\frac{f_0}{Q} \tag{2.4.22}$$

2.5　滤波器的其他形式

1. 石英晶体滤波器

石英晶体滤波器是在石英基片表面配置若干对金属电极构成的带通或带阻滤波器。它利用压电效应的能带陷入理论，选择电极振子的几何尺寸、返回频率和电极振子间距，控制超声波的声耦合，从而达到滤波的目的。石英晶体滤波器是以石英晶体振荡器为基本元件构成的，由于它有很高的品质因数（数万以上），因此在军、民用电子设备中应用极其广泛。

当作用于晶体振荡器的电信号频率等于晶体的固有频率时，电能通过晶体的逆压电效应在晶体中引起机械谐振产生机械能；在输出端，正压电效应又将这种机械能转换为电信号。

石英晶体振荡器的等效电路如图 2.5.1 所示。其中，L_q、C_q 和 R_q 分别代表晶体振荡器的特性电感、特性电容和特性电阻。C_0 为晶体支架和电极间的静态电容，一般为几到几十皮法；L_q 很大，一般为几亨到零点几亨；C_q 很小，一般为百分之几皮法；R_q 一般为几欧姆到几百欧姆。因此石英晶体振荡器的等效电路的阻抗极大，Q_q 值极高。

石英晶体的主要优点是 Q_q 极高，这是普通 LC 电路无法比拟的；此外，由于 $C_0 \gg C_q$，所以图 2.5.1 的接入系数非常小，晶体与外电路的耦合必然很弱。这两个优点的存在使得石英晶体的谐振频率非常稳定。

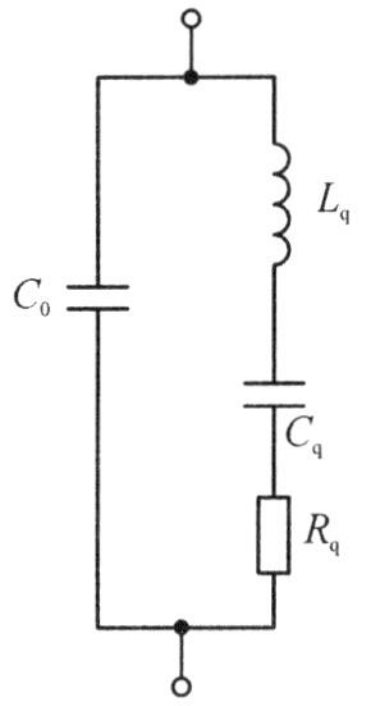

由图 2.5.1 可以看出，石英晶体振荡必然存在两个谐振频率，一个为右支路的串联谐振频率，即

$$f_q = \frac{1}{2\pi\sqrt{L_q C_q}} \qquad (2.5.1)$$

另一个为石英晶体的并联谐振频率：

$$f_0 = \frac{1}{2\pi\sqrt{L_q \dfrac{C_0 C_q}{C_0 + C_q}}} = \frac{1}{2\pi\sqrt{L_q C_q}}\sqrt{1+\frac{C_q}{C_0}} \qquad (2.5.2)$$

显然 $f_0 > f_q$，但由于 $C_0 \gg C_q$，所以 f_0 与 f_q 相差很小。

图 2.5.1　石英晶体振荡器的等效电路

2. 陶瓷滤波器

陶瓷滤波器是由锆钛酸铅[Pb(ZrTi)O₃]材料制成的滤波器，把这种陶瓷材料制成片状，将两面涂上银浆作为电极，经过直流高压极化后就具有压电效应。陶瓷滤波器具有稳定、抗干扰性能良好的特点，广泛应用于电视机、录像机、收音机等各种电子产品中作为选频元件，取代了传统的 LC 滤波网络。

陶瓷滤波器的等效电路如图 2.5.2 所示。其中 C_0 为压电陶瓷谐振子的固定电容；L_q' 为机械振动的等效质量；C_q' 为机械振动的等效弹性模数；R_q' 为机械振动的等效阻尼。可见，其等效电路与晶体振荡器的等效电路类似，因此也存在串联谐振频率和并联谐振频率。

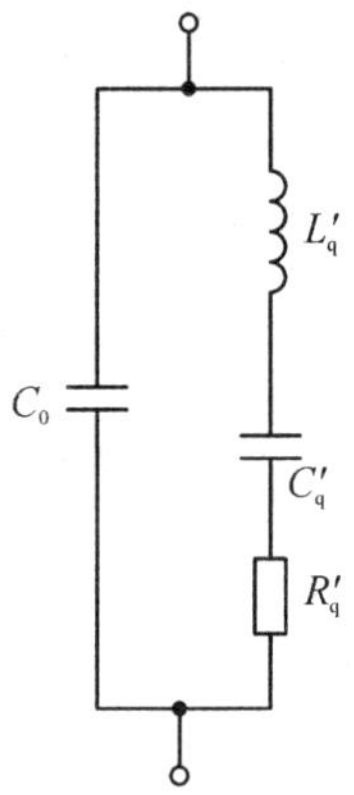

串联谐振频率为

图 2.5.2　陶瓷滤波器等效电路

$$\omega_q = \frac{1}{\sqrt{L'_q C'_q}} \qquad (2.5.3)$$

并联谐振频率为

$$\omega_p = \frac{1}{\sqrt{L'_q \dfrac{\sqrt{R'_q C_0}}{C'_q + C_0}}} = \frac{1}{\sqrt{L'_q C'}} \qquad (2.5.4)$$

式中，C' 为 C_0 和 C'_q 串联后的电容。

陶瓷滤波器的 Q_L 一般为几百，比石英晶体滤波器低，比 LC 滤波器高。因此作为滤波器时，通带没有石英晶体那样窄，选择性也比石英晶体滤波器差。

3. 表面声波滤波器

表面声波滤波器是采用表面声波器件实现的滤波器。其工作频率范围约为 10 MHz～1 GHz。表面声波利用局部扰动产生一种通过固体介质内和沿表面传送的波，它由换能器将电信号转换而成。表面声波滤波器的结构如图 2.5.3 所示。

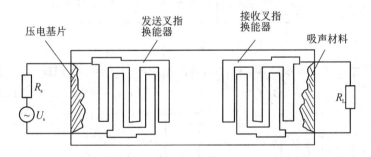

图 2.5.3　表面声波滤波器的结构示意图

表面声波滤波器的中心频率高，相对带宽大，体积小，性能稳定，制造重复性好，可以制成分立器件，也可与电子电路集成在一个芯片上，广泛应用于雷达、通信、广播、电子对抗和电视系统中，用作频率滤波、匹配滤波和自适应滤波等。

思考题与习题

2.1　给定串联谐振回路的 $f_0 = 1.5$ MHz，$C = 100$ pF，谐振电阻 $R = 5\ \Omega$，试求 Q_0 和 L。又若信号源的电压幅值为 $U_s = 1$ mV，求谐振回路中的电流 I_0 以及回路中元件上的电压 U_{L0} 和 U_{C0}。

2.2　给定并联谐振回路的谐振频率 $f_0 = 5$ MHz，$C = 50$ pF，通频带 $2\Delta f_{0.7} = 150$ kHz。试求电感 L、品质因数 Q_0 以及信号源频率为 5.5 MHz 时的衰减 α(dB)；又若把 $2\Delta f_{0.7}$ 加宽到 300 kHz，应在回路两端并联一个多大的电阻？

2.3　并联谐振回路如题 2.3 图所示。已知通频带 $2\Delta f_{0.7}$ 和电容 C，若回路总电导为 G_Σ（$G_\Sigma = G_s + G_0 + G_L$）。试证明：$G_\Sigma = 4\pi\Delta f_{0.7} C$。若给定 $C = 20$ pF，$2\Delta f_{0.7} = 6$ MHz，$R_0 = 13$ kΩ，$R_s = 10$ kΩ，试求 R_L。

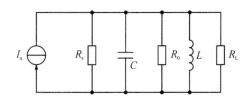

题 2.3 图

2.4　电路如题 2.4 图所示。已知 $L=0.8\ \mu H$，$Q_0=100$，$C_1=C_2=20\ pF$，$C_s=5\ pF$，$R_s=10\ k\Omega$，$C_L=20\ pF$，$R_L=5\ k\Omega$。试计算回路的谐振频率、谐振电阻（不计 R_L 与 R_s 时）、有载品质因数 Q_L 和通频带。

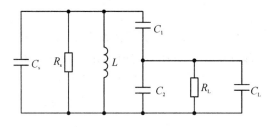

题 2.4 图

2.5　在题 2.5 图所示电路中，已知回路谐振频率为 $f_0=465\ kHz$，$Q_0=100$，信号源内阻 $R_s=27\ k\Omega$，负载 $R_L=2\ k\Omega$，$C=200\ pF$，$n_1=0.31$，$n_2=0.22$。试求电感 L 及通频带 B。

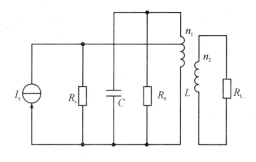

题 2.5 图

2.6　电路如题 2.6 图所示，给定参数如下：$f_0=30\ MHz$，$C=20\ pF$，线圈 $Q_0=60$，外接阻尼电阻 $R_1=10\ k\Omega$，$R_s=2.5\ k\Omega$，$R_L=830\ \Omega$，$C_s=9\ pF$，$C_L=12\ pF$，$n_1=0.4$，$n_2=0.23$。

（1）求 L、B。

（2）若把 R_1 去掉，但仍保留上边求得的，则匝数比应该加大还是减少？电容 C 的值怎样修改？这样改与接入 R_1 相比哪种方法更合适？

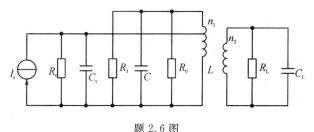

题 2.6 图

2.7　如题 2.7 图所示的并联谐振回路,信号源与负载都是部分接入的。已知 R_s 和 R_L,并知回路参数 L、C_1、C_2 和空载品质因数 Q_0。试求:

(1) f_0 和 B;

(2) R_L 不变,要求总负载与信号源匹配,应如何调整回路参数?

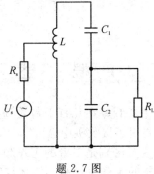

题 2.7 图

2.8　对于收音机的中频放大器,其中心频率为 $f_0 = 465$ kHz,$B = 8$ kHz,回路电容 $C = 200$ pF,试计算回路电感和 Q_L 值。若电感线圈的 $Q_0 = 100$,在回路上应并联多大的电阻才能满足要求?

2.9　已知电视伴音中频并联谐振回路的 $B = 150$ kHz,$f_0 = 6.5$ MHz,$C = 47$ pF,试求回路电感 L、品质因数 Q_0、信号频率为 6 MHz 时的相对失谐。欲将带宽增大一倍,回路需并联多大的电阻?

2.10　在题 2.10 图中,已知用于 FM(调频)波段的中频调谐回路的谐振频率 $f_0 = 10.7$ MHz,$C_1 = C_2 = 15$ pF,空载 Q 值为 100,$R_L = 100$ kΩ,$R_s = 30$ kΩ。试求回路电感 L、谐振阻抗、有载 Q_L 值和通频带。

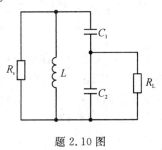

题 2.10 图

第三章　高频小信号放大器

3.1　概　　述

　　高频小信号放大器是指放大中心频率在几百千赫兹到几百兆赫兹,带宽在几千赫兹到几十兆赫兹范围内的放大器,主要用于接收机中。

　　高频放大器与低频放大器的主要区别是二者的工作频率范围和频带宽度均不同,所以采用的负载形式不同。低频放大器的工作频率低,但是带宽与中心频率相比较大,所以采用的多是无调谐负载,如电阻等;而高频放大器的带宽与中心频率相比往往很小,因此一般采用选频网络来作为负载,组成谐振放大器。

　　放大器按照使用的器件来分,可以分为晶体管放大器、场效应管放大器和集成电路放大器;按频带宽度分,可分为窄带放大器和宽带放大器;按负载分,可分为谐振放大器和非谐振放大器;按电路形式分,可分为单放放大器和级联放大器。

　　高频小信号放大器的主要质量指标如下。

1. 增益

　　增益是指放大器输出电压(功率)与输入电压(功率)之比,用 A_u (或 A_P)来表示。

$$A_u = \frac{U_o}{U_i}, \qquad A_P = \frac{P_o}{P_i} \tag{3.1.1}$$

2. 通频带

　　放大器通频带的定义见图 3.1.1,它表示放大器的电压增益 A_u 下降到最大值的 0.7 倍(下降 3 dB)时所对应的频率范围,一般用 $2\Delta f_{0.7}$ 来表示,实际中也称为 3 dB 带宽,有时候也会用到电压增益下降到最大值 0.1 倍时所对应的频率范围,用 $2\Delta f_{0.1}$ 来表示。放大器的通频带取决于回路形式和回路的等效品质因数 Q。

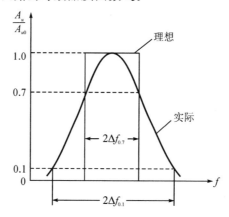

图 3.1.1　放大器的通频带

3. 选择性

选择性指的是放大器从各种不同频率的信号中选出有用信号，抑制干扰信号的能力。在衡量放大器的选择性时，一般会用到以下两个指标。

1）矩形系数 K_r

理想情况下，放大器对通频带内所有频率分量应有相同的放大倍数，对通频带外的邻近波道信号应该完全抑制，不予放大。但是实际放大器的频率特性往往达不到理想的矩形特性，而是呈现图 3.1.1 所示的形状。通常用矩形系数 K_r 来评定实际曲线与理想矩形的接近程度，其定义为

$$K_{r0.1} = \frac{2\Delta f_{0.1}}{2\Delta f_{0.7}} \tag{3.1.2}$$

或

$$K_{r0.01} = \frac{2\Delta f_{0.01}}{2\Delta f_{0.7}} \tag{3.1.3}$$

式中，$2\Delta f_{0.7}$ 为放大器的通频带，$2\Delta f_{0.1}$ 和 $2\Delta f_{0.01}$ 分别为相对放大倍数下降至 0.1 和 0.01 处的带宽。

显然，矩形系数 K_r 越接近 1，表示实际曲线越接近矩形，抑制临近干扰的能力越强；K_r 越大，选择性越差，抑制临近干扰的能力越差。通常情况下，高频谐振小信号放大器的矩形系数为 2～5。

2）抑制比（又称抗拒比）

抑制比用于说明放大器对某些特定频率的选择性好坏，其定义如下：

$$d = \frac{A_{u0}}{A_u} \tag{3.1.4}$$

其中，A_{u0} 为谐振点的放大倍数，A_u 为对干扰的放大倍数。

4. 工作稳定性

工作稳定性主要指放大器的工作状态、晶体管参数、元件参数发生变化时，放大器性能的稳定度。一般的不稳定现象是增益变化、中心频率偏移、通频带变窄、谐振曲线变形等。极端的不稳定状态是放大器自激，致使放大器完全不能正常工作。

3.2　高频小信号等效电路与参数

高频小信号放大器的负载是谐振回路，不是电阻性负载，不能用特性曲线作负载线的方法来进行分析，因为谐振回路对不同频率 f 呈现出不同的等效阻抗 R_p。并且，在采用等效电路法分析低频放大器时，只需两个参量（输入电阻和电流放大倍数），而高频谐振放大器中晶体管的作用比较复杂，其等效电路为混合电路，参数也比较多。因此，高频小信号放大电路一般采用 y 参数等效电路和混合 π 等效电路。

1. y 参数等效电路

将晶体管看成一个二端口网络,用一些网络参数来组成等效电路,如图 3.2.1 所示的晶体管共射级电路。在工作时,输入端有输入电压 $\dot{U}_1$ 和输入电流 $\dot{I}_1$;输出端有输出电压 $\dot{U}_2$ 和输出电流 $\dot{I}_2$。

以电压 $\dot{U}_1$ 和 $\dot{U}_2$ 为自变量,电流 $\dot{I}_1$ 和 $\dot{I}_2$ 为参变量,参数方程为

$$\begin{cases} \dot{I}_1 = y_i \dot{U}_1 + y_{re} \dot{U}_2 \\ \dot{I}_2 = y_{fe} \dot{U}_1 + y_{be} \dot{U}_2 \end{cases} \tag{3.2.1}$$

式中: $y_{ie} = \left. \dfrac{\dot{I}_1}{\dot{U}_1} \right|_{\dot{U}_2=0}$ 称为输出短路时的输入导纳;

$y_{re} = \left. \dfrac{\dot{I}_1}{\dot{U}_2} \right|_{\dot{U}_1=0}$ 称为输入短路时的反向传输导纳;

$y_{fe} = \left. \dfrac{\dot{I}_2}{\dot{U}_1} \right|_{\dot{U}_2=0}$ 称为输出短路时的正向传输导纳;

$y_{oe} = \left. \dfrac{\dot{I}_2}{\dot{U}_2} \right|_{\dot{U}_1=0}$ 称为输入短路时的输出导纳。

注:这些参数只与晶体管特性有关,与外电路无关。

利用式(3.2.1)可绘出晶体管的 y 参数等效电路,如图 3.2.2 所示。

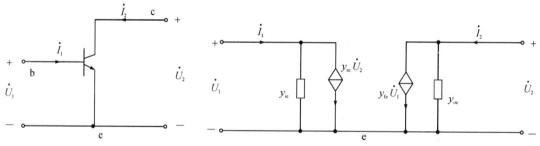

图 3.2.1　晶体管共射极电路　　　　图 3.2.2　y 参数等效电路

2. 混合 π 等效电路

利用 y 参数等效电路时,不用考虑晶体管的内部物理过程,只需要考虑输入、输出端的电流电压关系,这种思路可以应用于任意的二端口网络。如果把晶体管内部物理过程用集中参数元件 RLC 表示,则可以得到晶体管的混合 π 等效电路,如图 3.2.3 所示。图中给出的是某典型晶体管混合 π 等效电路的参数值。

图 3.2.3 中,$r_{b'e}$ 为发射结电阻,$r_{b'e} = \dfrac{26\beta_0}{I_E}\left(r_{b'e} = \beta_0 r_d, r_d = \dfrac{26}{I_E} \right)$;$C_{b'e}$ 为发射结电容;$r_{b'c}$ 为集电结电阻(由于 bc 结反偏,因此结电阻阻值很大);$C_{b'c}$(或 C_c)为集电结电容;$r_{b'b}$ 为基极电阻;$g_m V_{b'e}$ 表示晶体管放大作用的等效电流发生器,其中 g_m 为晶体管跨导,可代表晶体管的放大能力,$g_m = \dfrac{I_E}{2\beta} = \dfrac{1}{r_d} = \dfrac{\beta_0}{r_{b'e}}$;$r_{ce}$ 为集-射级电阻。另外在实际中 C_{be}、C_{bc} 和 C_{ce} 的值很小,一般可忽略。

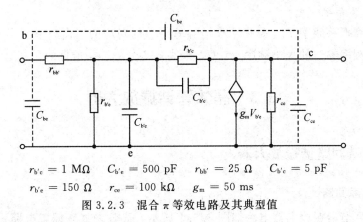

$r_{b'c} = 1\ \text{M}\Omega$　　$C_{b'e} = 500\ \text{pF}$　　$r_{bb'} = 25\ \Omega$　　$C_{b'c} = 5\ \text{pF}$

$r_{b'e} = 150\ \Omega$　　$r_{ce} = 100\ \text{k}\Omega$　　$g_m = 50\ \text{ms}$

图 3.2.3　混合 π 等效电路及其典型值

3. 晶体管高频参数

为了更好地分析晶体管对高频电子线路性能的影响，必须了解晶体管的高频特性。下面介绍几个描述晶体管高频特性的参数。

1）截止频率 f_β

随着电路工作频率的升高，共发射极电路的电流放大倍数 β 将会下降，如图 3.2.4 所示，当 β 下降至低频值 β_0 的 $1/\sqrt{2}$ 时的频率称为晶体管的截止频率，一般用 f_β 来表示。

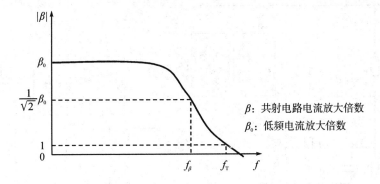

图 3.2.4　β、截止频率和特征频率

在低频电子线路中，已经知道

$$\beta = \frac{\beta_0}{1 + \text{j}\dfrac{f}{f_\beta}} \tag{3.2.2}$$

其绝对值为

$$|\beta| = \frac{\beta_0}{\sqrt{1 + \left(\dfrac{f}{f_\beta}\right)^2}} \tag{3.2.3}$$

2）特征频率 f_T

当晶体管工作频率继续增高时，β 会继续下降，当 $|\beta|$ 下降到 1 时，此时的频率为特征频率，用 f_T 来表示，如图 3.2.4 所示。

3）最高振荡频率 f_{max}

晶体管最高振荡频率 f_{max} 是指功率增益 $A_p = 1$ 时对应的工作频率。

以上三个频率参数的大小顺序是：f_{max} 最高，其次是 f_T，最低的是 f_β。

3.3　晶体管谐振放大器

3.3.1　单调谐回路谐振放大器

1. 简单实际回路

晶体管单调谐谐振放大器电路如图 3.3.1 所示，若略去直流偏置电路，则可以等效成图 3.3.2 所示的简单实际回路。由图 3.3.2 可知，晶体管谐振电路的输入一般采用变压器耦合的方式与前级相连，而负载电路为 LC 谐振回路。除了作为负载，LC 回路还承担了选频的作用，用于滤除不需要的频率成分。晶体管谐振放大器与下级负载 R_L 的连接一般也采用变压器耦合的方式。采用变压器耦合的方式可以减弱本级输出导纳与下级负载 R_L 对 LC 回路的影响，同时，通过调整初、次级线圈的抽头位置及线圈的匝数比，可以灵活地进行阻抗匹配，从而获得需要的功率增益。

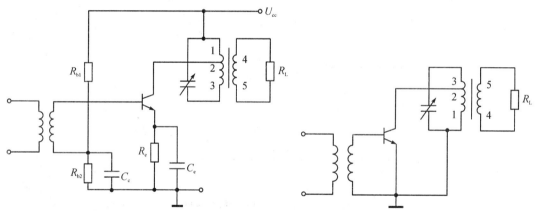

图 3.3.1　单调谐谐振放大器电路　　　　　　图 3.3.2　简单实际回路

对图 3.3.2 电路中的晶体管利用 y 参数进行等效。为讨论方便，先把接入晶体管集电极的导纳统一为 y'_L，可得到图 3.3.3 所示的 y 参数等效电路。

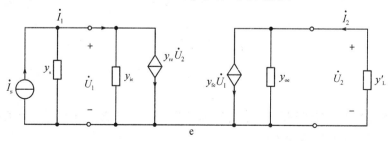

图 3.3.3　y 参数等效电路

图 3.3.3 中，y'_L 为等效到集电极的负载，包括振荡回路的导纳及负载 R_L 的导纳，可定义为 $y'_L = G'_L + jB'_L$。

1）电压放大倍数 A_u

由图 3.3.3 可知，输出电压 $\dot{U}_2$ 为

$$\dot{U}_2 = -\dot{U}_1 y_{fe} \cdot \frac{1}{y_{oe} + y'_L} \tag{3.3.1}$$

因此，电压放大倍数 A_u 为

$$A_u = \frac{\dot{U}_2}{\dot{U}_1} = -\frac{y_{fe}}{y_{oe} + y'_L} \tag{3.3.2}$$

当回路达到谐振时，电纳 B'_L 为 0，则此时的电压放大倍数为

$$A_{u0} = \frac{|y_{fe}|}{G_{oe} + G'_L} \tag{3.3.3}$$

2）输入导纳 y_i（有 y'_L 时）

由图 3.3.3 可知

$$\dot{I}_1 = y_{ie}\dot{U}_1 + y_{re}\dot{U}_2 \tag{3.3.4}$$

将式(3.3.2)代入，消去 $\dot{U}_2$，可得

$$y_i = \frac{\dot{I}_1}{\dot{U}_1} = y_{ie} - \frac{y_{re}y_{fe}}{y_{oe} + y'_L} \tag{3.3.5}$$

3）输出导纳 y_o（考虑信号源内部导纳 y_s 时）

令 $\dot{I}_s = 0$，由图 3.3.3 可知

$$-y_s\dot{U}_1 = y_{ie}\dot{U}_1 + y_{re}\dot{U}_2 \tag{3.3.6}$$

$$\dot{I}_2 = y_{fe}\dot{U}_1 + y_{oe}\dot{U}_2 \tag{3.3.7}$$

上述两式联立消去 $\dot{U}_1$，有

$$y_o = \frac{\dot{I}_2}{\dot{U}_2} = y_{oe} - \frac{y_{re}y_{fe}}{y_{ie} + y_s} \tag{3.3.8}$$

4）功率放大倍数 A_P

功率放大倍数 A_P 是指集电极输出功率与基极输入功率之比。由于放大器输入电导为 G_i（输入导纳 y_i 的实部），则有

$$A_P = \frac{P_o}{P_i} = \frac{\frac{1}{2}U_2^2 G'_L}{\frac{1}{2}U_1^2 G_i} = A_u^2 \frac{G'_L}{G_i} \tag{3.3.9}$$

当 G'_L 与放大器输出电导相等时，输出功率最大，即 $G'_L = G_{oe}$（G_{oe} 为输出导纳 y_{oe} 的实部）时，输出功率达到最大，此时的功率放大倍数 A_P 达到最大，即

$$A_{Pmax} = \frac{|y_{fe}|^2}{4G_{oe}G_i} \tag{3.3.10}$$

2. 带抽头的回路作为负载

在前面的讨论中采用 y_L' 作为等效到集电极的负载来进行电路分析，在实际中一般利用带抽头的 LC 振荡回路作为负载。若考虑谐振回路的部分接入，其 y 参数等效电路如图 3.3.4 所示。

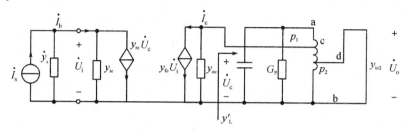

图 3.3.4　带抽头负载的 y 参数等效电路

已知输入导纳 y_{ie} 可以表示为

$$y_{ie} = g_{ie1} + j\omega C_{ie1} \tag{3.3.11}$$

在实际中，当采用多级电路时，每级采用的晶体管一般都是相同的，所以可以认为

$$y_{ie} = y_{ie2} \tag{3.3.12}$$

同样输出端的导纳 y_{oe} 和 y_{ie2} 也可以有如下定义：

$$\begin{cases} y_{oe} = g_{oe} + j\omega C_{oe} \\ y_{ie2} = g_{ie2} + j\omega C_{ie2} \end{cases} \tag{3.3.13}$$

定义抽头系数为

$$p_1 = \frac{L_{cb}}{L_{ab}}, \qquad p_2 = \frac{L_{db}}{L_{ab}} \tag{3.3.14}$$

y_L' 为从晶体管集电极 c 向右看进去的回路总阻抗，如图 3.3.5 所示。$G_P = 1/R_P$ 代表回路本身损耗，即回路的谐振阻抗。

由图 3.3.4 可得

$$\dot{I}_b = y_{ie}\dot{U}_i + y_{re}\dot{U}_c \tag{3.3.15}$$

$$\dot{I}_c = y_{fe}\dot{U}_i + y_{oe}\dot{U}_c \tag{3.3.16}$$

由图 3.3.5 可得

$$\dot{I}_c = -\dot{U}_c y_L' \tag{3.3.17}$$

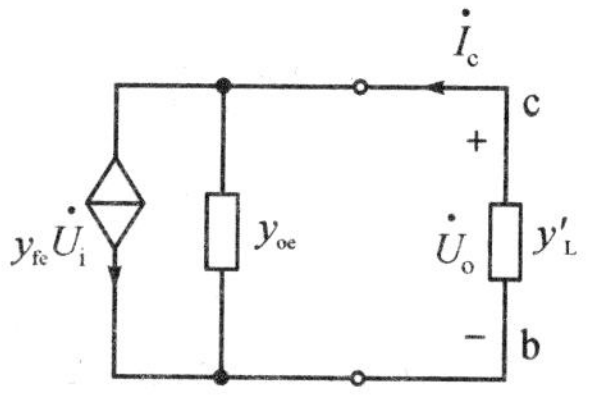

将式(3.3.16)和式(3.3.17)合并，有

$$-\dot{U}_c y_L' = y_{fe}\dot{U}_i + y_{oe}\dot{U}_c \tag{3.3.18}$$

可以得到集电极输出电压 $\dot{U}_c$ 为

图 3.3.5　y_L' 等效图

$$\dot{U}_c = -\frac{y_{fe}}{y_L' + y_{oe}}\dot{U}_i \tag{3.3.19}$$

代入式(3.3.15)，得

$$\dot{I}_b = y_{ie}\dot{U}_i + y_{re}\left(-\frac{y_{fe}}{y_L' + y_{oe}}\right)\dot{U}_i = \left(y_{ie} - \frac{y_{re}y_{fe}}{y_L' + y_{oe}}\right)\dot{U}_i \tag{3.3.20}$$

1) 放大器输入导纳

$$y_i = \frac{\dot{I}_b}{\dot{U}_i} = y_{ie} - \frac{y_{re} y_{fe}}{y_{oe} + y_L'} \tag{3.3.21}$$

同上，一般若不考虑 $y_{re} = 0$，可近似取 $y_i = y_{ie}$。

2) 电压增益

$$\dot{A}_u = \frac{\dot{U}_o}{\dot{U}_i} \tag{3.3.22}$$

根据式(3.3.2)可知，计算电压增益需要先根据抽头的变化关系计算 y_L'。

将 y_{ie2} 由低抽头 db 端转换到全部回路上，即 ab 端，变为 $p_2^2 y_{ie2}$，则 ab 两点间总导纳相当于并联谐振回路的等效导纳 G_P、电容导纳 $j\omega C$、电感导纳 $\frac{1}{j\omega L}$ 和 $p_2^2 y_{ie2}$ 并联的总导纳，即 y_L 为

$$y_L = G_P + j\omega C + \frac{1}{j\omega L} + p_2^2 y_{ie2} \tag{3.3.23}$$

再将 y_L 从高抽头 ab 端转换到集电极(cb 端)，可得

$$y_L' = \frac{1}{p_1^2} y_L = \frac{1}{p_1^2} \left(G_P + j\omega C + \frac{1}{j\omega L} + p_2^2 y_{ie2} \right) \tag{3.3.24}$$

其中 p_1 为并联谐振回路从高抽头转换到集电极接入的抽头系数，而 p_2 为下一级通过抽头接入并联谐振回路的接入系数，即有

$$p_1 = \frac{N_{bc}}{N_{ab}}, \qquad p_2 = \frac{N_{bd}}{N_{ab}} \tag{3.3.25}$$

根据抽头的电压变化关系可以得到

$$\dot{U}_o = p_2 \dot{U}_{ab}, \qquad \dot{U}_{ab} = \frac{1}{p_1} \dot{U}_c \tag{3.3.26}$$

即有

$$\dot{U}_o = \frac{p_2}{p_1} \dot{U}_c \tag{3.3.27}$$

根据式(3.3.2)可知

$$\dot{U}_c = -\frac{y_{fe}}{y_L' + y_{oe}} \dot{U}_i \tag{3.3.28}$$

将式(3.3.28)代入式(3.3.27)中，可以得到

$$\dot{U}_o = \frac{-p_2 y_{fe}}{p_1(y_{oe} + y_L')} \dot{U}_i \tag{3.3.29}$$

即可以得到电压增益为

$$\dot{A}_u = \frac{\dot{U}_o}{\dot{U}_i} = \frac{-p_2 y_{fe}}{p_1(y_{oe} + y_L')} = \frac{-p_1 p_2 y_{fe}}{p_1^2 y_{oe} + y_L} \tag{3.3.30}$$

进一步代入如下的关系式：

$$\begin{cases} y_{oe} = g_{oe} + j\omega C_{oe} \\ y_{ie2} = g_{ie2} + j\omega C_{ie2} \\ y_L = G_P + j\omega C + \frac{1}{j\omega L} + p_2^2 y_{ie2} \end{cases} \tag{3.3.31}$$

整理后可以得到

$$\dot{A}_u = \frac{-p_1 p_2 y_{fe}}{(p_1^2 g_{oe} + p_2^2 g_{ie2} + G_P) + j\omega(C + p_1^2 C_{oe} + p_2^2 C_{ie2}) + \dfrac{1}{j\omega L}} \tag{3.3.32}$$

为了计算方便，可以令 $g_\Sigma = p_1^2 g_{oe} + p_2^2 g_{ie2} + G_P$，相当于将所有元件参数都折算到 LC 谐振回路两端的总电导之和，令 $C_\Sigma = C + p_1^2 C_{oe} + p_2^2 C_{ie2}$，相当于将所有元件参数都折算到 LC 谐振回路两端的总电容之和，如图 3.3.6 所示。

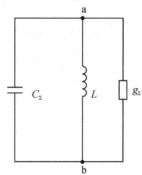

图 3.3.6　所有元件参数折算到谐振回路两端的等效负载网络

式(3.3.32)可以进一步化简为

$$\dot{A}_u = \frac{-p_1 p_2 y_{fe}}{g_\Sigma + j\omega C_\Sigma + \dfrac{1}{j\omega L}} \tag{3.3.33}$$

其中分母为图 3.3.6 所示等效谐振回路的并联回路导纳，又因为并联谐振存在如下的关系式：

$$g_\Sigma + j\omega C_\Sigma + \frac{1}{j\omega L} = g_\Sigma \left(1 + j\frac{2Q_L \Delta f}{f_0}\right) \tag{3.3.34}$$

因此回路增益也可以写成

$$\dot{A}_u = \frac{-p_1 p_2 y_{fe}}{g_\Sigma \left(1 + j\dfrac{2Q_L \Delta f}{f_0}\right)} \tag{3.3.35}$$

式中 f_0 为谐振回路的谐振频率，因此有

$$f_0 = \frac{1}{2\pi \sqrt{LC_\Sigma}} \tag{3.3.36}$$

实际工作频率 f 对 f_0 失谐，且 Δf 为失谐大小，即

$$\Delta f = f - f_0 \tag{3.3.37}$$

回路的等效品质因数为

$$Q_L = \frac{\omega_0 C_\Sigma}{g_\Sigma} \tag{3.3.38}$$

谐振时失谐为零，即 Δf，可以得到此时回路的增益为

$$\dot{A}_{u0} = \frac{-p_1 p_2 y_{fe}}{g_\Sigma} = \frac{-p_1 p_2 y_{fe}}{G_P + p_1^2 g_{oe} + p_2^2 g_{ie2}} \tag{3.3.39}$$

注：式中的负号"一"表示输入、输出电压相差 180°，加之 y_{fe} 本身有相角 φ_{fe}，所以实际的相差为 $180° + \varphi_{fe}$，当工作频率 f 较低时才认为 $\varphi_{fe} \approx 0$，此时输入和输出信号的相位差为 180°。

3）功率增益 A_P（谐振时）

功率增益可以定义为

$$A_P = \frac{P_o}{P_i} \tag{3.3.40}$$

其中 P_o 指输出端负载 g_{ie2} 上的功率，P_i 则指的是输入功率。由于只讨论谐振时的功率增益，因此可以给出谐振时的简化等效电路，如图 3.3.7 所示。

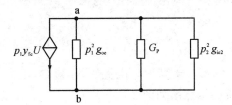

图 3.3.7　谐振时的简化等效电路

由图 3.3.4 可得输出功率为

$$P_i = \frac{1}{2} U_i^2 g_{ie1}$$

由图 3.3.7 可得输入功率为

$$P_o = \frac{1}{2} U_{ab}^2 p_2^2 g_{ie2} = \frac{1}{2} \left(\frac{p_1 |y_{fe}|U_i}{g_\Sigma} \right)^2 P_2^2 g_{ie2}$$

因此，谐振时的功率增益为

$$A_{P0} = \frac{\dfrac{1}{2} \left(\dfrac{p_1 |y_{fe}|U_i}{g_\Sigma} \right)^2 p_2^2 g_{ie2}}{\dfrac{1}{2} U_i^2 g_{ie1}} = (A_{u0})^2 \frac{g_{ie2}}{g_{ie1}} \tag{3.3.41}$$

其中，g_{ie1} 为本级放大器的输入端电导，g_{ie2} 为下一级晶体管的输入电导。

若采用相同的晶体管，则有 $g_{ie1} = g_{ie2}$，因此得

$$A_{P0} = (A_{u0})^2 \tag{3.3.42}$$

下面讨论如何获得最大功率增益，一般 G_P 与 $p_1^2 g_{oe}$ 相比较小时，可近似匹配条件为

$$p_1^2 g_{oe} = p_2^2 g_{ie2} \tag{3.3.43}$$

此时负载 $p_2^2 g_{ie2}$ 与信源内阻 $p_1^2 g_{oe}$ 相匹配，功率增益最大，且为

$$A_{P0max} = \frac{p_1^2 p_2^2 g_{ie2} |y_{fe}|^2}{g_{ie1} g_\Sigma^2} \tag{3.3.44}$$

4）通频带

由式(3.3.35)可知，电压增益表示式为

$$\dot{A}_u = \frac{-p_1 p_2 y_{fe}}{g_\Sigma \left(1 + j \dfrac{2 Q_L \Delta f}{f_0} \right)}$$

其模值为

$$|A_u| = \frac{p_1 p_2 y_{fe}}{g_\Sigma \sqrt{1 + \left(\dfrac{2Q_L \Delta f}{2f_0}\right)^2}} \qquad (3.3.45)$$

谐振时其模值为

$$|A_{u0}| = \frac{p_1 p_2 y_{fe}}{g_\Sigma} \qquad (3.3.46)$$

所以当 $\left|\dfrac{A_u}{A_{u0}}\right| = \dfrac{1}{\sqrt{1 + \left(\dfrac{2Q_L \Delta f}{f_0}\right)^2}} = \dfrac{1}{\sqrt{2}}$ 时，对应的 Δf 即为 $\Delta f_{0.7}$，且可计算得到放大

器的带宽为

$$B = 2\Delta f_{0.7} = \frac{f_0}{Q_L} \qquad (3.3.47)$$

可见，当有载品质因数 Q_L 越高时，电路的通频带 $2\Delta f_{0.7}$ 会越窄。电路通频带的示意图如图 3.3.8 所示。

5）选择性

选择性一般用矩形系数来表示，由式(3.1.2)可知

$$K_{r0.1} = \frac{2\Delta f_{0.1}}{2\Delta f_{0.7}}$$

而当 $\left|\dfrac{A_u}{A_{u0}}\right| = \dfrac{1}{\sqrt{1 + \left(\dfrac{2Q_L \Delta f}{f_0}\right)^2}} = 0.1 = \dfrac{1}{10}$ 时，对应的 Δf

即 $\Delta f_{0.1}$，所以有

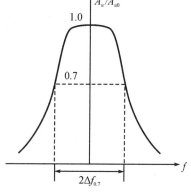

图 3.3.8　通频带

$$1 + \left(\frac{2Q_L \Delta f_{0.1}}{f_0}\right)^2 = 10^2 \qquad (3.3.48)$$

可以得到

$$2\Delta f_{0.1} = \sqrt{10^2 - 1}\frac{f_0}{Q_L} \qquad (3.3.49)$$

即矩形系数为

$$K_{r0.1} = \frac{2\Delta f_{0.1}}{2\Delta f_{0.7}} = \sqrt{10^2 - 1} = 9.95 \gg 1 \qquad (3.3.50)$$

从上面结果可以看出，单调谐回路放大器的矩形系数远大于 1。也就是说，它的谐振曲线和矩形相差较远，所以其邻道选择性差。这是单调谐回路放大器的缺点。

3.3.2　多级单调谐回路谐振放大器

若单级放大器的增益不能满足要求，一般会采用多级放大器。假设放大器为 m 级，各级增益分别为 A_{u1}，A_{u2}，$\cdots$，A_{un}，显然总增益 A_m 为各级增益的乘积，即

$$A_m = A_{u1} A_{u2} \cdots A_{un} \qquad (3.3.51)$$

如果多级放大器是由完全相同的单级放大器组成的，即

$$A_{u1} = A_{u2} = \cdots = A_{un}$$

那么，整个放大器的总增益为

$$A_m = A_{u1}^m \tag{3.3.52}$$

对 m 级放大器而言，通频带的计算应满足下式：

$$\left| \frac{A_m}{A_{m0}} \right| = \frac{1}{\left[1 + \left(\frac{2Q_L \Delta f}{f_0} \right)^2 \right]^{m/2}} = \frac{1}{\sqrt{2}} \tag{3.3.53}$$

计算可得通频带为

$$(2\Delta f_{0.7})_m = \sqrt{2^{1/m} - 1} \frac{f_0}{Q_L} \tag{3.3.54}$$

其中 $\dfrac{f_0}{Q_L}$ 为单级放大器的通频带 $2\Delta f_{0.7}$。因此 m 级放大器和单级放大器的通频带具有如下的关系：

$$(2\Delta f_{0.7})_m = \sqrt{2^{1/m} - 1} \cdot 2\Delta f_{0.7} \tag{3.3.55}$$

由于 m 是大于 1 的整数，所以 $\sqrt{2^{1/m} - 1}$ 必定小于 1。因此，m 级放大器级联时，总的通频带比单级放大器的通频带缩小了。级数越多，m 越大，总通频带越小。

同样可求得 m 级调谐放大器的矩形系数为

$$K_{r0.1} = \frac{(2\Delta f_{0.1})_m}{(2\Delta f_{0.7})_m} = \sqrt{\frac{100^{1/m} - 1}{2^{1/m} - 1}} \tag{3.3.56}$$

可见，当级数 m 增加时，放大器的矩形系数有所改善。但是，这种改善也是有限度的。当 $m = 10$ 时，$K_{r0.1} = 2.9$，离理想的矩形还有很大的距离。

由以上分析可见，单调谐回路放大器的选择性较差，增益和通频带的矛盾比较突出。为了改善选择性和解决这个矛盾，可采用双调谐回路放大器和参差调谐放大器。

3.4　谐振放大器的稳定性问题

3.4.1　放大器工作不稳定的原因

小信号放大器的工作稳定性是重要的质量指标之一。本节将讨论分析谐振放大器工作不稳定的原因，并提出一些提高放大器稳定性的措施。

前节中讨论的放大器都是假定工作于稳定状态的，即输出电路对输入端没有影响（$y_{re} = 0$）。或者说，晶体管是单向工作的，输入可以控制输出，而输出则不影响输入。但实际上，由于晶体管存在着反向传输导纳 y_{re}，因此输出电压 U_o 可以反作用到输入端，引起输入电流的变化。这就是反馈作用。

此外，放大器外部还有其他反馈影响，如输出输入间耦合、公共电源耦合等，这些反馈都可能引起放大器的不稳定。

首先分析 y_{re} 对放大器的影响，由式（3.3.21）可知，放大器的输入导纳为

$$y_i = y_{ie} - \frac{y_{fe} y_{re}}{y_{oe} + y_L'} = y_{ie} + y_F \tag{3.4.1}$$

式中第一部分 y_{ie} 为输出端短路时晶体管本身的输入导纳；第二部分 y_F 是通过 y_{re} 的反馈引

起的输入导纳，它反映了负载导纳 y'_L 的影响。

图 3.4.1 为放大器输入端接有谐振回路时的等效输入端回路。设当不考虑反馈导纳 y_F 时，输入端回路调谐，且当 y_F 存在时，g_F 与频率 f 有关。

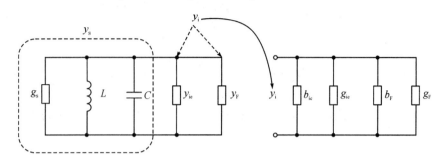

图 3.4.1　放大器输入端接有谐振回路时的等效输入端回路

y_F 可写成

$$y_F = g_F + jb_F = f(y_{fe}, y_{re}, y_{oe}, y'_L, \omega) \tag{3.4.2}$$

式中，g_F 和 b_F 分别为电导部分和电纳部分。它们除与 y_{fe}、y_{re}、y_{oe} 和 y'_L 这些量有关外，还是频率的函数；随着频率的不同，其值也不同，且可能为正或负。图 3.4.2 给出了反馈电导 g_F 随频率变化的关系曲线。

反馈导纳的存在，使放大器输入端的电导发生变化（考虑 g_F 作用），也使放大器输入端回路的电纳发生变化（考虑 b_F 作用）。前者改变了回路的等效品质因数 Q_L 的值，后者引起回路的失谐。这些都会影响放大器的增益、通频带和选择性，并使谐振曲线发生畸变，如图 3.4.3 所示。特别值得注意的是，g_F 在某些频率上可能为负值，即呈负电导性，使回路的总电导减小，Q_L 增加，通频带减小，增益也因损耗的减小而增加。这意味着负电导 g_F 给回路提供了能量，电路中出现了正反馈。如果反馈到输入端电路的电导 g_F 的负值刚好抵消了回路的原有电导的正值，则输入端回路总电导为零，反馈能量抵消了回路的损耗能量，放大器处于自激振荡工作状态，这是绝对不能允许的。即使 g_F 的负值还没有完全抵消回路的原有电导的正值，放大器没有达到自激状态，但已倾向于自激。这时放大器的工作也不是稳定的，称为潜在不稳定，这种情况同样也是不允许的。因此必须设法克服和降低晶体管内部反馈的影响，使放大器远离自激，能稳定地工作。

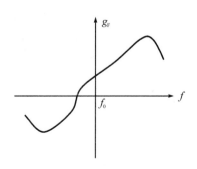
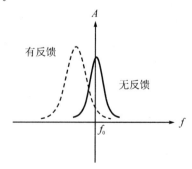

图 3.4.2　反馈电导 g_F 随频率变化的关系曲线　　图 3.4.3　反馈导纳对放大器谐振曲线的影响

3.4.2　稳定系数 S

从上面的分析可以看出，y_{re} 大到一定程度，正反馈到一定程度时，放大器会达到自激。即当电路总导纳满足：

$$y_s + y_i = 0 \tag{3.4.3}$$

时，表示放大器反馈的能量抵消了回路损耗的能量，且电纳部分也恰好抵消。这时放大器产生自激。放大器产生自激的条件为

$$y_s + y_{ie} - \frac{y_{fe}y_{re}}{y_{oe} + y_L'} = 0 \tag{3.4.4}$$

即

$$\frac{(y_{oe} + y_L')(y_s + y_{ie})}{y_{fe}y_{re}} = 1 \tag{3.4.5}$$

对式(3.4.5)进一步推导，可以得到，当

$$S = \frac{2(g_s + g_{ie})(g_{oe} + G_L)}{|y_{fe}||y_{re}|[1 + \cos(\varphi_{fe} + \varphi_{re})]} = 1 \tag{3.4.6}$$

时回路会产生自激，将 S 称为谐振放大器的稳定系数，作为判断谐振放大器是否稳定工作的依据。当 $S=1$ 时，放大器自激，只有当 $S \gg 1$ 时，放大器才能稳定。一般情况下要求稳定系数 S 在 $5\sim10$ 之间。

在实际中，工作频率远低于晶体管的特征频率，这时 $y_{fe} = |y_{fe}|$，即 $\varphi_{fe} = 0$。并且在反向传输导纳中，电纳起主要作用，即 $y_{re} = j\omega_0 C_{re}$，$\varphi_{re} = -90°$，$y_{fe} \doteq g_m$（忽略 $r_{bb'}$ 即晶体管跨导），且设 $g_1 = g_s + g_{ie}$，$g_2 = g_{oe} + G_L$，可以得到

$$S = \frac{2g_1 g_2}{\omega_0 C_{re}|y_{fe}|} \tag{3.4.7}$$

上式表明，要使 $S \gg 1$，必须使 C_{re} 尽可能小，g_1 和 g_2 尽可能大。

根据稳定系数的定义，可以得到提高稳定性方法：

(1) 选择高频性能好的晶体管。针对反馈引起的不稳定，可尽量使反馈电容小。由式(3.4.7)可以看出，如果减小反馈电容 C_{re}，则稳定系数 S 会增加。

(2) 降低放大器工作增益。如前所述，放大器增益可以表示为

$$A_{u0} = \frac{|y_{fe}|}{g_2} \tag{3.4.8}$$

可以看出，g_2 增加时，稳定系数 S 增大，但增益会减小。可见，放大器的稳定与增益的提高是互相矛盾的。

当 $g_1 = g_2$ 时，把 $g_2 = \frac{|y_{fe}|}{A_{u0}}$ 代入式(3.4.7)，可以得到

$$A_{u0} = \sqrt{\frac{2|y_{fe}|}{S\omega_0 C_{re}}} \tag{3.4.9}$$

取 $S = 5$，得

$$(A_{u0})_s = \sqrt{\frac{|y_{fe}|}{2.5\omega_0 C_{re}}} \tag{3.4.10}$$

式中，$(A_{u0})_S$ 称为稳定电压增益，是放大器稳定工作所允许的最大电压增益。因此式(3.4.10)可检验放大器是否稳定工作。

3.4.3　单向化与中和

由于晶体管存在着 y_{re} 的反馈，所以它是一个"双向元件"。这里，讨论如何消除 y_{re} 的反馈影响，变"双向元件"为"单向元件"。这个过程称为单向化。单向化的过程又叫做中和法。

所谓单向化，是使放大器只有放大而无反馈的某种措施，晶体管由于内部固有反馈，通常用加外部反馈支路来实现单向化，如并接一无源反馈网络，用于抵消晶体管内部 y_{re} 的反馈作用，如图3.4.4所示。假设反馈网络 Y_F 的 y 参数为 $[y_{iF} \quad y_{oF} \quad y_{fF} \quad y_{rF}]$，仍为共射连接方式。则总二端网络的 y 参数为 $[y]=[y_e]+[y_F]$，即将对应的 y 参数相加。则当附加反馈网络的反向传输导纳与原放大器网络的反向传输导纳互相抵消，即 $y_{rF}=-y_{re}$ 时，总 $y_r=0$，放大器只有正向传输而无反馈。

实际中采取中和的电路措施，近似得到等效负电容，如图3.4.5所示。图中 C_N 为中和电容，取 $\dot{U}_N$ 与 $\dot{U}_c$ 反相，反馈到输入端，C_N 大小可调，这样，由 C_N 到 b 的电流与 C_{be} 反馈电流大小相等，方向相反。

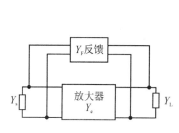

图 3.4.4　中和法原理框图

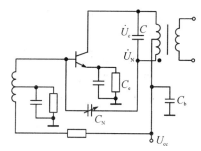

图 3.4.5　单向化电路实例

例 3-1　图 3.4.5 所示电路中，设工作频率 $f=30$ MHz，采用 3DG47 晶体管，当 $U_{ce}=6$ V，$I_E=2$ mA 时，晶体管 y 参数为 $g_{ie}=1.2$ ms，$C_{ie}=12$ pF，$g_{oe}=400$ μs，$C_{oe}=9.5$ pF，$|y_{fe}|=58.3$ ms，$\varphi_{fe}=-22°$，$|y_{re}|=310$ μs，$\varphi_{re}=-88.8°$，且电路中 $L=1.4$ μH，$p_1=1$，$p_2=0.3$，$Q_0=100$。

求：A_{u0}（单级谐振时）、$2\Delta f_{0.7}$、回路电容 C（回路谐振时）。

解　不考虑 y_{re} 的作用（$y_{re}=0$），回路谐振电阻为

$$R_p = Q_0\omega_0 L = 100 \times 6.28 \times 30 \times 10^6 \times 1.4 \times 10^{-6} = 26 \text{ k}\Omega$$

$$G_p = \frac{1}{R_p} = \frac{1}{26} \times 10^{-3} = 3.84 \times 10^{-5} \text{ s}$$

回路总电导为

$$g_\Sigma = G_P + p_1^2 g_{oe} + p_2^2 g_{ie2}$$

其中 g_{ie2} 为下级晶体管输入电导，若下级采用相同的晶体管，则

$$g_\Sigma = 0.0384 \times 10^{-3} + 0.4 \times 10^{-3} + (0.3)^2 \times 1.2 \times 10^{-3} = 0.55 \times 10^{-3} \text{ s}$$

电压增益为

$$A_{u0} = \frac{p_1 p_2 \mid y_{\text{fe}} \mid}{g_\Sigma} = \frac{0.3 \times 58.3}{0.55} = 32$$

回路总电容为

$$C_\Sigma = \frac{1}{(2\pi f_0)^2 L} = \frac{1}{(2\pi \times 30 \times 10^6)^2 \times 1.4 \times 10^{-6}} = 20 \text{ pF}$$

外加电容 C 为

$$C = C_\Sigma - p_1^2 C_{\text{oe}} - p_2^2 C_{\text{ie2}} = 20 - 9.5 - (0.3)^2 \times 12 \approx 9.4 \text{ pF}$$

通频带为

$$2\Delta f_{0.7} = \frac{p_1 p_2 \mid y_{\text{fe}} \mid}{2\pi C_\Sigma A_{u0}} = \frac{0.3 \times 58.3 \times 10^{-3}}{2\pi \times 20 \times 10^{-12} \times 32} = 4.35 \text{ MHz}$$

例 3 - 2　小信号谐振放大电路中的调谐放大器用 3DG6C 管，$f = 30$ MHz，晶体管的 y 参数为：$y_{\text{ie}} = (2 + j12)$ ms，$y_{\text{re}} = -j40\ \mu$S，$y_{\text{fe}} = 350$ ms，$y_{\text{oe}} = (0.25 + j0.75)$ ms。试计算稳定工作电压增益与功率增益，并与放大器匹配增益比较。

解　(1) 计算匹配时的增益，此时不考虑 y_{re} 的影响，输入输出匹配，则

$$g_\Sigma = g_{\text{ie}} = 2 \text{ ms}$$
$$g'_{\text{L}} = g_{\text{oe}} = 0.25 \text{ ms}$$

电压增益为

$$A_{u0} = \frac{y_{\text{fe}}}{2 g_{\text{oe}}} = \frac{350}{2 \times 0.25} = 700$$

功率增益为

$$A_{P0} = \frac{y_{\text{fe}}^2}{4 g_{\text{oe}} g_{\text{ie}}} = \frac{350^2}{4 \times 0.25 \times 2} = 6.125 \times 10^4$$

(2) 计算稳定工作时的增益，选择稳定系数 $S = 6$，由稳定系数 S 定义式可得

$$g_2 = \sqrt{\frac{S\omega_0 C_{\text{re}} \mid y_{\text{fe}} \mid}{2}} = 6.48 \text{ ms}$$

此时电压增益为

$$A_{uS} = \frac{y_{\text{fe}}}{g_2} = 54$$

功率增益为

$$A_{PS} = A_{uS}^2 \frac{g_2}{g_{\text{ie}}} = 54^2 \times \frac{6.48}{2} = 9.45 \times 10^3$$

可以看出稳定增益比放大器匹配增益低得多，稳定性和增益之间存在尖锐矛盾。

思考题与习题

3.1　高频小信号放大电路的主要技术指标有哪些？如何理解选择性与通频带的关系？

3.2　晶体管低频放大器与高频小信号放大器的分析方法有什么不同？

3.3　晶体管 3DG6C 的特征频率 $f_{\text{T}} = 250$ MHz，$\beta_0 = 50$。试求该晶体管在 $f = 1$ MHz、20 MHz、50 MHz 时的 $\mid \beta \mid$ 值。

3.4　说明 f_β、f_{T} 和最高振荡频率 f_{max} 的物理意义，它们互相间有什么关系？同一晶体

管的 f_T 比 f_{max} 高还是比 f_{max} 低？为什么？

3.5　如何理解 y 参数的物理意义？

3.6　设有一单级共发单调谐放大器，谐振时 $|A_{u0}|=20$，$B=6\ kHz$，若再加一级相同的放大器，那么两级放大器总的谐振电压放大倍数和通频带各为多少？又若总通频带保持为 $6\ kHz$，问每级放大器应如何变动？改动后总放大倍数为多少？

3.7　调谐在同一频率的三级单调谐放大器，中心频率为 $465\ kHz$，每个回路的 $Q_L=40$，问总的通频带是多少？如要求总通频带为 $10\ kHz$，则允许 Q_L 最大为多少？

3.8　某单位小信号调谐放大器的交流等效电路如题 3.8 图所示，要求谐振频率 $f_0=10\ MHz$，通频带 $B=500\ kHz$，谐振电压增益 $A_{u0}=100$，在工作点和工作频率上测得晶体管 y 参数为

$$y_{ie}=(2+j0.5)ms，\ y_{re}\approx0$$
$$y_{fe}=(20-j5)ms，\ y_{oe}=(20+j40)\mu s$$

若线圈的 $Q_0=60$，试计算谐振回路参数 L、C 及外接电阻 R 的值。

3.9　某单调谐放大器如题 3.9 图所示，已知 $f_0=465\ kHz$，回路电感 $L=560\ \mu H$，$Q_0=100$，$N_{12}=46$，$N_{13}=162$，$N_{45}=13$，晶体管 3AG31 的 y 参数如下：$g_{ie}=1.0\ ms$，$g_{oe}=100\ \mu s$，$C_{ie}=400\ pF$，$C_{oe}=62\ pF$，$y_{fe}=28\angle340°\ ms$，$y_{re}=2.5\angle290°\ \mu s$。试计算：

(1) 谐振电压放大倍数 $|A_{u0}|$；

(2) 通频带；

(3) 回路电容 C；

(4) 回路插入损耗。

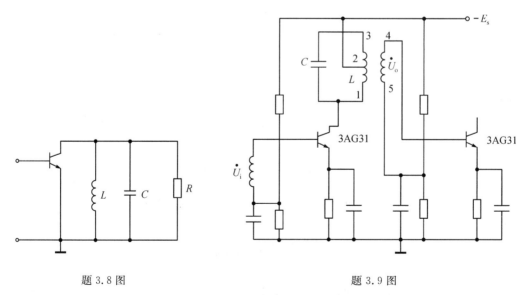

题 3.8 图　　　　　　　　　　　　　　题 3.9 图

3.10　影响谐振放大器稳定性的因素是什么？反馈导纳的物理意义是什么？

第四章　非线性电路和变频器

4.1　概　　述

在通信电子电路中，一个常用的操作就是频率转换——使某个在特定频段的信号转移到更高或者更低的频段，在转换过程中，信号的所有频率分量都进行了同样的变换，转移了相同的数值，完成这种频率变换的电路就称为变频器。例如，在收音机或者电视机的接收端都采用了超外差的原理，即首先需要把接收到的高频信号转移到中频信号的频段上。这样，电路中大多数的放大器和带通滤波器都工作在中频频段，所以在接收不同频段的信号时，接收机的主要部分都无需调校。

变频器的电路框图如图 4.1.1 所示。它是将输入信号 f_s 与本振信号 f_L 同时加到变频器，经过频率变换后通过中频滤波器，输出中频信号 f_I。f_s 与 f_I 的包络形状完全相同，唯一的差别是信号载波从载波频率 f_s 变成了中频频率 f_I，而能起到频率变换作用的关键就在于电路中存在非线性元器件。

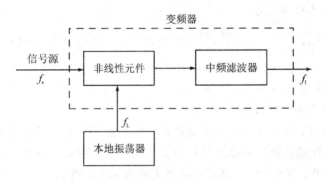

图 4.1.1　变频器电路框图

常用的电子元器件有三类：线性元件、非线性元件和时变参量元件。线性元件的特点是元件参数与通过元件的电流或施于其上的电压无关。常见的元件如电阻、电容和空心电感都是线性元件。理想电阻两端的电压和电流存在正比关系，电阻的大小与电压大小和电流大小无关。

非线性元器件的参数与通过它的电流或者加在它上的电压有关，其元件参数是变化的，与工作点有关，并且可能出现负值。例如，通过二极管的电流大小不同，二极管的内阻便不同；晶体管的电流放大倍数与工作点有关，处于不同的工作区，三极管的跨导不同。

时变参量元件则是指元件参数按照一定规律随时间变化。例如，有大小两个信号同时作用在晶体管的基极时，由于大信号的控制作用，晶体管的静态工作点会随大信号的大小变化而变动，所以对小信号，可以将晶体管看成一个变跨导的线性元件，而跨导的大小只取决于大信号，与小信号无关。这时的晶体管就可以看作一个线性时变参量元件。

严格来说，一切实际元件都是非线性的，但在一定条件下，元件的非线性特性可以忽略不计，此时，可以将该元件近似地看成线性元件。如在合适的工作点下，当输入信号很小时，其非线性不占主导地位，在分析时，为了简单起见，可以将三极管近似当做线性元件来进行分析，认为其跨导或者电流放大倍数保持不变。

由线性元器件组成的电路称为线性电路，在三极管小信号放大电路中，三极管可近似认为是线性电路，所以该电路仍可认为是线性电路。非线性电路必定含有一个或多个非线性元件，而且所用的电子元件都工作在非线性状态。例如，本章即将讨论到的变频器电路及后续章节的高频谐振功放、振荡器及各种调制解调电路都属于非线性电路。在非线性电路中，由于非线性元件的非线性作用，进行电路分析时不能用叠加定理，并且非线性电路可以产生新的频率分量，具有频率变换的作用，又称为频谱搬移。

例如，若非线性元件的伏安特性如式(4.1.1)所示：

$$i = ku^2 \tag{4.1.1}$$

当在该元件上加上两个正弦电压 $u_1 = U_{1m}\cos\omega_1 t$ 和 $u_2 = U_{2m}\cos\omega_2 t$ 时，可知

$$u = u_1 + u_2 = U_{1m}\cos\omega_1 t + U_{2m}\cos\omega_2 t \tag{4.1.2}$$

将式(4.1.2)代入(4.1.1)中，即可求出通过元件的电流为

$$i = kU_{1m}^2 \cos^2\omega_1 t + kU_{2m}^2 \cos^2\omega_2 t + 2kU_{1m}U_{2m}\cos\omega_1 t\cos\omega_2 t \tag{4.1.3}$$

由式(4.1.3)很显然可以看出，对非线性元件，叠加定理已经不再适用。将式(4.1.3)运用三角公式进一步整理，得

$$i = \frac{k}{2}(U_{1m}^2 + U_{2m}^2) + kU_{1m}U_{2m}\cos(\omega_1 + \omega_2)t + kU_{1m}U_{2m}\cos(\omega_1 - \omega_2)t \tag{4.1.4}$$

可以看出，该非线性元件的输出电流中不仅含有输入电压频率的二次谐波 $2\omega_1$ 和 $2\omega_2$，而且还出现了 ω_1 和 ω_2 的和频 $\omega_1 + \omega_2$ 与差频 $\omega_1 - \omega_2$，以及基波分量和直流成分。这些都是输入电压 u 中没有的频率成分。

非线性电路在进行频率变换时，根据频谱结构是否发生变化可以分为线性搬移和非线性搬移。频谱的线性搬移是指搬移前后的频谱结构不发生变化，只是在频域上作简单的移动，如调幅及其解调、混频等。搬移前后的频谱如图4.1.2所示。

图 4.1.2 频谱的线性搬移

频谱的非线性搬移是指输入信号的频谱不仅在频域上搬移，而且频谱结构也发生了变化，如调频、调相及其解调等。搬移前后的频谱如图4.1.3所示。

图 4.1.3 频谱的非线性搬移

本章主要讲述非线性电路的特性及其研究方法，介绍了一些常用的变频器电路以及变频器中的干扰。

4.2　非线性电路的分析方法

4.2.1　幂级数展开法

非线性器件的伏安特性可用下面的非线性函数来表示：

$$i = f(u) \tag{4.2.1}$$

式中 u 为加在非线性器件上的电压。一般情况下，$u = E_Q + u_1 + u_2$，其中 E_Q 为静态工作点，u_1 和 u_2 为两个输入电压。

用泰勒级数将式(4.2.1)展开，可得

$$
\begin{aligned}
i &= a_0 + a_1(u_1 + u_2) + a_2(u_1 + u_2)^2 + \cdots + a_n(u_1 + u_2)^n + \cdots \\
&= \sum_{n=0}^{\infty} a_n(u_1 + u_2)^n
\end{aligned}
\tag{4.2.2}
$$

式中 $a_n(n = 0, 1, 2, \cdots)$ 为各次方项的系数，由式(4.2.3)确定：

$$a_n = \frac{1}{n!} \frac{\mathrm{d}^n f(u)}{\mathrm{d} u^n} \Big|_{u = E_Q} = \frac{1}{n!} f^n(E_Q) \tag{4.2.3}$$

如果直接用式(4.2.3)所表示的幂级数，或者级数的项数取得过多，计算将会非常复杂。在实际的工程应用中，常常取级数的若干项就够了，并且根据实际信号的大小还可以做一些近似和项数的取舍。下面针对几种特殊情况进行讨论。

第一种情况：令 $u_2 = 0$，且 $u_1 = U_1 \cos\omega_1 t$，此时只有一个输入信号，将 u_1 和 u_2 的表达式代入式(4.2.2)中，可得

$$i = \sum_{n=0}^{\infty} a_n u_1^n = \sum_{n=0}^{\infty} a_n U_1^n \cos^n\omega_1 t \tag{4.2.4}$$

利用三角函数变换公式可以得到

$$i = \sum_{n=0}^{\infty} b_n U_1^n \cos n\omega_1 t \tag{4.2.5}$$

可见，当仅有一个输入信号时，输出信号中出现了输入信号频率的基波及各次谐波分量，但不能产生其他任意频率的分量。若要实现频谱的线性搬移，还需要引入另一个信号 u_2。

第二种情况：令 $u_1 = U_1 \cos\omega_1 t$，且 $u_2 = U_2 \cos\omega_2 t$，此时有两个信号 u_1、u_2 作用于非线性器件，根据式(4.2.2)可知，输出电流中会存在着大量的乘积项 $u_1^{n-m} u_2^m$，而如果需要进行线性频谱搬移，最关键的是要产生和频和差频分量，是由二次方项或者说是乘积项 $2a_2 u_1 u_2$ 产生的，其他不需要的项可以通过滤波器滤掉。

由于作用在非线性器件上的两个电压均为余弦信号，即 $u_1 = U_1 \cos\omega_1 t$，$u_2 = U_2 \cos\omega_2 t$，那么利用三角函数的积化和差公式

$$\cos x \cos y = \frac{1}{2}\cos(x-y) + \frac{1}{2}\cos(x+y) \qquad (4.2.6)$$

对式(4.2.4)进行变换,可知输出电流 i 中将包含由式(4.2.7)表示的无限多个频率组合分量:

$$\omega_{pq} = |\pm p\omega_1 \pm q\omega_2| \qquad (4.2.7)$$

例 4-1 设某非线性元件的伏安特性可以用如下的三次多项式来表示:

$$i = b_0 + b_1(u_1+u_2) + b_2(u_1+u_2)^2 + b_3(u_1+u_2)^3 \qquad (4.2.8)$$

其中 $u_1 = U_1\cos\omega_1 t$, $u_2 = U_2\cos\omega_2 t$,分析该元件输出电流中的频率分量有哪些?

分析: 将 u_1 和 u_2 代入已知的三次多项式中,有

$$\begin{aligned}
i = {} & b_0 + \frac{1}{2}b_2 U_{1m}^2 + \frac{1}{2}b_2 U_{2m}^2 \\
& + \left(b_1 U_{1m} + \frac{3}{4}b_3 U_{1m}^3 + \frac{3}{2}b_3 U_{1m}U_{2m}^2\right)\cos\omega_1 t \\
& + \left(b_1 U_{2m} + \frac{3}{4}b_3 U_{2m}^3 + \frac{3}{2}b_3 U_{1m}^2 U_{2m}\right)\cos\omega_2 t \\
& + \frac{1}{2}b_2 U_{1m}^2\cos 2\omega_1 t + \frac{1}{2}b_2 U_{2m}^2\cos 2\omega_2 t \\
& + b_2 U_{1m}U_{2m}\cos(\omega_1+\omega_2)t + b_2 U_{1m}U_{2m}\cos(\omega_1-\omega_2)t \\
& + \frac{1}{4}b_3 U_{1m}^3\cos 3\omega_1 t + \frac{1}{4}b_3 U_{2m}^3\cos 3\omega_2 t \\
& + \frac{3}{4}b_3 U_{1m}^2 U_{2m}\cos(2\omega_1+\omega_2)t + \frac{3}{4}b_3 U_{1m}^2 U_{2m}\cos(2\omega_1-\omega_2)t \\
& + \frac{3}{4}b_3 U_{1m}U_{2m}^2\cos(\omega_1+2\omega_2)t + \frac{3}{4}b_3 U_{1m}U_{2m}^2\cos(\omega_1-2\omega_2)t
\end{aligned} \qquad (4.2.9)$$

根据上式可以确定最终电流中的频率成分,可以看出:

(1) 由于伏安特性的非线性,在输出电流中除了基波分量 ω_1 和 ω_2,还产生了输入电压中没有的频率成分,包括直流分量,谐波分量 $2\omega_1$ 和 $2\omega_2$、$3\omega_1$ 和 $3\omega_2$,以及组合分量 $\omega_1+\omega_2$、$\omega_1-\omega_2$、$2\omega_1+\omega_2$、$2\omega_1-\omega_2$、$\omega_1+2\omega_2$ 和 $\omega_1-2\omega_2$。

(2) 由于式(4.2.8)中伏安特性的多项式最高次数为 3,所以电流分量中最高谐波的次数不超过 3,各组合频率的系数之和最高也不超过 3。如果幂多项式的最高次数为 n,则电流的最高谐波次数不会超过 n;若组合频率表示为 $\omega_{pq} = |\pm p\omega_1 \pm q\omega_2|$,$q=0,1,2,\cdots,n$,$p=0,1,2,\cdots,n$,$p$、$q$ 称为组合频率的阶数,则有

$$p+q \leqslant n \qquad (4.2.10)$$

(3) 组合频率中凡是 $p+q$ 为偶数的组合分量,均由幂级数中 n 为偶数且大于等于 $p+q$ 的各次方项产生;凡是 $p+q$ 为奇数的组合分量,均由幂级数中 n 为奇数且大于等于 $p+q$ 的各次方项产生。

例 4-2 某非线性器件的伏安关系为 $i = a_0 + a_1 u + a_3 u^3$,其中 a_0、a_1 和 a_3 均不为零,且该器件上所加电压信号 u 为 150 kHz 和 200 kHz 正弦波,问输出电流信号中是否能出现 50 kHz 和 350 kHz 的信号。

解 由于 50 kHz=200 kHz−150 kHz,所以对应的阶数 $p=1$,$q=1$,根据上述的组合

频率产生规律，应该由伏安特性多项式中 $n \geq 2$ 的偶数次方项产生。

同样 350 kHz＝200 kHz＋150 kHz，所以对应的阶数 $p=1$，$q=1$，根据上述的组合频率产生规律，应该由伏安特性多项式中 $n \geq 2$ 的偶数次方项产生。

而由该非线性器件的伏安特性可知，该多项式中不存在 $n \geq 2$ 的偶数次方项，所以输出电流信号中不存在 50 kHz 和 350 kHz 的信号。

4.2.2 线性时变电路分析法

若 u_1 的振幅远远小于 u_2 的振幅，则对式（4.2.1）在 $E_Q + u_2$ 点上对 u_1 用泰勒级数展开，有

$$
\begin{aligned}
i &= f(E_Q + u_1 + u_2)\\
&= f(E_Q + u_2) + f'(E_Q + u_2)u_1 + \frac{1}{2!}f''(E_Q + u_2)u_1^2 + \cdots\\
&\quad + \frac{1}{n!}f^{(n)}(E_Q + u_2)u_1^n + \cdots
\end{aligned}
\tag{4.2.11}
$$

上式中各系数均是 u_2 的函数，又由于 u_2 是时间的函数，所以又称为时变系数或时变参数。又由于 u_1 足够小，所以可以忽略式（4.2.11）中 u_1 的二次方及以上各次方项，则上式可简化为

$$
i \approx f(E_Q + u_2) + f'(E_Q + u_2)u_1 \tag{4.2.12}
$$

令 $I_0(t) = f(E_Q + u_2)$，表示输入信号 $u_1 = 0$ 时的电流，称为时变静态电流；$g(t) = f'(E_Q + u_2)$，称为时变电导或时变跨导，可以得到

$$
i = I_0(t) + g(t)u_1 \tag{4.2.13}
$$

可以看出，非线性器件输出电流 i 与输入电压 u_1 的关系是线性的，但它们的系数却是时变的，故将具有式（4.2.13）所描述工作状态的电路称为线性时变电路。

考虑 u_1 和 u_2 都是余弦信号，$u_1 = U_1\cos\omega_1 t$，$u_2 = U_2\cos\omega_2 t$，时变偏置电压 $E_Q(t) = E_Q + U_2\cos\omega_2 t$ 为一周期性函数，故 $I_0(t)$、$g(t)$ 也必为周期性函数，可用傅里叶级数展开得

$$
I_0(t) = f(E_Q + U_2\cos\omega_2 t) = I_{00} + I_{01}\cos\omega_2 t + I_{02}\cos2\omega_2 t + \cdots \tag{4.2.14}
$$

$$
g(t) = f'(E_Q + U_2\cos\omega_2 t) = g_0 + g_1\cos\omega_2 t + g_2\cos2\omega_2 t + \cdots \tag{4.2.15}
$$

式（4.2.14）和式（4.2.15）的系数可直接由傅里叶系数公式求得：

$$
I_{00} = \frac{1}{2\pi}\int_{-\pi}^{\pi} f(E_Q + U_2\cos\omega_2 t)\,\mathrm{d}\omega_2 t
$$

$$
I_{0k} = \frac{1}{\pi}\int_{-\pi}^{\pi} f(E_Q + U_2\cos\omega_2 t)\cos k\omega_2 t\,\mathrm{d}\omega_2 t, \qquad k = 1,2,3\cdots \tag{4.2.16}
$$

$$
g_0 = \frac{1}{2\pi}\int_{-\pi}^{\pi} f'(E_Q + U_2\cos\omega_2 t)\,\mathrm{d}\omega_2 t
$$

$$
g_k = \frac{1}{\pi}\int_{-\pi}^{\pi} f'(E_Q + U_2\cos\omega_2 t)\cos k\omega_2 t\,\mathrm{d}\omega_2 t, \qquad k = 1,2,3\cdots \tag{4.2.17}
$$

将 $u_1 = U_1\cos\omega_1 t$ 及式（4.2.14）和式（4.2.15）代入式（4.2.13）中，利用三角公式，可以得到

$$
i = I_\infty + I_{01}\cos\omega_2 t + I_{02}\cos\omega_2 t + \cdots + (g_0 + g_1\cos\omega_2 t + g_2\cos\omega_2 t + \cdots)U_1\cos\omega_1 t \tag{4.2.18}
$$

可以看出输出电流中的频率分量有直流分量 ω_1、ω_2 的各次谐波 $q\omega_2$ 及 ω_2 的各次谐波

与 ω_1 的组合频率分量 $|\pm q\omega_2 \pm \omega_1|$，与式（4.2.7）中幂级数分析法得到的组合频率分量 $|\pm q\omega_2 \pm p\omega_1|$ 进行比较，可以发现去除了 p 大于 1、q 为任意的众多组合频率分量。这并不意味着线性时变电路不会产生 p 大于 1、q 为任意的组合频率分量，而是由于采用线性时变分析法时必须满足一个信号较小，这样导致这些组合频率分量幅度相对于低阶分量很小而被忽略。

4.2.3　开关函数分析法

在某些情况下，非线性器件会受一个大信号控制，轮换地导通和截止，实际上起着一个开关的作用，例如在图 4.2.1 所示的电路中，两个信号 u_1 和 u_2 同时加到非线性器件二极管 VD 两端，假设 u_1 是一个小信号，u_2 则是一个振幅足够大的信号。

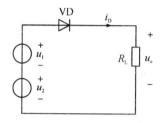

图 4.2.1　大、小两信号同时作用于二极管时原理图

若 u_1 和 u_2 均为正弦信号，且 $u_1 = U_1\cos\omega_1 t$，$u_2 = U_2\cos\omega_2 t$，则二极管 VD 在 u_2 的正半周导通，负半周截止，随着 u_2 的周期变化，二极管就会在导通和截止状态交替变化工作于开关状态，我们将大信号 u_2 称为控制信号，且加在二极管两端的电压 u_D 为

$$u_D = u_1 + u_2 \tag{4.2.19}$$

根据图 4.2.2 所示的二极管的折线模型可知，在大信号 u_2 的负半周，$u_2 < 0$，二极管 VD 将会截止，通过二极管的电流为 0；而在 u_2 的正半周，$u_2 > 0$，二极管 VD 将导通，通过二极管的电流为（假设二极管的导通电阻为 r_D）

$$i = \frac{1}{r_D + R_L}(u_1 + u_2) \tag{4.2.20}$$

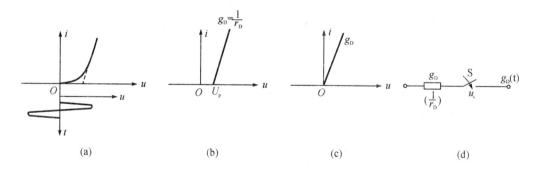

图 4.2.2　二极管折线模型

若将二极管的开关作用用开关函数 $S(t)$ 来表述：

$$S(t) = \begin{cases} 1 & (u_2 > 0) \\ 0 & (u_2 < 0) \end{cases} \tag{4.2.21}$$

则通过二极管的电流 i 可以表示成

$$i = \frac{1}{r_D + R_L} S(t)(u_1 + u_2) \tag{4.2.22}$$

可以看出，上述电路也是一种线性时变电路，可以看成二极管的跨导受 u_2 的控制进行周期变化，其时变跨导为

$$g(t) = \frac{1}{r_D + R_L} S(t) \tag{4.2.23}$$

令 $g_D = \dfrac{1}{r_D + R_L}$ 为二极管的跨导，式（4.2.22）又可以写成

$$i = g_D S(t)(u_1 + u_2) \tag{4.2.24}$$

由于 u_2 为周期信号，所以开关函数 $S(t)$ 是一个周期与 u_2 相同的周期函数，其波形如图4.2.3所示。可以看出，它是一个振幅为1的矩形脉冲序列，其频率与 u_2 一致，故周期为

$$T = \frac{2\pi}{\omega_2} \tag{4.2.25}$$

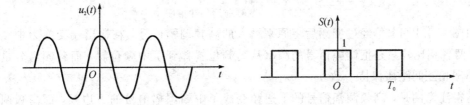

图 4.2.3　开关控制信号及开关函数的波形

对周期函数 $S(t)$ 进行傅里叶级数展开，有

$$S(t) = \frac{1}{2} + \frac{2}{\pi}\cos\omega_2 t - \frac{2}{3\pi}\cos3\omega_2 t + \frac{2}{5\pi}\cos5\omega_2 t - \cdots + (-1)^{n+1}\frac{2}{(2n-1)\pi}\cos(2n-1)\omega_2 t + \cdots \tag{4.2.26}$$

将上式代入式（4.2.24），可得流经二极管的电流为

$$i_D = g_D\left(\frac{1}{2} + \frac{2}{\pi}\cos\omega_2 t - \frac{2}{3\pi}\cos3\omega_2 t + \frac{2}{5\pi}\cos5\omega_2 t - \cdots\right)u_D \tag{4.4.27}$$

将 $u_D = U_1\cos\omega_1 t + U_2\cos\omega_2 t$ 代入，可以看出，电流中含有的频率成分有：

（1）输入信号 u_1 和控制信号 u_2 的频率分量 ω_1 和 ω_2；

（2）控制信号 u_2 的频率 ω_2 的偶次谐波分量；

（3）输入信号 u_1 的频率 ω_1 与控制信号 u_2 的奇次谐波分量的组合频率分量 $(2n+1)\omega_2 \pm \omega_1$，$n=0, 1, 2, \cdots$；

（4）直流成分。

4.3　变频电路

变频又称混频，通常指将已调高频信号的载波频率从高频变为中频，同时必须保持其调制规律不变的一种线性频谱搬移过程，具有这种作用的电路称为混频器或者变频器。变频前后信号的频谱如图4.3.1所示。

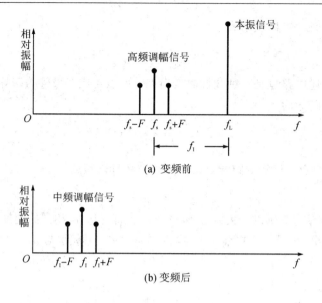

图 4.3.1　变频前后的频谱图

由图 4.3.1 可知，经过变频后将原来输入的高频调幅信号，在输出端变换为中频调幅信号，两者相比较只是把调幅信号的频率从高频位置移到了中频位置，而各频谱分量的相对大小和相互间距离保持一致。

值得注意的是，高频调幅信号的上边频变成了中频调幅信号的下边频，而高频调幅信号的下边频变成了中频调幅信号的上边频。其原因是变频后，输出信号中频 f_I 与高频调幅信号载波频率 f_s 和本振信号频率 f_L 之间的关系为

$$f_I = f_L - f_s$$

而 $f_L - (f_s + F) = f_L - f_s - F = f_I - F$，可知输入信号的上边频经混频后变成了中频调幅信号的下边频。由 $f_L - (f_s - F) = f_L - f_s + F = f_I + F$ 可知，输入信号的下边频经混频后变成了中频调幅信号的上边频。

在实际应用中也可能将高频信号变为频率更高的高中频。这时，同样只是把已调高频信号的载波频率变为更高的高中频，但调制规律保持不变。在频谱上也只是把已调波的频谱从高频位置移到了高中频位置，各频谱分量的相对大小和相互间距离并不发生变化。对输出高中频的情况在电路中一般取本振信号和输入信号频率的和频，称为上变频器，而取本振和信号频率差频的变频电路称为下变频器。

下面介绍衡量变频器性能的一些主要指标。

1. 变频增益

变频增益有电压增益 A_{uc} 和功率增益 A_{Pc} 两种。

$$电压增益\ A_{uc} = \frac{中频输出电压\ U_{im}}{高频输入电压\ U_{sm}} \tag{4.3.1}$$

$$功率增益\ A_{Pc} = \frac{中频输出信号功率\ P_i}{高频输入信号功率\ P_s} \tag{4.3.2}$$

对接收机而言，A_{uc}（或 A_{Pc}）越大，越有利于提高灵敏度。

2. 选择性

变频器在变频过程中除了产生有用的中频信号外，还会产生许多频率项。要使变频器输出只含有所需的中频 f_1 信号，而对其他各种频率的干扰予以抑制，要求输出回路具有良好的选择性。

3. 失真和干扰

失真包括频率失真(线性失真)和非线性失真。非线性失真是指由于变频器工作在非线性状态，在输出端除了获得需要的中频信号，还会在变频过程中出现很多不需要的频率分量，其中的一部分刚好在中频回路的通频带范围内，使中频信号与输入信号的包络不一样，产生了包络失真。另外，在变频过程中还将产生组合频率干扰、交叉调制干扰、互调干扰等，这些干扰的存在会影响正常通信。所以在设计和调整电路时，应尽量减小失真和干扰。这些是变频器产生的特有干扰，在后面会进行详细讨论。

4. 噪声系数

由于变频器位于接收机的前端，它产生的噪声对整机的影响最大，故要求变频器本身的噪声系数越小越好。

4.4　晶体管混频器

晶体管混频器有较高的变频增益，在中短波接收机和测量仪器中曾被广泛采用。晶体管混频器目前虽已逐渐被差分对管混频器和二极管平衡混频器取代，但作为混频器的基本电路，对其工作原理的理解依然很有意义。

在晶体管的基极与发射极之间加入本振电压 u_o(大信号)和信号电压 u_s(小信号)，如图 4.4.1 所示，根据图 4.4.2 的晶体管转移特性曲线可知，晶体管的跨导会随本振电压 u_o 的变化发生周期性的变化，对信号电压 u_s 来说，在其变化的动态范围内，近似认为晶体管跨导不产生变化，晶体管工作在线性状态下。此时的晶体管可以看成线性时变参量元件，当高频信号 u_s 通过线性时变参量元件时，在晶体管中便会产生各种频率分量，达到变频的目的。但此时的电路与前述的非线性电路的工作原理不同，主要在于这种电路中信号电压是很小的，所以信号电压对器件参量的影响很小，可以近似认为是线性的。因此，有多个小信号同时作用时，可以运用叠加定理。

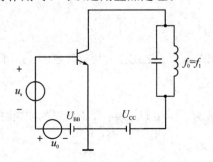
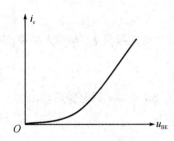

图 4.4.1　晶体管混频器的原理电路　　　图 4.4.2　晶体管转移特性曲线

如果忽略输出电压的反作用，可以看出，晶体管的集电极电流与基极电压存在如下的函数关系：

$$i_c = f(u_{BE}) = f(U_{BB} + u_0 + u_s) \tag{4.4.1}$$

其中 U_{BB} 为直流工作点电压，$U_{BB} + u_0 = u_B(t)$ 作为时变偏置电压，随着 u_0 的变化，可以发现 $u_B(t)$ 是时变的。

$$i_C = f[u_B(t) + u_s] \tag{4.4.2}$$

将式(4.4.2)对 u_s 进行泰勒级数展开，可以得到

$$i_C = f[u_B(t)] + f'[u_B(t)]u_s + \frac{1}{2!}f''[u_B(t)]u_s^2 + \cdots \tag{4.4.3}$$

由于 u_s 很小，对二次方及以上的项可以省略，得到下面的近似方程：

$$i_C = f[u_B(t)] + f'[u_B(t)]u_s \tag{4.4.4}$$

$f[u_B(t)]$ 为 $U_{BE} = u_B(t)$ 时三极管的集电极电流 $I_0(t)$，$f'[u_B(t)]$ 为 $U_{BE} = u_B(t)$ 时三极管的跨导 $g(t)$。可以看出晶体管集电极输出电流 i_C 与输入电压 u_s 的关系是线性的，但它们的系数却是时变的。

考虑到 u_0 和 u_s 都是余弦信号，可令 $u_s = U_{sm}\cos\omega_1 t$，$u_0 = U_{0m}\cos\omega_2 t$，时变偏置电压 $u_B(t) = U_{BB} + U_{0m}\cos\omega_2 t$ 为一周期性函数，故 $I_0(t)$、$g(t)$ 也必为周期性函数，可用傅里叶级数展开，得

$$I_0(t) = f[u_B(t)] = f(U_{BB} + u_0) = I_{C0} + I_{cm1}\cos\omega_2 t + I_{cm2}\cos2\omega_2 t + \cdots \tag{4.4.5}$$

$$g(t) = f'[u_B(t)] = g_0 + g_1\cos\omega_2 t + g_2\cos2\omega_2 t + \cdots \tag{4.4.6}$$

式中 g_1 为基波分量，g_0 为平均分量。

将 $u_s = U_{sm}\cos\omega_1 t$ 以及式(4.4.5)、式(4.4.6)代入式(4.4.4)，可得

$$\begin{aligned}
i_C &= I_0(t) + g(t)u_s \\
&= I_{C0} + I_{cm1}\cos\omega_2 t + I_{cm2}\cos2\omega_2 t + \cdots + (g_D + g_1\cos\omega_2 t + g_2\cos2\omega_2 t + \cdots)U_{sm}\cos\omega_1 t \\
&= I_{C0} + I_{cm1}\cos\omega_2 t + I_{cm2}\cos2\omega_2 t + \cdots + U_{sm}\left[g_0\cos\omega_2 t + \frac{g_1}{2}\cos(\omega_2 - \omega_1)t \right. \\
&\quad \left. + \frac{g_1}{2}\cos(\omega_2 + \omega_1)t + \frac{g_2}{2}\cos(2\omega_2 - \omega_1)t + \frac{g_2}{2}\cos(2\omega_2 + \omega_1)t + \cdots\right]
\end{aligned} \tag{4.4.7}$$

若中频频率取差频 $\omega_I = \omega_2 - \omega_1$，则混频后输出的中频电流为

$$i_I = \frac{1}{2}g_1 U_{sm}\cos(\omega_2 - \omega_1)t = g_c U_{sm}\cos(\omega_2 - \omega_1)t \tag{4.4.8}$$

得到中频电流的振幅为

$$I_{Im} = \frac{g_1}{2}U_{sm} \tag{4.4.9}$$

输出的中频电流振幅 I_{Im} 与输入高频信号电压振幅 U_{sm} 之比称为变频跨导，用 g_c 来表示

$$g_c = \frac{g_1}{2} \tag{4.4.10}$$

若中频取 $\omega_I = 2\omega_2 - \omega_1$，则混频后输出的中频电流为 $i_I = g_c U_{sm}\cos\omega_I t$，而此时的变频跨导为

$$g_c = \frac{1}{2}g_2 \tag{4.4.11}$$

变频跨导 g_c 可以从 g_1 或者 g_2 中求得，而由式(4.4.6)可知，g_1 和 g_2 为 $g(t)$ 的傅里叶系数，所以有

$$g_1 = \frac{1}{\pi}\int_{-\pi}^{\pi} g(t)\cos\omega_2 t \,\mathrm{d}\omega_2 t \qquad\qquad (4.4.12)$$

$$g_2 = \frac{1}{\pi}\int_{-\pi}^{\pi} g(t)\cos2\omega_2 t \,\mathrm{d}\omega_2 t \qquad\qquad (4.4.13)$$

傅里叶系数的计算一般采用以下两种方法：

（1）解析法。若已知电流和电压的转移函数 $i = f(U_{BE}) = a_0 + a_1 U_{BE} + a_2 U_{BE}^2 + a_3 U_{BE}^3 + \cdots$，则可以把 U_{BE} 的表达式代入并展式，即可以得到系数 g_1。

例 4-3　已知 $i = a + bu^2 + cu^3$，$u = E_{b0} + U_s\cos\omega_s t + U_L\cos\omega_L t$，求：$g_1$、$g_2$ 及使 $\omega_L - \omega_s$、$2\omega_L - \omega_s$ 调谐时的 g_c。

解　由于 $g(t) = f'[E_b(t)]$ 且 $E_b(t) = E_{b0} + U_L\cos\omega_L t$，故有

$$
\begin{aligned}
g(t) &= 2b(E_{b0} + U_L\cos\omega_L t) + 3c(E_{b0} + U_L\cos\omega_L t)^2 \\
&= g_0 + g_1\cos\omega_L t + g_2\cos2\omega_L t + g_3\cos3\omega_L t + \cdots \\
&= 2bE_{b0} + 2bU_L\cos\omega_L t + 3c(E_{b0}^2 + 2E_{b0}U_L\cos\omega_L t + U_L^2\cos^2\omega_L t) \\
&= 2bE_{b0} + 3cE_{b0}^2 + 2bU_L\cos\omega_L t + 6cE_{b0}U_L\cos\omega_L t + 3cU_L^2\cos^2\omega_L t \\
&= (2bE_{b0} + 3cE_{b0}^2) + (2bU_L + 6cE_{b0}U_L)\cos\omega_L t + 3cU_L^2\cos^2\omega_L t \\
&= 2bE_{b0} + 3cE_{b0}^2 + (2bU_L + 6cE_{b0}U_L)\cos\omega_L t + \frac{3}{2}U_L^2 c + \frac{3}{2}cU_L^2\cos2\omega_L t
\end{aligned}
$$

可知 $g_1 = 2bU_L + 6cE_{b0}U_L$，$g_2 = \dfrac{3}{2}cU_L^2$。

对 $\omega_L - \omega_s$ 调谐时有

$$g_c = \frac{1}{2}g_1 = bU_L + 3cE_{b0}U_L$$

对 $2\omega_L - \omega_s$ 调谐时有

$$g_c = \frac{1}{2}g_2 = \frac{3}{4}cU_L^2$$

（2）图解法。若已知晶体管集电极电流 i 与 BE 极所加的电压 u 之间的 $i-u$ 曲线，其斜率即为 i 对 u 的导数，进而可以得到 $g-u$ 曲线。由 $U_{BB} + u_0 = u_B(t)$ 曲线和 $g-u$ 曲线得 $g(t)$ 曲线，找出 g_1，进而得到 g_c。

例 4-4　非线性器件伏安特性如图 4.4.3 所示，斜率为 a，本振电压振幅为 $U_L = E_0$，当偏压为 $\dfrac{E_0}{2}$ 时，求变频跨导 g_c。

解　根据给定的伏安特性可以得到 $i-u$ 曲线，如图 4.4.4(a) 所示，进行求导可以得到 $g-u$ 曲线，如图 4.4.4(b) 所示，而输入电压如图 4.4.4(c) 所示，将图 4.4.4(c) 映射到图 4.4.4(b) 上，可以得到图 4.4.5 所示的 $g(t)$ 函数，对图 4.4.5 中的周期性函数 $g(t)$ 可以进行傅里叶展开，得出其系数为

$$g_1 = \frac{1}{\pi}\int_{-\pi}^{\pi} g(t)\cos\omega_2 t \,\mathrm{d}\omega_2 t = \frac{1}{\pi}\int_{-\frac{2}{3}\pi}^{\frac{2}{3}\pi} a\cos\omega_2 t \,\mathrm{d}\omega_2 t = \frac{\sqrt{3}}{\pi}a$$

可以得到变频跨导为

$$g_c = \frac{g_1}{2} = \frac{\sqrt{3}}{2\pi}a$$

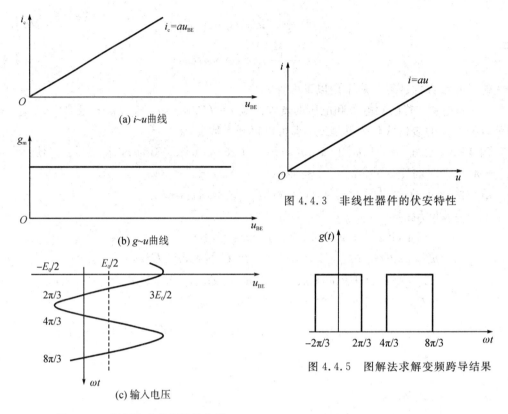

(a) i~u曲线

(b) g~u曲线

图 4.4.3　非线性器件的伏安特性

(c) 输入电压

图 4.4.4　图解法求变频跨导步骤

图 4.4.5　图解法求解变频跨导结果

晶体管变频器按本振信号的不同，一般有三种电路形式，如图 4.4.6 所示。图4.4.6（a）是基极串馈式电路，信号电压 u_s 与本振电压 u_0 串联加在基极，是同级注入方式。图4.4.6(b)是基极并馈方式的同级注入，基极同级注入时，u_s 与 u_0 及两回路耦合较紧，调谐信号回路对本振频率 f_L 有影响，当 u_s 较大时，f_L 会受 u_s 的影响，即所谓的频率牵引效应。此外，当前级是天线回路时，本振信号会产生反向辐射，在并馈电路中可适当选择耦合电容的大小以减小上述影响。图 4.4.6(c)是本振发射级注入的方式，对本振信号 u_0 来说，晶体管是共基组态，它的输入电阻小，但要求本振注入功率大。

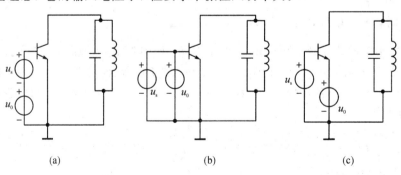

(a)　　　　　　　　(b)　　　　　　　　(c)

图 4.4.6　晶体管混频器本振注入方式

4.5 二极管混频器

晶体管混频器的主要优点是变频增益较高，但它有如下一些缺点：动态范围较小，一般只有几十毫伏；组合频率较多，干扰严重。

由二极管组成的平衡混频器和环形混频器的情况刚好相反，其优点是电路简单、噪声低、组合频率分量少、工作频带宽，主要缺点是无增益，被广泛应用于振幅调制、振幅解调、混频及其他通信设备的电路中。

4.5.1 二极管平衡混频器

图 4.5.1(a)为二极管平衡混频器的电路原理图，图 4.5.1(b)为其等效电路。图中变压器的中心抽头两边是对称的，且有 $u_2 = U_{2m}\cos\omega_2 t$，$u_1 = U_{1m}\cos\omega_1 t$，而且 U_{2m} 远大于 U_{1m}。由图可见，本振信号电压 u_2 同相地加在二极管 $\mathrm{VD_1}$ 和 $\mathrm{VD_2}$ 上，信号电压 u_1 反向地加在二极管 $\mathrm{VD_1}$ 和 $\mathrm{VD_2}$ 上。

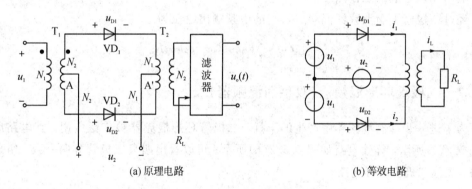

(a) 原理电路　　　　　　　　　　　(b) 等效电路

图 4.5.1 二极管平衡混频器

与单二极管电路类似，二极管 $\mathrm{VD_1}$ 和 $\mathrm{VD_2}$ 都处于大信号控制下，交替工作在截止区和线性区，二极管的伏安特性可用折线近似。加到两个二极管的电压为

$$\begin{cases} u_{\mathrm{D1}} = u_2 + u_1 \\ u_{\mathrm{D2}} = u_2 - u_1 \end{cases} \tag{4.5.1}$$

由于加到两个二极管上的控制电压 u_2 是同相的，因此两个二极管的导通、截止时间是相同的，其时变电导也是相同的。由此可得流过两管的电流 i_1、i_2 分别为

$$\begin{cases} i_1 = g_1(t)u_{\mathrm{D1}} = g_{\mathrm{D}}S(t)(u_2 + u_1) \\ i_2 = g_1(t)u_{\mathrm{D2}} = g_{\mathrm{D}}S(t)(u_2 - u_1) \end{cases} \tag{4.5.2}$$

式中 $S(t)$ 是开关函数。

经过变压器后，负载上的输出电流为

$$i_{\mathrm{L}} = i_{\mathrm{L1}} - i_{\mathrm{L2}} = i_1 - i_2 \tag{4.5.3}$$

将式(4.5.2)代入上式，有

$$i_{\mathrm{L}} = 2g_{\mathrm{D}}S(t)u_1 \tag{4.5.4}$$

考虑 $u_1 = U_1\cos\omega_1 t$，并将式(4.2.26)开关函数傅里叶级数形式代入上式可得

$$i_L = g_D U_1\cos\omega_1 t + \frac{2}{\pi} g_D U_1\cos(\omega_2+\omega_1)t + \frac{2}{\pi} g_D U_1\cos(\omega_2-\omega_1)t$$

$$- \frac{2}{3\pi} g_D U_1\cos(3\omega_2+\omega_1)t - \frac{2}{3\pi} g_D U_1\cos(3\omega_2-\omega_1)t + \cdots \qquad (4.5.5)$$

可以看出，输出电流 i_L 中的频率分量有：

(1) 输入信号 u_1 的频率分量 ω_1；

(2) 输入信号 u_1 的频率 ω_1 与控制信号 u_2 的奇次谐波分量的组合频率分量 $(2n+1)\omega_2\pm\omega_1$，$n=0,1,2,\cdots$。

　　由于存在 $\omega_2\pm\omega_1$ 的频率分量，所以二极管平衡混频器可以实现混频。与晶体管混频电路产生的频率分量 ω_1、ω_2 的各次谐波 $q\omega_1$ 及 ω_2 的各次谐波与 ω_1 的组合频率分量 $|\pm q\omega_2\pm\omega_1|$（由式(4.4.7)得到）相比，可以发现二极管平衡混频器输出频率的组合频率分量减少，消去了 u_2 的基波分量和各次谐波分量。没有了本振频率 ω_2，说明本地振荡没有反向辐射，不会影响振荡器的工作。没有 ω_2 的各次谐波，说明在输出中频回路选择性不够好的条件下，不会影响第一级中放的工作点。

　　经过二极管平衡混频器混频后得到的中频输出电压为

$$u_1(t) = \frac{2}{\pi} g_D\cos(\omega_2-\omega_1)t R_L \qquad (4.5.6)$$

4.5.2　二极管环形混频器(双平衡混频器)

　　为了进一步抑制混频器中产生的干扰，二极管环形混频器被广泛应用。其电路原理如图 4.5.2(a)所示，等效电路如图 4.5.2(b)所示。可以看出四只二极管方向一致，组成一个环路，故称二极管环形电路。

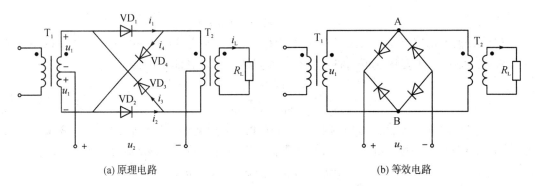

(a) 原理电路　　　　　　　　　　　　　　(b) 等效电路

图 4.5.2　二极管环形混频器

　　图 4.5.2 中变压器的中心抽头两边是对称的，且有 $u_2=U_{2m}\cos\omega_2 t$，$u_1=U_{1m}\cos\omega_1 t$，而且 U_{2m} 远大于 U_{1m}。所以四个二极管均在 u_2 的控制下按开关状态工作。当 $u_2>0$ 时，二极管 VD_1 和 VD_2 导通，VD_3 和 VD_4 截止，其等效电路如图 4.5.3 所示，可以发现，此时的混频器相当于一个二极管平衡混频器；当 $u_2<0$ 时，二极管 VD_1 和 VD_2 截止，VD_3 和 VD_4 导

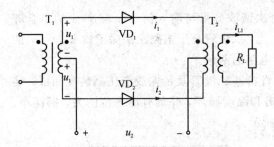

图 4.5.3　$u_2 > 0$ 时等效电路

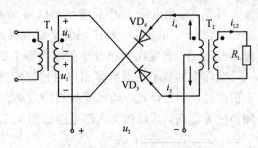

图 4.5.4　$u_2 < 0$ 时等效电路

通，其等效电路如图 4.5.4 所示，此时的混频器也相当于一个二极管平衡混频器。因此，二极管环形电路可看成是由两个平衡电路组成的，故又称为二极管双平衡电路。

根据图中电流的方向，两个平衡电路在负载 R_L 上产生的总电流为

$$i_L = i_{L1} + i_{L2} = (i_1 - i_2) + (i_3 - i_4) \quad (4.5.7)$$

利用式(4.5.4)中平衡二极管混频器的分析结果，可知 $i_{L1} = 2g_D S(t) u_1$ 且有

$$i_{L2} = -2g_D S\left(t - \frac{T_2}{2}\right) u_1$$

$$= -2g_D S^*(t) u_1 \quad (4.5.8)$$

式中 $S^*(t)$ 是对应于图 4.5.4 中本振电压 u_2 电压极性的开关函数，它和 $S(t)$ 的区别在于它们在开关时间上相差半个周期，如图 4.5.5 所示。

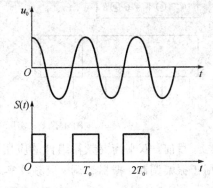

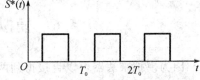

图 4.5.5　开关函数 S(t) 与 S*(t) 的关系

与 $S(t)$ 类似，对 $S^*(t)$ 也可以进行傅里叶级数展开，$S^*(t)$ 可以写成

$$S^*(t) = \frac{1}{2} - \frac{2}{\pi}\cos\omega_2 t + \frac{2}{3\pi}\cos\omega_2 t - \frac{2}{5\pi}\cos 5\omega_2 t$$

$$+ \cdots + (-1)^n \frac{2}{(2n+1)\pi}\cos(2n+1)\omega_2 t + \cdots \quad (4.5.9)$$

根据上式及式(4.2.26)，可以得到

$$S(t) - S^*(t) = \frac{4}{\pi}\cos\omega_2 t - \frac{4}{3\pi}\cos 3\omega_2 t + \frac{4}{5\pi}\cos 5\omega_2 t + \cdots$$

$$+ (-1)^{n+1} \frac{4}{(2n+1)\pi}\cos(2n+1)\omega_2 t + \cdots \quad (4.5.10)$$

因此负载上的电流为

$$i_L = \frac{4}{\pi}g_D U_1 \cos(\omega_2 + \omega_1)t + \frac{4}{\pi}g_D U_1 \cos(\omega_2 - \omega_1)t$$

$$- \frac{4}{3\pi}g_D U_1 \cos(3\omega_2 + \omega_1)t - \frac{4}{3\pi}g_D U_1 \cos(3\omega_2 - \omega_1)t$$

$$+ \frac{4}{5\pi}g_D U_1 \cos(5\omega_2 + \omega_1)t - \frac{4}{5\pi}g_D U_1 \cos(5\omega_2 - \omega_1)t \quad (4.5.11)$$

可见，输出电流 i_L 中只有控制信号 u_2 的奇次谐波分量与输入信号 u_1 频率 ω_1 的组合频率分量 $(2n+1)\omega_2 \pm \omega_1$。与二极管平衡混频器相比，二极管环形电路又消除了输入信号 u_1 的频率分量 ω_1，且输出频率分量的幅度等于平衡电路的两倍。

实际中的双平衡混频器组件由精密配对的肖特基二极管及传输线变压器装配而成，装入前经过严格的筛选，能承受强烈的震动、冲击和温度循环，并具有动态范围大、损耗小、频谱纯等特点。其封装及内部电路如图 4.5.6 所示。

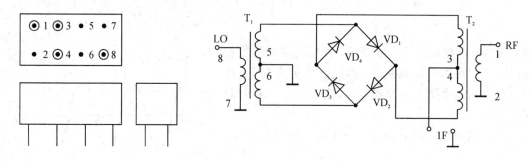

图 4.5.6　实际二极管环形混频器封装及内部电路图

目前，双平衡混频器组件的应用已远远超出了混频的范围，作为通用组件，可广泛应用于振幅调制、振幅解调、混频及实现其他的功能。

4.6　模拟乘法器构成的混频电路

因为模拟乘法器可以直接得到两个信号相乘的结果，所以输出信号中直接含有两个输入信号的和频和差频，因此在后端加上一个滤波器滤除不想要的频率分量，取和频或者差频中的一个分量，就可以得到中频信号。

图 4.6.1 为利用模拟乘法器 MC1496 构成的双平衡混频器，其输出调谐在 4.5 MHz。

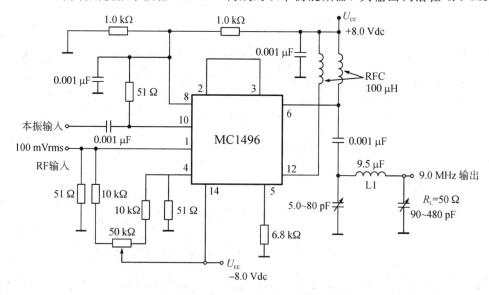

图 4.6.1　MC1496 构成的混频器

　　AD835 是一款完整的四象限电压输出模拟乘法器，采用先进的介质隔离互补双极性工艺制造。采用 PDIP-8 或者 SOIC-8 封装，能够完成 W＝XY＋Z 功能，其内部结构如图 4.6.2 所示。X 和 Y 输入信号范围为 $-1\sim+1$ V，带宽为 250 MHz，在 20 ns 内可稳定到满刻度的 $\pm0.1\%$，乘法器噪声为 50 nV/$\sqrt{\text{Hz}}$，差分乘法器输入 X 和 Y、求和输入 Z 具有高的输入阻抗，输出引脚端 W 具有低的输出阻抗，输出电压范围为 $-2.5\sim+2.5$ V，可驱动负载电阻为 25 Ω。其电源电压为 ±5 V，电流消耗为 25 mA；工作温度范围为 $-40\sim+85$ ℃。AD835 构成的乘法器电路如图 4.6.3 所示。

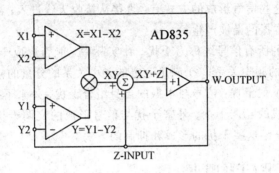

图 4.6.2　AD835 内部结构图

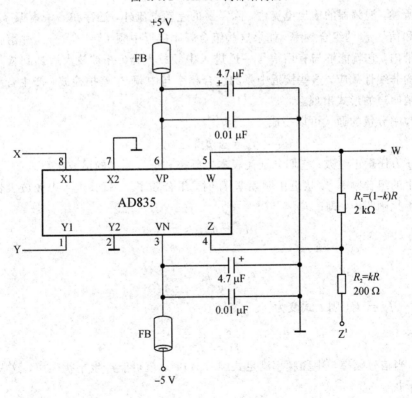

图 4.6.3　AD835 构成的乘法器

4.7　混频器干扰

混频器用于超外差接收机中，使接收机的性能得到改善，但同时混频器又会给接收机带来某些类型的干扰问题。理想混频器的输出只有输入信号与本振信号混频得出的中频分量 $f_L - f_s$ 或者 $f_L + f_s$，这种混频途径称为主通道。但在实际的混频器中，除了主通道，还有许多其他频率的信号也会经过混频器的非线性作用而产生另一些中频分量输出，即所谓假响应或寄生通道。这些信号形成的方式有：直接从接收天线进入；由高放非线性产生；由混频器本身产生；由本振的谐波产生等。

除了有用信号外的所有信号统称为干扰。在实际中，能否形成干扰主要看以下两个条件：① 是否满足一定的频率关系；② 满足一定的频率关系的分量的幅值是否较大。

混频器主要存在下列干扰：信号与本振的自身组合干扰、外来干扰与本振的组合干扰、外来干扰互相作用形成的互调干扰、外来干扰与信号形成的交调干扰、阻塞干扰、相互混频干扰等。下面分别介绍这些干扰的形成和抑制的方法。

4.7.1　组合频率干扰(干扰哨声)

如前所述，混频器的输出电流中，除需要的差频电流外，还存在一些本振 f_L 的谐波频率及本振和信号 f_s 的组合频率。如果这些组合频率接近中频 $f_I = f_L - f_s$，并落在中频放大器的通频带内，它就能够与有用信号一道进入中频放大器，并被放大后加到检波器上。通过检波器的非线性效应，这些接近中频的组合频率与中频 f_I 差拍检波，产生音频，最终在耳机中以哨叫声的形式出现。

组合频率分量的通式可以写成

$$f_k = \pm p f_L \pm q f_s \tag{4.7.1}$$

式中，p、q 为任意正整数，它们分别代表本振频率和信号频率的谐波次数。

当产生的组合频率 f_k 接近中频频率 f_I 时，组合频率 f_k 就会进入中频放大器，检波后就会产生干扰哨叫声，即

$$p f_L - q f_s \approx \pm f_I \tag{4.7.2}$$

即

$$f_s = \frac{p}{q} f_L \pm \frac{1}{q} f_I \tag{4.7.3}$$

一般取 $f_L - f_s = f_I$，则上式变为

$$\frac{f_s}{f_I} = \frac{p \pm 1}{q - p} \tag{4.7.4}$$

也就是说，当信号频率与中频频率满足式(4.7.4)时，就可能产生干扰哨声，这种干扰称为组合频率干扰。

例如，中波中频 $f_I = 465$ kHz，若电台发射频率 $f_s = 931$ kHz，则可以计算出本振频率为 $f_L = f_s + f_I = 1396$ kHz，根据式(4.7.4)可以计算出产生组合频率干扰的组合频率项需要满足

$$\frac{p \pm 1}{q - p} = \frac{f_s}{f_I} = \frac{931}{465} \approx 2$$

可以计算出当 $p=1$, $q=2$ 时，得到 $2f_s - f_L = 2 \times 931 - 1396 = 466$ kHz，与中频频率 465 kHz 仅相差 1 kHz，该组合频率如果进入中频放大器，并与标准中频信号同时加到检波器中，就会出现 1 kHz 的哨声；当 $p=3$, $q=5$ 时，$5f_s - 3f_L = 5 \times 931 - 3 \times 1396 = 467$ kHz，与中频频率 465 kHz 仅相差 2 kHz，如果该组合频率进入中频放大器，就会出现 2 kHz 的干扰哨声。

4.7.2　外来干扰与本振的组合干扰(副波道干扰)

副波道干扰是指频率为 f_n 的外来干扰进入混频器后，在非线性器件作用下与本振信号互相作用，形成的接近中频频率的组合频率干扰。

若干扰信号频率 f_n 满足：

$$f_n = \frac{1}{q}(pf_s \pm f_I) \tag{4.7.5}$$

则产生的组合频率将会接近中频频率，干扰信号就会进入中频放大器，经解调器输出后，将产生干扰哨叫声。副波道干扰是由外来干扰和本振产生的组合频率形成的中频信号，这种干扰好像是绕过了主波道 f_s 而通过另一条通路进入中频电路，所以叫副波道干扰。

这一类干扰主要有中频干扰、镜像干扰等。

1. 中频干扰

式(4.7.5)中取 $p=0$, $q=1$，得 $f_n \approx f_I$，即当干扰频率等于或接近于接收机中频时，如果接收机前端电路的选择性够好，干扰电压一旦漏到混频器的输入端，混频器对这种干扰相当于一级放大器，从而将干扰放大，并顺利地通过其后各级电路，就会在输出端形成干扰。

抑制中频干扰的方法主要是提高前端电路的选择性，以降低作用在混频器输入端的干扰电压值，如加中频陷波电路，此外还要选择合理的中频数值，中频要选在工作频段之外，最好采用高中频方式。

2. 镜像干扰

当 $p=1$, $q=1$ 时，按式(4.7.5)有 $f_n = f_s + 2f_I = f_L + f_I$，即此时干扰电台的频率刚好等于本振频率 f_L 与中频 f_I 之和。如果将 f_L 所在的位置比作一面镜子，则 f_n 与 f_s 分别位于 f_L 的两侧，且距离相等，互为镜像，所以称为镜像干扰或者镜频干扰。镜像干扰示意图如图 4.7.1 所示。

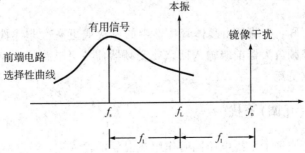

图 4.7.1　镜像干扰示意图

例 4 - 5　已知信号频率 $f_s = 580\ \text{kHz}$，$f_1 = 465\ \text{kHz}$ 若要对 f_s 形成镜像干扰，干扰频率为多少？

解　若要形成镜像干扰，干扰频率为

$$f_n = f_s + 2f_1 = 1510\ \text{kHz}$$

4.7.3　交叉调制(交调)干扰

交调干扰是由变频元件的非线性所引起的干扰，与本振无关，它是指一个已调的强干扰信号与有用信号同时作用于混频器，由于非线性作用，将干扰调制信号转移到有用信号的载频上，再与本振混频得到中频信号，形成干扰，其频率变换过程如图 4.7.2 所示。它的特点是，当接收有用信号时，可以同时听到信号台和干扰台的声音，而信号频率与干扰频率之间没有固定的关系。一旦有用信号消失，干扰台的声音也随之消失，犹如干扰台的调制信号调制在有用信号的载频上。

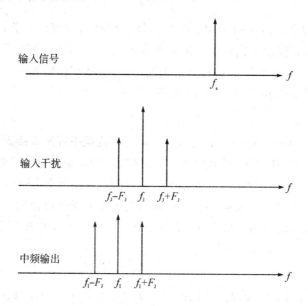

图 4.7.2　交调干扰的频率变换

交调干扰实质上是通过非线性作用，将干扰信号的调制信号解调出来，然后再调制到中频载波上。图 4.7.2 中 f_J、$f_J \pm F_J$ 表示干扰台信号频率，F_J 表示干扰台调制信号频率，f_s 为有用信号频率。

通过理论分析可知：交调是由晶体管特性中的三次或更高次非线性产生的。抑制交调干扰的方法是提高高频放大器前级输入回路或变频器前各级电路的选择性；其次可以适当选择晶体管的工作点电流。

4.7.4　互相调制(互调)干扰

互调干扰指两个或多个干扰电压同时作用在混频器输入端，经混频器的非线性产生接近中频频率的组合分量，进入中放通频带内形成的干扰，如图 4.7.3 所示。假设一个干扰

频率为 f_{n1}，另一个干扰频率为 f_{n2}，两个干扰互相混频，产生的互调频率为 $\pm pf_{n1} \pm qf_{n2}$，其中 p、q 分别为干扰 1 和干扰 2 的谐波次数。

互调干扰的方框图如图 4.7.4 所示。

例如，某接收机有用信号频率 $f_s=2.4\ \mathrm{MHz}$，干扰信号 1 的频率为 $f_{n1}=1.5\ \mathrm{MHz}$，干扰信号 2 的频率为 $f_{n2}=0.9\ \mathrm{MHz}$，由于非线性两个干扰信号产生互调分量 $1.5+0.9=2.4\ \mathrm{MHz}$，进入中频，产生哨叫声。

可以看出互调干扰和交调干扰不同，交调干扰经检波后可以同时听到质量很差的有用信号和干扰电台的声音，互调干扰听到的是哨叫声和杂乱的干扰声而没有信号的声音。交调干扰仅有一个强干扰信号，而互调干扰需要至少两个强干扰信号。

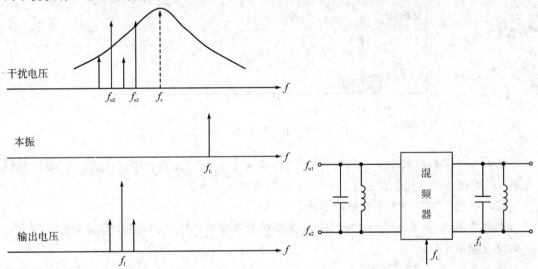

图 4.7.3　互调干扰的示意图　　　　　图 4.7.4　互调干扰方框图

产生互调的两个干扰台频率和信号频率存在一定的关系，一般是两个干扰频率距信号频率较远，或是其中之一距信号频率较近。这样只要提高输入电路的选择性就可以有效地减弱互调干扰。高频放大器和变频器比较，变频器产生互调的可能性更大，原因是变频器输入电平较大，此外变频器工作在晶体管特性曲线的非线性部分，而高频放大器工作点常选在线性部分。

抑制互调干扰的方法与抑制交调干扰的方法相同。

4.7.5　阻塞干扰与相互混频

阻塞干扰是指当强干扰信号与有用信号同时加入混频器时，强干扰会使混频器输出的有用信号幅度减小，甚至小到无法接收。当干扰信号过强时，甚至会导致晶体管的 PN 结被击穿，晶体管的正常工作状态被破坏，产生了完全堵死的阻塞现象。

相互混频又称倒易混频，也是混频器特有的一种干扰形式，它表现为当有强干扰信号进入混频器时，输出端噪声加大，信噪比降低。由于振荡器瞬时频率不稳，即本振源都不是纯正正弦波，而是在载流附近有一定的噪声电压，在强干扰的作用下，与干扰频率相差为中频的一部分噪声和干扰电压进行混频，使这些噪声落入中频频带，从而产生干扰。这可以看作是以干扰信号作为"本振",而以本振噪声作为信号的混频过程,称为倒易混频,其利用混频器正常混频作用完成。相互混频的产生过程如图4.7.5所示。

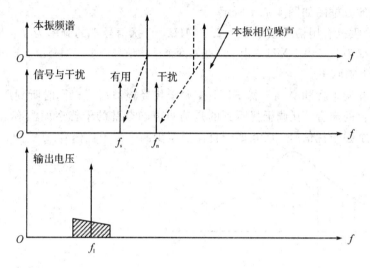

图 4.7.5　相互混频的产生过程

例 4-6　某接收机中频 $f_I=500\ \text{kHz}$,本振频率 $f_L<f_s$,在收听 $f_s=1.501\ \text{MHz}$ 的信号时,听到哨叫声,其原因是什么?(假设此时无外来干扰)

解　听到的哨叫声为组合频率干扰。

本振频率 $f_L=f_s-f_I=1001\ \text{kHz}$,根据组合频率的产生规律可知,在混频器中存在如下的组合频率干扰:

当 $p=2$, $q=1$ 时,有 $pf_L-qf_s=2\times1001-1\times1501=501\ \text{kHz}$,接近中频频率 $f_I=500\ \text{kHz}$,所以会进入中频放大器,形成干扰哨叫声;

当 $p=4$, $q=3$ 时,有 $pf_L-qf_s=4\times1001-3\times1501=499\ \text{kHz}$,接近中频频率 $f_I=500\ \text{kHz}$,所以会进入中频放大器,形成干扰哨叫声;

当 $p=5$, $q=3$ 时,有 $pf_L-qf_s=5\times1001-3\times1501=502\ \text{kHz}$,接近中频频率 $f_I=500\ \text{kHz}$,所以会进入中频放大器,形成干扰哨叫声。

例 4-7　利用收音机接收 930 kHz 信号,可同时收到 690 kHz 和 810 kHz 信号,但不能单独收到其中一个台(例如另一个台停播),其原因是什么?

解　原因为互调干扰。

信号频率 $f_s=930\ \text{kHz}$,干扰 1 频率为 $f_{n1}=690\ \text{kHz}$,干扰 2 频率为 $f_{n2}=810\ \text{kHz}$。

两个干扰频率的组合满足 $2f_{n2}-f_{n1}=810\times2-690=930=f_s$,所以在接收机中产生了互调干扰。

例 4-8　发射机发射某一频率信号,打开接收机在全波段寻找(设无任何其他信号),发现在三个频率 6.5 MHz、7.25 MHz、7.5 MHz 上听到对方信号,其中以 7.5 MHz 信号最强,且接收机中频为 0.5 MHz,问接收机是如何收到的。

解　由于 $f_I=0.5\ \text{MHz}$,且 $f_s=7.5\ \text{MHz}$,则本振频率 $f_L=f_s-f_I=7.5-0.5=7\ \text{MHz}$。

因为 $f_J = f_s - 2f_I$，所以在 6.5 MHz 处收到的信号为镜像干扰。

当 $p = q = 2$ 时，$f_J = \dfrac{1}{q}(pf_s - f_I) = f_s - \dfrac{1}{2}f_I$，可见 $7.25 = 7.5 - \dfrac{1}{2} \times 0.5$ 为副波道干扰。

4.7.6 克服干扰的措施

综合上面讨论到的一些非线性失真和干扰产生的原因，如果要抑制或者减少干扰，可采取以下措施：

(1) 合理选择中频，能大大减少组合频率干扰和副波道干扰，对交调、互调等干扰也有一定的抑制作用。特别是采用高中频，提高中频频率，能够减少组合频率干扰点。也可以采用二次变频接收机的方法，第一中频采用高中频，减少非线性失真和干扰，第二中频采用低中频，满足增益和邻近波道选择性的要求。

(2) 变频器产生的各种干扰都和干扰电压大小有关，提高前端电路选择性，对外部干扰进行抑制，也可以大大减少各类干扰。

(3) 正确选择混频器工作状态，使其工作在接近平方律区域，就能减小组合频率分量，使失真大为减弱。

(4) 采用合理的电路形式或器件，如平衡电路、环形电路、场效应管、模拟乘法器等。若采用转移特性是平方律的变频器，将大大减小失真。

思考题与习题

4.1 为什么要进行变频？变频有何作用？

4.2 变频作用如何产生？为什么要用非线性元件才能产生变频作用？变频与检波有何相同点和不同点？

4.3 混频和单边带调幅有何不同？

4.4 对变频器有什么要求？其中哪几项是主要质量指标？

4.5 设非线性元件的伏安特性是 $i = a_0 + a_1 u + a_2 u^2$，用此非线性元件作变频器件，若外加电压为

$$u = U_0 + U_{sm}(1 + m\cos\Omega t)\cos\omega_s t + U_{Lm}\cos\omega_L t$$

求变频后中频（$\omega_I = \omega_L - \omega_s$）电流分量的振幅。

4.6 在超外差收音机中，一般本振频率 f_L 比信号频率 f_s 高 465 kHz，试问，如果本振频率 f_L 比 f_s 低 465 kHz，收音机能否接收？为什么？

4.7 若想把一个调幅收音机改成能够接收调频广播，同时又不打算作大的变动，而只是改变本振频率，你认为可以吗？说明原因。

4.8 变频器有哪些干扰？如何抑制？

4.9 在一超外差式广播收音机中，中频频率 $f_I = f_L - f_s = 465$ kHz。试分析下列现象属于何种干扰？又是如何形成的？

(1) 当收听频率 $f_s = 931$ kHz 的电台播音时，伴有音调约 1 kHz 的哨叫声；

（2）当收听频率 f_s＝550 kHz 的电台播音时，听到频率为 1480 kHz 的强电台播音；

（3）当收听频率 f_s＝1480 kHz 的电台播音时，听到频率为 740 kHz 的强电台播音。

4.10　在一个变频器中，若输入频率为 1200 kHz，本振频率为 1665 kHz，今在输入端混进一个 2130 kHz 的干扰信号，变频器输出电路调频在中频 f_I＝465 kHz，问变频器能否把干扰信号抑制下去，为什么？

4.11　设变频器的输入端除了有用信号 20 MHz 外，还作用了两个频率分别为 19.6 MHz 和 19.2 MHz 的电压。已知中频为 3 MHz，$f_L > f_s$，问是否会产生干扰，是哪一种性质的干扰？

4.12　一超外差式广播收音机的接收频率范围为 535～1605 kHz，中频频率 $f_I＝f_L - f_s$＝465 kHz。试问当收听 f_s＝700 kHz 的电台播音时，除了调谐在 700 kHz 频率刻度上能接收到外，还可能在接收频段内的哪些频率刻度位置上收听到这个电台的播音（写出最强的两个）？并说明它们各自是通过什么寄生通道造成的。

第五章 高频功率放大器

5.1 概 述

我们已经知道,在低频放大电路中为了获得足够大的低频输出功率,必须采用低频功率放大。同样,在高频范围内,为了获得足够大的高频输出功率,也必须采用高频功率放大器。例如在图 1.1.4 所示的发射机高频部分,由于发射机里的振荡器所产生的高频振荡功率很小,因此后面要经过一系列的放大——缓冲级、中间放大级和末级功率放大级,获得足够的高频功率后,才能馈送到天线上辐射出去。这里所提到的放大级都属于高频功率放大器的范畴。因此高频功率放大器是发送设备的重要组成部分。

高频功率放大器是一种能量转换器件,它是将电源供给的直流能量转换为高频交流输出。通信中应用的高频功率放大器,按其工作频带的宽窄划分为窄带和宽带两种。窄带高频功率放大器通常以谐振回路作为输出回路,故又称为调谐功率放大器;宽带高频功率放大器的输出回路则是传输线变压器或者其他宽带匹配电路,因此又称为非调谐功率放大器。本章主要对调谐功率放大器予以讨论,宽带高频功率放大器仅在 5.6 节中作简单介绍。

高频功率放大器和低频功率放大器的共同特点都是输出功率大和效率高,但由于二者的工作频率和相对频带宽度相差很大,就决定了它们之间有着根本的差异。低频功率放大器的工作频率低,但相对频带宽度却很宽。例如,声音的频率范围为 20 Hz~20 kHz,频率很低,但是高低频率之比达到了 1000,因此一般都采用无调谐负载,如电阻、变压器等。而对调幅(AM)广播,其载波频率为 535~1605 kHz,频带宽度为 10 kHz,如取中心频率为 1000 kHz,则其相对频带宽度只相当于中心频率的百分之一,而且中心频率越高,相对频带宽度越小,因此,高频功率功率放大器一般采用选频回路作为负载。负载的不同,使得这两种功放的工作状态也不同:低频功放一般工作于甲类、甲乙类或者乙类状态;高频功放则一般工作在丙类状态。

从"低频电子线路"课程可知:放大器按照电流导通角的不同,可以分为甲类、乙类和丙类三种工作状态。甲类放大器电流的导通角为 360°,半导通角为 180°,适用于小信号低功率放大。乙类放大器电流的导通角等于 180°,半导通角为 90°;丙类放大器电流的导通角则小于 180°,半导通角小于 90°。乙类和丙类都适用于大功率工作。丙类工作状态的输出功率和效率都是三种工作状态中最高的。

高频功率放大器通常工作于丙类,属于非线性电路,因此不能用低频功放的等效方法来进行分析,必须采用非线性电路的分析方法。而在实际中用解析法分析比较困难,所以工程上普遍采用图解法进行折线近似分析。

高频功率放大器的主要技术指标是输出功率和效率,这和低频功放是一样的。除此以外,谐波抑制度也是一个重要指标,主要是要求输出中的谐波分量应尽量小,以免对其他频道产生干扰。

5.2　高频功放的工作原理

5.2.1　几个概念

假设:$P_=$ 为直流电源供给的直流功率,P_o 为交流输出功率,P_c 为集电极耗散功率,那么根据能量守恒定律应该有

$$P_= = P_o + P_c \tag{5.2.1}$$

为了说明晶体管放大器的转换能力,引入集电极效率 η_c 的概念,其定义为交流输出功率与直流功率之比:

$$\eta_c = \frac{P_o}{P_=} = \frac{P_o}{P_o + P_c} \tag{5.2.2}$$

由上式可以得出以下两点结论:

(1) 设法降低集电极耗散功率 P_c,则集电极效率 η_c 自然会提高,这样,在给定 $P_=$ 时,晶体管的交流输出功率 P_o 就会增大;

(2) 如果维持晶体管的集电极耗散功率 P_c 不超过规定值,那么提高集电极效率 η_c 将使交流输出功率 P_o 大为增加,并且我们可以提出以下公式:

$$P_o = \left(\frac{\eta_c}{1 - \eta_c}\right) P_c \tag{5.2.3}$$

5.2.2　高频谐振功放电路

图 5.2.1 是一个采用晶体管的高频功率放大器的原理图。除电源和偏置电路外,它由晶体管、谐振回路和输入回路三部分组成。在高频功放中常采用平面工艺制造的 NPN 高频大功率晶体管,它能承受高电压和大电流,并有较高的特征频率 f_T。晶体管作为一个电流控制器件,它在较小的激励信号电压作用下,形成基极电流 i_B,控制了较大的集电极电流 i_C,i_C 流过谐振回路产生高频功率输出,从而完成了把电源的直流功率转换为高频功率的过程。

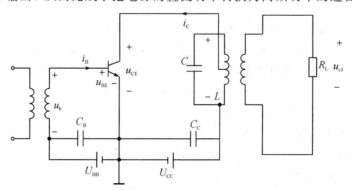

图 5.2.1　晶体管高频功率放大器的原理图

为了使高频功放高效率地输出大功率，通常选择让三极管工作在丙类状态。为了保证三极管工作在丙类状态，基极偏置电压 U_{BB} 应该使晶体管工作在截止区，一般为负值，即静态时发射极反偏。此时输入激励信号应为大信号，一般在 0.5 V 以上，可达 1~2 V，甚至更大。也就是说晶体管工作在截止和导通两种状态下，基极电流和集电极电流均为高频脉冲信号。与低频功放不同的是，高频功放选用谐振回路作负载，既保证输出电压相对于输入电压不失真，还具有阻抗变换的作用。由于集电极电流是周期性的高频脉冲，其频率分量除了有用分量还有谐波分量和其他频率成分，因此采用谐振回路可以选出有用分量，并将其无用分量滤除；此外，通过谐振回路阻抗的调节，可以使谐振回路呈现高频功放所要求的最佳负载阻抗值即匹配，使高频功放以高效输出大功率。

为了使高频功放更好地工作，图 5.2.1 中的电路有以下几点需要注意：

(1) U_{BB} 为负电压或零值，也可能为小正压。假设 U_{BZ} 为三极管的导通电压，则当 $U_{BB}=U_{BZ}$ 时，当基极输入信号 $u_b>0$ 时，晶体管导通；而当 $u_b<0$ 时，晶体管截止。即晶体管在信号的正半周导通，负半周截止，即晶体管的导通角为 180°，为乙类工作状态。为了保证晶体管工作在丙类状态，则导通角要小于 180°，因此 $U_{BB}<U_{BZ}$。已知硅晶体管的导通电压为 0.4~0.6 V，而锗晶体管的导通电压为 0.2~0.3 V，所以 U_{BB} 可正向偏置也可反向偏置，大多为反向偏置。当 u_b 为正值时，晶体管才可能导通。

(2) 输入电压 u_b 为大信号，即功放前级输出为大信号。

(3) C_B、C_C 为隔直电容，作用是通交流阻直流，防止交流信号通过直流电源。

5.2.3　电流、电压波形

如何减小集电极耗散呢？根据电路分析基础知识，我们知道：任一元件上的耗散功率等于通过该元件的电流与该元件两端电压的乘积。因此晶体管的集电极耗散功率在任何瞬间总是等于瞬时集电极电压 u_{CE} 和瞬时集电极电流 i_C 的乘积。如果使 i_C 只有在 u_{CE} 最低的时候才能够通过，那么集电极耗散功率自然会大为减小。由此可见，要想获得高的集电极效率，放大器的集电极电流应该是脉冲状。当电流流通角小于 180° 时，即为丙类工作状态，这时基极直流偏压 U_{BB} 使基极处于反向偏置状态。对于图 5.2.1 所示的 NPN 型晶体管来说，只有在激励信号 u_b 为正值的一段时间内（$+\theta_c$ 至 $-\theta_c$）才有集电极电流产生，如图 5.2.2(b)所示。图 5.2.2(a)将晶体管的转移特性理想化为一条直线，交横轴于 U_{BZ}，U_{BZ} 称为截止电压或起始电压。

由图 5.2.1 可知，晶体管基极电压为

$$u_{BE}=U_{BB}+u_b \tag{5.2.4}$$

其中 u_b 为加在晶体管基极的正弦信号，且有

$$u_b=U_{bm}\cos\omega t \tag{5.2.5}$$

由图 5.2.2(b)可知，当 ωt 为 $-\theta_c$ 到 θ_c 之间时，晶体管导通，集电极存在电流脉冲，其他时候晶体管均处于截止状态。$2\theta_c$ 称为晶体管在一个周期内的集电极电流导通角，θ_c 则称为半导通角。当 $\omega t=\theta_c$ 时，晶体管刚刚导通，此时存在关系：

$$u_b=U_{bm}\cos\theta_c=-U_{BB}+U_{BZ}$$

故可得

$$\cos\theta_c = \frac{U_{BZ} - U_{BB}}{U_{bm}} \qquad (5.2.6)$$

集电极电流为周期性的脉冲状，可以利用傅里叶级数来表示，即分解为直流、基波和各次谐波之和：

$$i_C = I_{C0} + I_{C1}\cos\omega t + I_{C2}\cos 2\omega t + \cdots \qquad (5.2.7)$$

可以看出集电极电流中包含了很多谐波，并且是脉冲状，相对于输入端的正弦信号有很大的失真，但由于在集电极电路内采用的是并联谐振回路，如果使该并联回路对基波谐振，那么它对基频呈现很大的纯电阻性阻抗，而对谐波的阻抗则很小，可以认为是短路，因此，并联谐振电路由于 i_C 所产生的电压降 u_{c1} 也几乎只含有基频。这样，i_C 的失真虽然大，但由于谐振回路的这种滤波作用，仍然能在集电极得到正弦波形的输出。若谐振回路的谐振电阻为 R_L，则谐振回路两端电压为

$$u_{c1} = I_{C1}R_L\cos\omega t = U_{C1m}\cos\omega t \qquad (5.2.8)$$

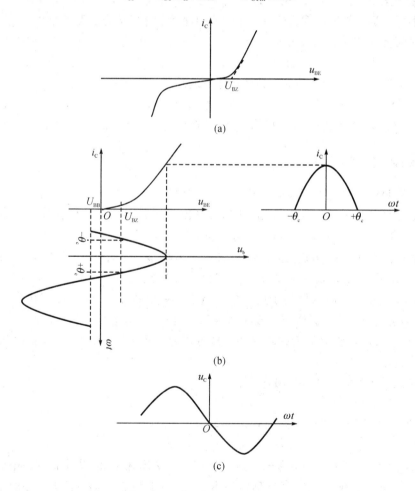

图 5.2.2 集电极电流、电压波形

图 5.2.3 给出了高频功放输入电压 u_b、晶体管基极电压 u_{BE}、集电极电流 i_C、晶体管 ce 极极间电压 u_{CE} 和输出电压 u_{c1} 的波形图。由图可以看出，当集电极回路调谐时，u_{BE} 的最大

值、i_C 的最大值和 u_{CE} 的最小值是在同一时刻出现的，且导通角 θ_c 越小，i_C 越集中在 u_{CE} 的最小值附近，故损耗将减小，效率得到提高。

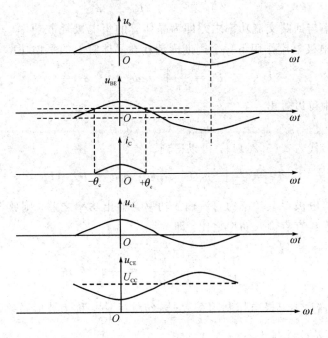

图 5.2.3　丙类高频功放电流与电压波形图

5.2.4　功率关系

直流功率是指直流电源在一周期内所供给的平均功率，一般用 $P_=$ 来表示。由式(5.2.7)可知，集电极电流可以分解为一系列电流之和。所以有

$$P_= = \frac{1}{2\pi}\int_{-\pi}^{\pi} U_{CC} i_C \,\mathrm{d}\omega t = U_{CC}\frac{1}{2\pi}\int_{-\pi}^{\pi} i_C \,\mathrm{d}\omega t = U_{CC} I_{C0} \tag{5.2.9}$$

其中 I_{C0} 为集电极电流 i_C 的直流分量，且有

$$I_{C0} = \frac{1}{2\pi}\int_{-\pi}^{\pi} i_C \,\mathrm{d}\omega t \tag{5.2.10}$$

高频功放的集电极输出回路如图 5.2.4 所示，可知输出回路对基频谐振，呈纯电阻 R_P，对其他谐波的阻抗很小，因此，只有基频电流能产生输出功率。此时，回路的输出功率即高频一周内的基频功率为

$$P_o = \frac{1}{2\pi}\int_{-\pi}^{\pi} i_C u_{c1} \,\mathrm{d}\omega t = \frac{1}{2\pi}\int_{-\pi}^{\pi} i_C U_{C1m}\cos\omega t \,\mathrm{d}\omega t \tag{5.2.11}$$

而根据集电极电流脉冲的分解公式，有

$$I_{C1} = \frac{1}{2\pi}\int_{-\pi}^{\pi} i_C \cos\omega t \,\mathrm{d}\omega t \tag{5.2.12}$$

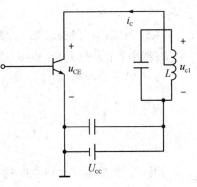

图 5.2.4　集电极输出回路

将式(5.2.12)代入式(5.2.11)，可有

$$P_o = \frac{1}{2}U_{C1m}I_{C1} = \frac{U_{C1m}^2}{2R_P} = \frac{1}{2}I_{C1}^2 R_P \qquad (5.2.13)$$

直流输入功率与回路交流功率之差即为晶体管的集电极耗散功率，也可以看做晶体管 ce 极间电压在集电极电流作用下一个周期内消耗在晶体管上的平均功率，即

$$P_c = \frac{1}{2\pi}\int_{-\pi}^{\pi} i_C u_{CE}\, \mathrm{d}\omega t \qquad (5.2.14)$$

从图 5.2.4 中可以看出

$$u_{CE} = U_{CC} - u_{c1} \qquad (5.2.15)$$

将式(5.2.15)代入式(5.2.14)，可以得到

$$P_c = \frac{1}{2\pi}\int_{-\pi}^{\pi} i_C (U_{CC} - u_{c1})\, \mathrm{d}\omega t = P_= - P_o \qquad (5.2.16)$$

可见三极管集电极耗散功率为直流输入功率与输出功率之差。则放大器的集电极效率可定义为输出功率与直流输入功率之比，即

$$\eta = \frac{P_o}{P_=} = \frac{\frac{1}{2}U_{C1m}I_{C1}}{U_{CC}I_{C0}} = \frac{1}{2}g_1(\theta_c)\xi \qquad (5.2.17)$$

式中，$\xi = \dfrac{U_{C1m}}{U_{CC}}$，称为集电极电压利用系数；$g_1(\theta_c) = \dfrac{I_{C1}}{I_{C0}}$，称为波形系数，它是导通角 θ_c 的函数，θ_c 越小，则 $g_1(\theta_c)$ 越大。

根据上面的分析可以进行如下的讨论：

(1) 因为输出交流电压一定小于直流，所以必然存在电压利用系数 $\xi \leqslant 1$。假设 $\xi = 1$，可知对甲类功放电路，由于其半导通角为 180°，所以有

$$\eta_{理想} = \frac{1}{2}g_1(180°) = \frac{1}{2} = 50\%$$

对乙类功放电路，由于其半导通角为 90°，所以有

$$\eta_{理想} = \frac{1}{2}g_1(90°) = \frac{\pi}{4} = 78.5\%$$

对丙类功放电路，其半导通角小于 90°，所以有

$$\eta_{理想} = \frac{1}{2}g_1(\theta_c < 90°) > 78.5\%$$

(2) 由式(5.2.16)可知，θ_c 越小，晶体管在一个周期内导通时间越短，则晶体管耗散功率 P_c 越小，电路越安全，但 θ_c 越小，输出功率 P_o 也会减小，因此在 θ_c 的选择上需要二者兼顾，θ_c 一般选为 60°～80°。

(3) 由于存在 $\eta_c = \dfrac{P_o}{P_o + P_c}$，可以很容易推导出

$$P_o = \left(\frac{\eta_c}{1 - \eta_c}\right)P_c \qquad (5.2.18)$$

可见，在晶体管允许耗散功率 P_c 一定的条件下，提高功放效率 η_c，可以大大提高输出功率 P_o。

5.3 谐振功率放大器折线近似分析法

5.3.1 晶体管特性曲线的理想化

所谓折线近似分析法，是将电子器件的特性理想化，每条特性曲线用一组折线来代替。这样就忽略了特性曲线弯曲部分的影响，简化了电流的计算，虽然计算精度较低，仍可满足工程的需要。

在对晶体管特性曲线进行折线化之前，必须说明，由于晶体管特性与温度的关系很密切，因此，以下的讨论都是假定在温度恒定的情况下，此外，因为实际上共发射极电路最常用，所以我们讨论共发射极情况。

晶体管的静态特性主要指输入特性、转移特性和输出特性。图 5.3.1(a) 为折线化后的晶体管输入特性曲线，即晶体管基极电流 i_B 与基极输入电压 u_{BE} 之间满足下式的关系：

$$\begin{cases} i_B = g_d(u_{BE} - U_{BZ}), & u_{BE} \geqslant U_{BZ} \\ i_B = 0, & u_{BE} < U_{BZ} \end{cases} \tag{5.3.1}$$

转移特性曲线是指集电极电压恒定时集电极电流与基极电压的关系曲线。图 5.3.1(b) 为折线化后的晶体管转移特性曲线，即晶体管集电极电流 i_C 与基极输入电压 u_B 之间满足下式的关系：

$$\begin{cases} i_C = g_c(u_{BE} - U_{BZ}), & u_{BE} \geqslant U_{BZ} \\ i_C = 0, & u_{BE} < U_{BZ} \end{cases} \tag{5.3.2}$$

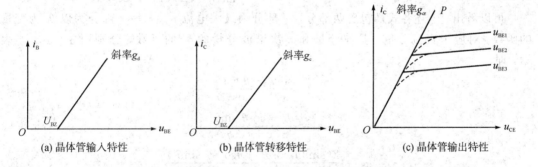

(a) 晶体管输入特性　　(b) 晶体管转移特性　　(c) 晶体管输出特性

图 5.3.1　晶体管特性及其折线化

输出特性曲线是指基极电流(电压)恒定时，集电极电流与集电极电压的关系曲线。图 5.3.1(c) 为折线化后的晶体管输出特性。在高频功率放大器中，根据集电极电流是否进入饱和区，将它的工作状态分为三种：当放大器的集电极最大点电流在临界线 OP 的右方时，交流输出电压也较低，称为欠压工作状态；当集电极最大点电流进入临界线 OP 的左方时，交流输出电压较高，称为过压工作状态；当集电极最大点电流正好落在临界线 OP 上时，称为临界工作状态。临界线方程为 $i_C = g_{cr} u_{CE}$ (g_{cr} 为临界线的斜率)。

5.3.2　余弦脉冲的分解

由图 5.2.2 可知，在一个输入信号周期内，仅当 $-\theta_c < \omega t < \theta_c$ 时存在集电极电流 i_C，其余时间 i_C 为零。因此 i_C 波形为图 5.3.2 所示的周期性的余弦脉冲信号，而周期性余弦脉冲可用傅里叶级数展开。

当 $\omega t = 0$ 时，i_C 最大，若定义此时电流为 $i_{C\max}$，则存在

$$i_C = i_{C\max}\left(\frac{\cos\omega t - \cos\theta_c}{1 - \cos\theta_c}\right) \tag{5.3.3}$$

将上式进行级数展开得

$$i_C = I_{C0} + I_{C1}\cos\omega t + I_{C2}\cos 2\omega t + \cdots$$

其中的 I_{Cn} 为余弦脉冲的第 n 次谐波分量，可以用下式求出：

$$I_{Cn} = \frac{1}{\pi}\int_{-\theta_c}^{\theta_c} i_C\cos n\omega t\, \mathrm{d}\omega t \tag{5.3.4}$$

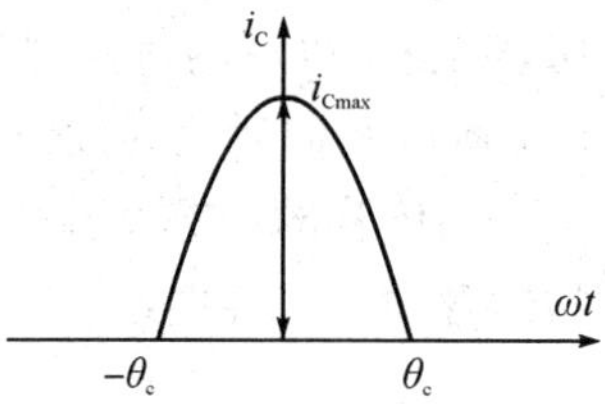

其中直流分量为

$$I_{C0} = \frac{1}{2\pi}\int_{-\theta_c}^{\theta_c} i_C\,\mathrm{d}\omega t = i_{C\max}\left(\frac{1}{\pi}\cdot\frac{\sin\theta_c - \theta_c\cos\theta_c}{1 - \cos\theta_c}\right) \tag{5.3.5}$$

图 5.3.2　余弦脉冲波形图

基频分量幅值为

$$I_{C1} = \frac{1}{\pi}\int_{-\theta_c}^{\theta_c} i_C\cos\omega t\, \mathrm{d}\omega t = i_{C\max}\frac{\theta_c - \cos\theta_c\sin\theta_c}{\pi(1 - \cos\theta_c)} \tag{5.3.6}$$

第 n 次谐波的幅值为

$$I_{Cn} = \frac{1}{\pi}\int_{-\theta_c}^{\theta_c} i_C\cos n\omega t\, \mathrm{d}\omega t = i_{C\max}\frac{2(\sin n\theta_c\cos\theta_c - n\cos n\theta_c\sin\theta_c)}{\pi n(n^2-1)(1 - \cos\theta_c)} \tag{5.3.7}$$

可以看出，上述各式都包含两部分，一部分为最大电流 $i_{C\max}$，另一部分为以 θ_c 为变量的函数。对应于直流分量、基波分量和 n 次谐波分量的 θ_c 的函数，分别用 α_0、α_1、α_n 表示，即

$$\alpha_0 = \frac{\sin\theta_c - \theta_c\cos\theta_c}{\pi(1 - \cos\theta_c)} \tag{5.3.8}$$

$$\alpha_1 = \frac{\theta_c - \cos\theta_c\sin\theta_c}{\pi(1 - \cos\theta_c)} \tag{5.3.9}$$

$$\alpha_n = \frac{2(\sin n\theta_c\cos\theta_c - n\cos n\theta_c\sin\theta_c)}{\pi n(n^2-1)(1 - \cos\theta_c)} \tag{5.3.10}$$

其中 α_0 称为直流分量分解系数，数值见附录。直流分量电流为

$$I_{C0} = i_{C\max}\alpha_0 \tag{5.3.11}$$

α_1 称为基波分量分解系数，基波分量电流为

$$I_{C1} = i_{C\max}\alpha_1 \tag{5.3.12}$$

α_n 称为 n 次谐波分量分解系数，n 次谐波分量电流为

$$I_{Cn} = i_{C\max}\alpha_n \tag{5.3.13}$$

根据上面的定义，可知式(5.2.17)中的波形系数可以用

$$g_1(\theta_c) = \frac{I_{C1}}{I_{C0}} = \frac{\alpha_1}{\alpha_0} \tag{5.3.14}$$

来表示。为了使用方便，将几个常用分解系数与 θ_c 的关系绘制在图 5.3.3 中。

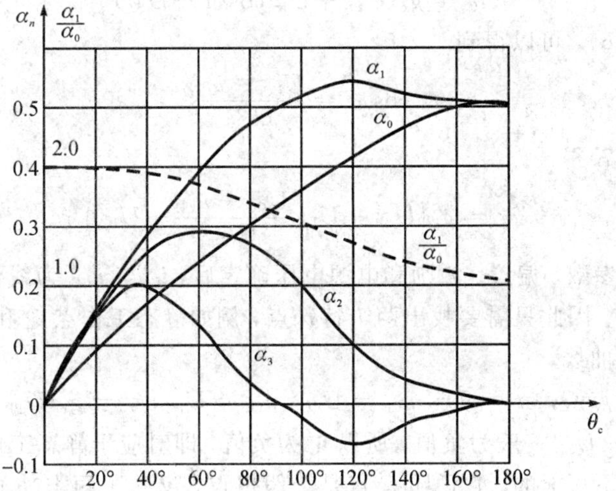

图 5.3.3　余弦脉冲分解系数曲线

从图中可以看出，$g_1(\theta_c)$ 随 θ_c 减小而增加，对应的高频功放的效率会增加；但 θ_c 很小时，α_1 会变小，导致输出功率变小，所以为了兼顾效率和输出功率，要选择合适的导通角。θ_c 一般选择 $60°\sim80°$，多数时候在 $70°$ 左右。

5.3.3　高频功率放大器的动特性与负载特性

高频功率放大器的工作状态取决于负载电阻 R_P 和电压 U_{CC}、U_{BB}、U_{bm} 四个参数。为了说明各种工作状态的优缺点和正确调节电路，就必须了解这几个参数如何影响功放电路的工作状态。如果维持上述参数中的三个电压不变，那么工作状态就取决于 R_P。此时各种电流、输出电压、功率和效率等随 R_P 变化的曲线就叫负载特性。在讨论负载特性前，先了解动特性。

1. 动特性

高频功率放大器的动特性是晶体管内部特性和外部特性结合起来的特性（即实际放大器的工作特性）。晶体管的内部特性是指无载情况下，晶体管的输出特性和转移特性（见图 5.3.1）。晶体管的外部特性是指在有载情况下，改变晶体管输入 u_b 使集电极电流 i_C 变化时，由于负载的反作用，负载上会存在电压降，就必然同时引起 u_{c1} 的变化。这样，在考虑了负载的反作用后，获得的 u_{c1}、u_b 与 i_C 的关系就叫做动特性曲线，有时也叫做负载线。下面证明当晶体管的静态特性曲线理想化为折线，且放大器工作于负载回路谐振状态时，动态特性曲线是一条直线。

晶体管的内部特性方程为

$$i_C = g_c(u_{BE} - U_{BZ}) \tag{5.3.15}$$

晶体管的外部特性方程为

$$\begin{cases} u_{BE} = U_{BB} + U_{bm}\cos\omega t \\ u_{CE} = U_{CC} - U_{C1m}\cos\omega t \end{cases} \tag{5.3.16}$$

将 u_{BE} 代入式(5.3.15)，可得

$$i_C = g_c(U_{BB} + U_{bm}\cos\omega t - U_{BZ}) \tag{5.3.17}$$

根据式(5.3.16)，可以得到

$$\cos\omega t = \frac{U_{CC} - u_{CE}}{U_{C1m}} \tag{5.3.18}$$

代入式(5.3.17)得

$$i_C = g_c\left(U_{BB} + U_{bm}\frac{U_{CC} - u_{CE}}{U_{C1m}} - U_{BZ}\right) \tag{5.3.19}$$

可见，在回路参数、偏置、激励和电源电压确定后，i_C 与 u_{CE} 为线性关系，即放大器的动特性为一条直线。因此只需要找出两个特殊点，例如静态工作点 Q 和输入电压峰值点 A，就可以绘出动特性曲线。

对于静态工作点 Q，$\omega t = 90°$，$u_{CE} = U_{CC}$，$u_{BE} = U_{BB}$，$i_C = g_c(U_{BB} - U_{BZ})$，由 5.2.2 节中的分析知道 $U_{BB} - U_{BZ}$ 一般为负值，所以 i_C 为负值，即对应于静态工作点的集电极电流 i_C 为负，这实际上是不可能的，它说明 Q 点是个假想点，反映了丙类功放在静态时处于截止状态，集电极无电流。

对于输入电压峰值点 A，$\omega t = 0$，$u_{CE} = U_{CEmin} = U_{CC} - U_{C1m}$，$u_{BE} = U_{BEmax} = U_{BB} + U_{bm}$，$i_C = g_c(U_{BB} + U_{bm} - U_{BZ})$。

将 Q 点和 A 点连在一起，即为动态特性曲线，QA 与 u_{CE} 轴的交点为 B 点，称为起始导通点，存在 $\omega t = \theta_c$，$U_{CE} = U_{CC} - U_{C1m}\cos\theta_c$，$u_{BE} = U_{BB} + U_{bm}\cos\theta_c$，$i_C = 0$。动特性曲线的 BQ 段表示电流截止期内的动态线，一般用虚线表示。动特性曲线绘制方法如图 5.3.4 所示。

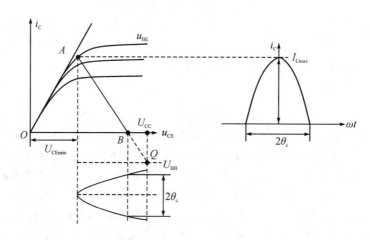

图 5.3.4　动特性曲线的绘制方法及相应的 i_C 波形

作出动特性曲线后，由它和静态特性曲线的相应交点，即可求出对应不同 ωt 值的 i_C 值，从而得到 i_C 脉冲波形，如图 5.3.4 所示。

2. 工作状态分类

根据功率放大器在工作时是否进入饱和区，可将放大器分为欠压、临界和过压三种工作状态。

（1）欠压——若在整个周期内，晶体管工作不进入饱和区，即在任何时刻都工作在放大状态，称放大器工作在欠压状态；

（2）临界——若刚刚进入饱和区的边缘，称放大器工作在临界状态；

（3）过压——若晶体管工作时有部分时间进入饱和区，则称放大器工作在过压状态。

由图 5.3.4 可知，晶体管集电极电压 u_{CE} 在 $U_{CC} - U_{C1m}$ 和 U_{CC} 之间变化，其最低点为 $U_{CEmin} = U_{CC} - U_{C1m}$。当 u_{CE} 很小，小于晶体管饱和的阈值电压 U_{CES} 时，晶体管会进入饱和区。所以根据 U_{CEmin} 的大小，就可以判断放大器处于什么工作状态。

当 $U_{CEmin} > U_{CES}$ 时，放大器工作在欠压状态；

当 $U_{CEmin} = U_{CES}$ 时，放大器工作在临界状态；

当 $U_{CEmin} < U_{CES}$ 时，放大器工作在过压状态。

图 5.3.5 表示与三种不同的负载阻抗值 R_P 对应的动态特性曲线，以及相应的集电极电流脉冲波形。

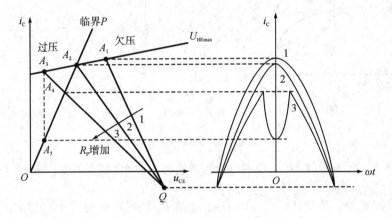

图 5.3.5　不同负载电阻时的动特性

动态特性曲线 1 斜率较大，代表 R_P 较小，因而 U_{C1m} 也较小的情形，为欠压工作状态。它与 $u_{BE} = U_{BEmax}$ 静态特性曲线的交点 A_1 决定了集电极电流脉冲的高度。显然，这时电流波形为尖顶余弦波脉冲。

随着 R_P 的增加，动态线斜率逐渐减小，输出电压 U_{C1m} 也逐渐增加，直到它与临界线 OP 和静态特性曲线 $u_{BE} = U_{BEmax}$ 相交于一点 A_2 时，放大器工作于临界状态，此时电流波形仍为尖顶余弦脉冲。

负载阻抗 R_P 继续增加，输出电压进一步增大，即进入过压工作状态，动态线 3 就是这种情形。动态特性曲线穿过临界点后，电流将由临界线下降，因此集电极电流脉冲成为凹顶状，动态线 3 与临界线的交点 A_4 决定脉冲的高度，由动态特性曲线与静态特性曲线 $u_{BE} = U_{BEmax}$ 延长线的交点 A_3 作垂线，交临界线于 A_5，A_5 的纵坐标即为电流脉冲下凹处的高度。

通过以上分析可以看出，负载 R_P 变化会引起 i_C 电流波形变化，相应的 I_{C0}、I_{C1} 也会发生变化，从而影响电路的 U_{C1m}、P_o、η_c 和 $P_=$ 等参数。

3. 负载特性

负载特性曲线是指保持高频功放电路的电源电压 U_{CC}、偏置电压 U_{BB} 和激励电压幅值

U_{bm} 一定时，改变集电极等效负载电阻 R_P 后，放大器的集电极电流 i_C、输出电压 U_{C1m}、输出功率 P_o 效率 η_c 随 R_P 变化的特性曲线。负载特性曲线是高频功率放大器的重要特性之一。

由上面的介绍可知，在欠压区至临界线的范围内，当 R_P 逐渐增大的时候，集电极电流脉冲的最大值 i_{Cmax} 以及导通角 θ_c 的变化都不大。R_P 增加，仅仅使 i_{Cmax} 略有减小。因此，在欠压区内 I_{C0} 和 I_{C1} 几乎维持不变，仅随 R_P 的增加略有下降。在欠压区电压 $U_{C1m} = R_P I_{C1}$，U_{C1m} 会随 R_P 的增加成正比增加；但进入过压区后，集电极电流脉冲开始下凹，而且凹陷程度随着 R_P 的增大而急剧加深，致使 I_{C0} 和 I_{C1} 也急剧下降，U_{C1m} 会随 R_P 的增加略有增加。图 5.3.6(a) 表示在不同工作状态下电流、电压与 R_P 的关系曲线。

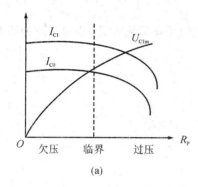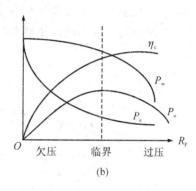

(a)　　　　　　　　　　　　　　　　(b)

图 5.3.6　负载特性曲线

在欠压状态，$P_o = \dfrac{1}{2} I_{C1}^2 R_P$，$I_{C1}$ 随 R_P 的增加略有减小（基本不变），所以 P_o 随 R_P 增大而增加；在过压状态，因为 $P_o = \dfrac{U_{C1m}^2}{2R_P}$，$U_{C1m}$ 会随 R_P 的增加略有增加（基本不变），所以 P_o 随 R_P 增大而减小；在临界状态，输出功率 P_o 最大。

因为 $P_= = U_{CC} I_{C0}$，而电源电压保持不变，因此 $P_=$ 与 I_{C0} 变化规律一样；$P_c = P_= - P_o$，其随 R_P 变化的曲线如图 5.3.6(b) 所示。

接下来考虑效率 η_c 与 R_P 的关系曲线。在欠压区，由于 $\eta_c = P_o/P_=$，P_o 随 R_P 增大而增加，而 $P_=$ 随 R_P 增大而减小，所以 η_c 随 R_P 增大而提高。在过压区，P_o 和 $P_=$ 都随 R_P 增大而降低，而 P_o 下降的速度没有 $P_=$ 快，所以 η_c 会继续有所增加。随着 R_P 继续增加，P_o 下降的速度比 $P_=$ 快，所以 η_c 也相应地有所下降。因此，在靠近临界点的弱过压区 η_c 的值最大，如图 5.3.6(b) 所示。

可见，在临界状态下，输出功率 P_o 最大，集电极效率 η_c 也较高。这时候的高频功放电路工作在最佳状态。因此，放大器工作在临界状态的等效电阻，就是放大器阻抗匹配所需要的最佳负载电阻。

通过以上讨论可以发现：

（1）欠压状态时，电流 I_{C1} 基本不随 R_P 变化，放大器可视为恒流源。输出功率 P_o 随 R_P 增大而增加，集电极消耗功率 P_c 随 R_P 减小而增加。当 $R_P = 0$ 即负载短路时，集电极消耗功率达到最大值，这时有可能烧毁晶体管。因此在实际调节电路时，千万不可将放大器的负载短路。一般在基极调幅电路中采用欠压工作状态。

（2）临界状态时，放大器输出功率最大，效率也较高，这时放大器工作在最佳状态。一般发射机的末级功放采用临界工作状态。

（3）过压状态时，如果处于弱过压状态，输出电压基本不随 R_P 变化，放大器可视为恒压源，集电极效率 η_c 最高。一般在功率放大器的激励级和集电极调幅电路中采用弱过压状态。但深度过压时，集电极电流 i_C 下凹严重，谐波增多，一般应用较少。

在实际的电路调整中，调谐功放可能会经历上述三种状态，利用图 5.3.6 的负载特性曲线就可以正确判断各种状态，以进行正确的调整。

5.3.4　各极电压对工作状态的影响

1. U_{CC} 对工作状态的影响

在集电极调幅电路中，需要依靠改变 U_{CC} 来实现调幅过程。因此，有必要研究当 R_P、U_{BB} 和 U_{bm} 保持不变，只改变 U_{CC} 时，放大器工作状态的变化。如果 R_P、U_{BB} 和 U_{bm} 保持不变，即动态线斜率与 U_{BEmax} 的值都不变，且假设放大器原工作于临界状态，那么 U_{CC} 增加的时候，工作点向右移动，显然放大器将进入欠压区；相反，当 U_{CC} 减小时，工作点向左移动，放大器将进入过压区。根据前面的讨论，在欠压区电流几乎保持不变，进入过压区后，电流便随着过压程度的加强而下降。于是可得到 I_{C0}、I_{C1} 与 U_{CC} 的变化关系，如图 5.3.7(a) 所示。

当我们考察 P_c、$P_=$、P_o 与 U_{CC} 的关系时，可知 $P_= = U_{CC}I_{C0}$，$P_o = \frac{1}{2}I_{C1}^2 R_P \propto I_{C1}^2$，$P_c = P_= - P_o$。因而可以从已知的 I_{C0}、I_{C1} 的曲线得出 P_c、$P_=$ 和 P_o 随 U_{CC} 变化的特性曲线，如图 5.3.7(b) 所示。由图可知，在欠压区，U_{CC} 对 I_{C1} 和 P_o 的影响很小。但集电极调幅需要通过改变 U_{CC} 来改变 I_{C1} 与 P_o 才能实现，因此在欠压区不能够获得有效的调幅作用，必须工作于过压区才可能实现。

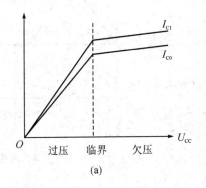
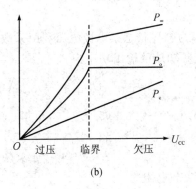

图 5.3.7　高频功放的集电极调制特性

2. U_{BB} 或 U_{bm} 对工作状态的影响

首先讨论当 R_P、U_{CC} 和 U_{BB} 都不变，只改变激励电压 U_{bm} 对工作状态的影响。当 U_{bm} 增加，即 $U_{BEmax} = U_{bm} + U_{BB}$ 增加时，静态特性曲线将向上方平移，因此，原来工作于临界状态的放大器这时将进入过压状态；反之，当 U_{bm} 减小时，放大器将进入欠压状态，在欠压状态，随着 U_{bm} 的减小，I_{C0} 与 I_{C1} 也随之减小；进入过压状态后，由于电流脉冲出现凹顶，因此，U_{bm} 增加的时候，虽然脉冲振幅增加，但凹陷深度也增加，故 I_{C0} 与 I_{C1} 的增长很缓慢。由前述 P_c、$P_=$ 和 P_o 的公式可知，$P_=$ 的曲线形状与 I_{C0} 相同，P_o 曲线形状与 I_{C1}^2 相同，P_c 则由两者之差求出。综上所述，可以得到图 5.3.8 所示的基极调制特性。从图中可以看出：在欠压区，u_b 对 I_{C1} 起控制作用，因此，基级调幅必须工作在欠压状态。

通过分析可知，增大 U_{BB} 与增大 U_{bm} 有类似的效果。

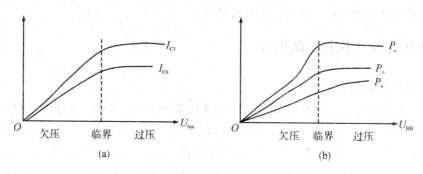

图 5.3.8　高频功放的基极调制特性

5.3.5　临界状态计算

我们知道，对晶体管高频功放进行精确计算非常困难，一般采用图解法来进行工程估算。下面首先对动特性曲线进行分析，得到临界状态计算需要的一些常用公式，并结合具体的实例来进行计算。

根据图 5.3.9 所示的动特性曲线，可以得到如下关系式：

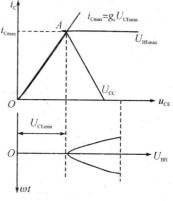

$$i_{Cmax} = g_c U_{CEmin} = g_c(U_{CC} - U_{C1m}) = g_c(1 - \xi_{cr})U_{CC}$$

$$(5.3.20)$$

其中 ξ_{cr} 为临界状态集电极电压利用系数。

高频功放的输出功率为

$$P_o = \frac{1}{2}I_{C1}U_{C1m} = \frac{1}{2}i_{Cmax}\alpha_1(\theta_c)U_{CC}\xi_{cr} \quad (5.3.21)$$

将式(5.3.20)代入式(5.3.21)，可得

$$\xi_{cr} = \frac{1}{2} + \sqrt{\frac{1}{4} - \frac{2P_o}{g_c\alpha_1(\theta_c)U_{CC}^2}} \quad (5.3.22)$$

图 5.3.9　动特性曲线

这样，负载电阻为

$$R_P = \frac{U_{C1m}}{I_{C1}} \quad (5.3.23)$$

直流功率为

$$P_= = I_{C0}U_{CC} \quad (5.3.24)$$

集电极耗散功率为

$$P_c = P_= - P_o \tag{5.3.25}$$

集电极效率为

$$\eta = \frac{P_o}{P_=} = \frac{1}{2}\xi_{cr}g_1(\theta_c) \tag{5.3.26}$$

例 5 - 1　设计一高频功放，输出功率为 300 W，选用大功率管 3DA77，已知：$U_{CC} = 24$ V，$g_c = 1.67$ A/V，晶体管集电极最大耗散功率为 $P_{cM} = 50$ W，集电极最大电流为 $I_{CM} = 5$ A。求集电极电流、电压及功率、效率和临界负载电阻。

解　选取临界状态作为工作状态并选取导通角 $\theta_c = 75°$。

查表可得

$$\alpha_0(\theta_c) = 0.269, \quad \alpha_1(\theta_c) = 0.455$$

由式(5.3.22)可得

$$\xi_{cr} = \frac{1}{2} + \sqrt{\frac{1}{4} - \frac{2P_o}{g_c\alpha_1(\theta_c)U_{CC}^2}} = 0.84$$

输出电压和集电极电流基波分量为

$$U_{C1m} = U_{CC}\xi_{cr} = 20.2 \text{ V}$$

$$I_{C1} = \frac{2P_o}{U_{C1m}} = 29.7\text{A}$$

集电极电流的最大值和直流分量为

$$i_{Cmax} = \frac{I_{C1}}{\alpha_1(\theta_c)} = 65.2 \text{ A}$$

$$I_{C0} = i_{Cmax}\alpha_0(\theta_c) = 17.6 \text{ A}$$

集电极耗散功率为

$$P_c = P_= - P_o = I_{C0}U_{CC} - P_o = 122.4 \text{ W} > P_{CM}$$

可见集电极耗散功率已超过正常工作范围，晶体管已被烧毁。

集电极效率为

$$\eta = \frac{P_o}{P_=} = 71\%$$

临界负载电阻为

$$R_P = \frac{U_{C1m}}{I_{C1}} = 6.8 \text{ }\Omega$$

例 5 - 2　功放采用大功率管 3DA1，且 $U_{CC} = 24$ V，输出功率 $P_o = 2$ W，谐振频率 $f = 1$ MHz，由晶体管手册可知其有关参数为 $f_T \geqslant 70$ MHz，功率增益 $A_P \geqslant 13$ dB，$i_{Cmax} = 750$ mA，U_{CES}(集电极饱和压降)$\geqslant 1.5$ V，$P_{CM} = 1$ W。求能量关系。

解　选取临界状态作为工作状态，可以认为

$$U_{CEmin} = U_{CES} = 1.5 \text{ V}$$

则有

$$U_{C1m} = U_{CC} - U_{CES} = 24 - 1.5 = 22.5 \text{ V}$$

$$R_p = \frac{U_{C1m}^2}{2P_o} = \frac{22.5^2}{2 \times 2} = 126.5 \text{ }\Omega$$

$$I_{C1} = \frac{U_{C1m}}{R_P} = \frac{22.5}{126.5} = 178 \text{ mA}$$

取导通角 $\theta_c = 70°$，查表可得

$$\alpha_0(70°) = 0.253, \quad \alpha_1(70°) = 0.436$$

$$i_{Cmax} = \frac{I_{C1}}{\alpha_1(70°)} = 408 \text{ mA} < 750 \text{ mA}$$

可见未超过电流安全工作范围。

$$I_{C0} = i_{Cmax}\alpha_0(70°) = 408 \times 0.253 = 103 \text{ mA}$$

$$P_= = U_{CC}I_{C0} = 24 \times 103 \times 10^{-3} = 2.472 \text{ W}$$

$$P_c = P_= - P_o = 2.472 - 2 = 0.472 \text{ W} < P_{CM}$$

$$\eta = \frac{P_o}{P_=} = \frac{2}{2.472} = 81\%$$

5.4　高频功放的电路组成

5.4.1　直流馈电线路

通过前几节的分析可知，为了使高频功放正常工作，晶体管各级必须添加相应的馈电电源。无论是集电极电路还是基极电路，它们的馈电方式都可以分为串联馈电和并联馈电两种基本形式。但无论哪种，都应遵循如下的基本组成原则：

(1) 保证 U_{CC}、U_{BB} 直流通路闭合；

(2) 交流应有自己的通路；

(3) 高频电流不通过电源。

1. 集电极馈电线路

集电极馈电线路分为串馈和并馈两种形式，如图 5.4.1 所示。从图 5.4.1(a) 中可以看出，晶体管、谐振回路和电源三者是串联连接的，所以称为串联馈电线路。集电极电流中的直流成分从 U_{CC} 出发经扼流圈 L_B 和回路电感 L 流入集电极，然后经发射极回到电源负端；从发射极出来的高频电流经过旁路电容 C_B 和谐振回路再回到集电极。L_B 的作用是阻止高频电流流过电源，因为电源总有内阻，所以高频电流流过电源会无谓地损耗功率，而且当多级放大器共用电源时，会产生不希望的寄生反馈。C_B 的作用是提供交流通路，C_B 的值应使它的阻抗远小于回路的高频阻抗。为有效地阻止高频电流流过电源，L_B 应使呈现的阻抗远大于 C_B 的阻抗。

由图 5.4.1(b) 可以看出，晶体管、电源和谐振回路三者是并联连接的，故称为并联馈电线路。由于正确使用了扼流圈 L_B 和耦合电容 C_{B2}，因此交流有交流通路，直流有直流通路，并且交流不流过直流电源，满足了上述的三点原则。

通过对比可以发现，串联馈电的优点在于 U_{CC}、L_B、C_B 处于高频地电位，分布电容不易影响回路；而并联馈电的优点是回路一端处于直流地电位，回路 L、C 元件一端可以接地，安装方便。

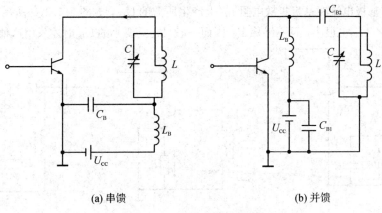

(a) 串馈　　　　　　　　　(b) 并馈

图 5.4.1　集电极馈电线路

将以上分析总结如下：

(1) 所谓串馈指的是晶体管、振荡回路和电源三者串联，而并馈则是这三部分并联。

(2) L_B 为扼流圈，起通直流隔高频交流的作用，大小一般为几十～几百微亨。串馈电路中 C_B 为旁路电容，起隔直流通交流的作用，大小一般为 $0.01～0.1\ \mu F$。并馈电路中 C_{B2} 为隔直电容，C_{B1} 则用于防止高频电流流入电源。

(3) 直流电源有杂散电容，会引起不稳定，因此直流电源必须接地。

2. 基极馈电线路

对于基极电路来说，同样也有串馈和并馈两种形式，如图 5.4.2 所示。图 5.4.2(a) 中 C_B 为旁路电容，图 5.4.2(b) 中 C_B 为隔直电容，L_B 为高频扼流圈。

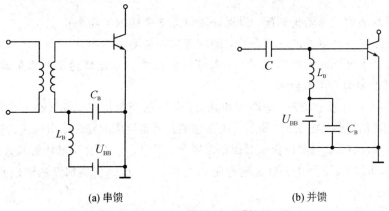

(a) 串馈　　　　　　　　　(b) 并馈

图 5.4.2　基极馈电线路

在以上的电路中，基极偏置电压 U_{BB} 都是用电池的形式来表示的。实际上，U_{BB} 单独用电池供给是不方便的，因此在实际中常采用以下方法来产生 U_{BB}：

(1) 利用基极电流的直流分量 I_{B0} 在基极偏置电阻 R_b 上产生所需要的偏置电压 U_{BB}，如图 5.4.3(a) 所示；或者利用发射极电流的直流分量 I_{E0} 在发射极偏置电阻 R_e 上产生所需的 U_{BB}，如图 5.4.3(b) 所示。上述第二种自给偏置的优点是能够自动维持放大器的工作稳定。当激励加大时，I_{E0} 增大，使偏压加大，因而又使 I_{E0} 的相对增加量减小；反之，当激励减小时，I_{E0} 减小，偏压也减小，因而 I_{E0} 的相对减小量也减小。

（2）利用基极电流在基极扩散电阻 $r_{bb}{'}$ 上产生所需的 U_{BB}，如图 5.4.3(c) 所示。由于 $r_{bb}{'}$ 很小，因此得到的 U_{BB} 也很小，且不够稳定。因而一般只在需要小的 U_{BB} 时才采用这种电路。

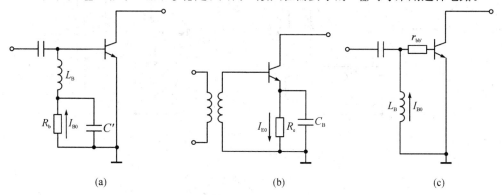

图 5.4.3　常用的产生基极偏压的方法

5.4.2　输入、输出匹配网络

为了使功率放大器具有最大的输出功率，除了正确设计晶体管的工作状态外，还必须具有良好的输入、输出匹配电路。输入匹配电路的作用是实现信号源输出阻抗与放大器输入阻抗的匹配，从而获得最大的激励功率。输出匹配电路的作用是将负载 R_L 变换为放大器所需的最佳负载电阻，从而保证放大器输出功率最大。以下重点讨论输出匹配网络。

放大器和负载之间的输出匹配网络一般采用二端口网络，这个二端口网络要完成的任务主要有：

（1）使负载和放大器阻抗匹配，以保证能以高效率输出大功率；

（2）抑制工作频率以外的频率分量，即应有良好的滤波作用；

（3）有多个器件同时输出功率时，应保证它们都能有效地传递功率到负载，同时应使这几个器件彼此隔离，互不影响。

本小节只研究前两个任务，即匹配和滤波，隔离的问题将在 5.6.3 小节中再行讨论。

最常见的输出回路是图 5.4.4 所示的由互感耦合回路组成的复合输出回路。可以看出天线回路通过互感耦合的形式与集电极调谐回路相耦合。图中，L_1、C_1 介于晶体管和天线回路之间，称为中介回路，R_A、C_A 分别为天线辐射电阻和电容，C_n、L_n 为天线回路的调谐元件。

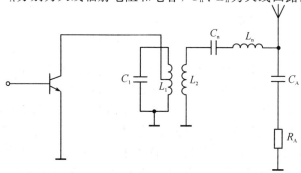

图 5.4.4　复合输出回路

除了图 5.4.4 所示的电路，在实际中还经常采用其他形式的二端口网络。图 5.4.5 是几种常用的 LC 匹配网络，它们分别是由两种不同性质的电抗元件构成的 L、π、T 型的双端口网络。由于 LC 元件消耗功率很小，因此可以高效地传输功率。同时，它们对频率的选择作用，决定了这种电路的窄带性质，可以很好地实现滤波功能。

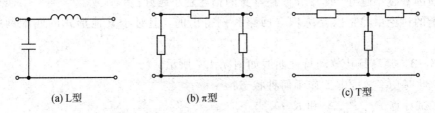

(a) L型   (b) π型   (c) T型

图 5.4.5 常用的 LC 匹配网络

可以看出，不论采用哪种匹配网络，从集电极向右方看过去，都可以等效为一个并联谐振回路，如图 5.4.6 所示。由耦合电路理论可知，当天线回路调谐到串联谐振状态时，它反映到中介回路 $L_1 C_1$ 的等效电阻为

$$r' = \frac{(\omega M)^2}{R_A} \tag{5.4.1}$$

等效回路的谐振阻抗为

$$R_P' = \frac{L_1}{C_1(r_1 + r')} = \frac{L_1}{C_1\left(r_1 + \dfrac{\omega^2 M^2}{R_A}\right)} \tag{5.4.2}$$

可见，耦合得越紧即互感 M 越大，则反映等效电阻 r' 越大，回路的等效阻抗 R_P' 也就下降越多。因此，在复合输出回路中，即使负载（天线）短路，对电子器件也不致造成严重的损害，而且它的滤波作用要比简单回路优良，因此获得了广泛的应用。

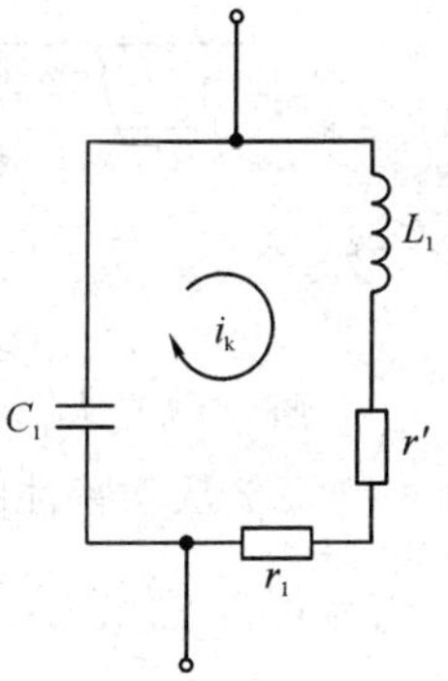

为了使器件的输出功率绝大部分能送到负载 R_A 上，就希望反映等效电阻 $r' \gg$ 回路损耗电阻 r_1。为此引入中介回路效率的概念，以回路输出至负载的有效功率与输入回路的总交流功率之比 η_k 来表示。中介回路效率可以衡量回路传输能力的优劣，由图 5.4.6 可以看出：

图 5.4.6 等效电路

$$
\begin{aligned}
\eta_k &= \frac{\text{回路送至负载的功率}}{\text{器件送至回路的总功率}} \\
&= \frac{I_k^2 r'}{I_k^2(r_1 + r')} = \frac{r'}{r_1 + r'} = \frac{(\omega M)^2}{r_1 R_A + (\omega M)^2}
\end{aligned} \tag{5.4.3}
$$

设：$R_P = \dfrac{L_1}{C_1 r_1}$，表示无负载时回路的谐振阻抗；

$R_P' = \dfrac{L_1}{C_1(r_1 + r')}$，表示有负载时回路的谐振阻抗；

$Q_0 = \dfrac{\omega L_1}{r_1}$，表示无负载时回路的品质因数；

$Q_L = \dfrac{\omega L_1}{r_1 + r'}$，表示有负载时回路的品质因数。

将以上定义代入式(5.4.3)，可得

$$\eta_k = \frac{r'}{r_1 + r'} = 1 - \frac{r_1}{r_1 + r'} = 1 - \frac{R'_P}{R_P} = 1 - \frac{Q_L}{Q_0} \tag{5.4.4}$$

通过上式可以看出，若希望回路的传输效率高，则空载时回路的品质因数越大越好，有载品质因数越小越好，即中介回路本身的损耗越小越好。

以上的讨论虽然是以互感耦合回路为例得出的，但对于其他形式的匹配网络也是适用的。

例 5-3　某高频功放动特性曲线如图 5.4.7 所示。

(1) 此时功率放大器工作于何种状态？

(2) 试计算 P_o、P_c、η_c 和 R_P；

(3) 若要求功放的功率最大，应如何调整？

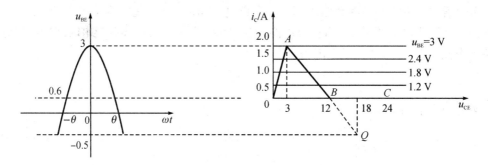

图 5.4.7　动特性曲线

解　(1) 从图 5.4.7 中负载线的位置可以看出此时应该处于临界工作状态。

(2) 从动特性曲线中可看出 $U_{CC} = 18$ V，$i_{Cmax} = 2$ A，$U_{CEmin} = 3$ V，$U_{C1m} = 15$ V。从输入信号可以看出 $U_{BB} + U_{BZ} = 0.6$ V，$U_{bm} = 3$ V，因此有 $\cos\theta = \frac{0.6}{3} = 0.2$，通过查表可知 $\theta = 78°$。

$$I_{C1} = i_{Cmax}\alpha_1(78°) = 2 \times 0.466 = 0.932 \text{ A}$$

$$I_{C0} = i_{Cmax}\alpha_0(78°) = 0.558 \text{ A}$$

$$P_o = \frac{1}{2} I_{C1} U_{C1m} = 6.99 \text{ W}$$

$$P_= = I_{C0} U_{CC} = 10.044 \text{ W}$$

$$P_c = P_= - P_o = 3.054 \text{ W}$$

$$\eta_c = \frac{P_o}{P_=} = 69.6\%$$

$$R_P = \frac{U_{C1m}}{I_{C1}} = 16.09 \text{ }\Omega$$

(3) 由于功放的输出功率在弱过压状态能达到最大，因此考虑将功放工作状态从临界状态调整至弱过压状态。可参考的操作有如下几种：增大负载电阻 R_P；增大基极输入信号 u_b；增大基极偏置电压 U_{BB}；减小集电极电源电压 U_{CC}。

5.5　晶体管倍频器

倍频器是一种使输出信号频率变为输入信号频率整数倍的电路。它常用于甚高频无线电发射机或其他电子设备的中间级。采用倍频器的主要原因有：

(1) 采用倍频输出可降低主振荡器工作频率，提高频率稳定度。由于在实际中，振荡器频率越高，会导致其稳定性越差，因此一般采用频率较低而稳定度较高的晶体振荡器，以后加若干级倍频器来达到所需频率。因此，对于工作频率高，又对稳定度有严格要求的通信设备和电子仪器就需要倍频器。

(2) 许多通信机在主振级工作波段不扩展的条件下，利用倍频器可以扩展发射机输出级的工作频段。例如主振器工作在 $2 \sim 4$ MHz，在其后采用 2 倍频或者 4 倍频器，则该级在波段开关控制下输出级就可以获得 $2 \sim 4$ MHz、$4 \sim 8$ MHz、$8 \sim 16$ MHz 三个波段。

(3) 如果是调频或调相发射机，利用倍频器可以增大调制度，扩展频移或相移宽度。

(4) 倍频器的输入与输出频率不同，因而减弱了寄生耦合，使发射机的工作稳定性提高。

倍频器按工作原理可分为两大类：一种是利用 PN 结电容的非线性变化得到输入信号的谐波，这种倍频器称为参量倍频器；另一种为丙类倍频器。

本节主要介绍用调谐功率放大器(丙类放大器)构成的倍频器，即丙类倍频器。

5.5.1　丙类倍频器的工作原理

丙类倍频器的原理电路如图 5.5.1 所示。从电路形式来看，它与丙类放大器基本相同。不同之处在于丙类倍频器集电极并联谐振回路是对输入频率 f_i 的 n 倍谐振，而对基波和其他谐波失谐，集电极电流 i_C 中的 n 次谐波通过谐振回路，而基波和其他谐波被滤掉，谐振回路最终输出频率为 f_i 的 n 倍。

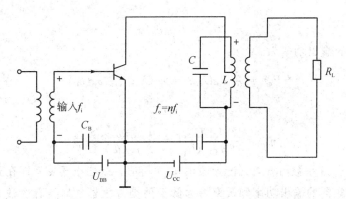

图 5.5.1　丙类倍频器原理电路

如果集电极调谐回路谐振在二次或三次谐波频率上，滤除基波和其他谐波分量，放大器就主要有二次或三次谐波电压输出，这样丙类放大器就成了二倍频器或三倍频器。

图 5.5.2 给出了二倍频器的频谱结构图。图 5.5.2(a) 为集电极电流脉冲 i_C 的频谱图，可见 i_C 中包含了各次谐波，若 LC 回路谐振于 2 次谐波，则其幅频特性如图 5.5.2(b) 所示，回路输出电压如图 5.5.2(c) 所示。可见，最后输出信号中的主要成分为 2 次谐波，实现了倍频作用。

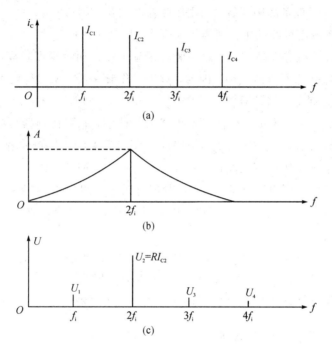

图 5.5.2 二倍频器频谱结构图

5.5.2 定量估计

下面对丙类倍频器进行一些定量估计。由前述高功放的论述，可知集电极电流中的第 n 次谐波大小为

$$I_{Cn} = i_{Cmax}\alpha_n(\theta_c) \tag{5.5.1}$$

n 次倍频器的输出功率为

$$P_{on} = \frac{1}{2}I_{Cn}U_{Cnm} = \frac{1}{2}U_{Cnm}i_{Cmax}\alpha_n(\theta_c) \tag{5.5.2}$$

效率为

$$\eta_{cn} = \frac{1}{2}\frac{I_{Cn}}{I_{C0}}\frac{U_{Cnm}}{U_{CC}} = \frac{1}{2}\frac{\alpha_n(\theta_c)}{\alpha_0(\theta_c)}\frac{U_{Cnm}}{U_{CC}} \tag{5.5.3}$$

由余弦脉冲分解系数可知，无论导通角 θ_c 为何值，α_n 均小于 α_1，即在其他情况相同的条件下，丙类倍频器的输出功率和效率将远低于丙类放大器，且随着次数 n 的增加而迅速降低。为了提高倍频器的输出功率和效率，要选择合适的导通角 θ_c。

由图 5.3.3 可知，当导通角 θ_c 为 60° 时，二次谐波分解系数最大，$\alpha_2(60°)=0.276$；当导通角 θ_c 为 40° 时，三次谐波分解系数最大，$\alpha_3(40°)=0.185$，此时输出的功率和效率最大。

可见最佳导通角 θ_c 与倍频次数 n 的关系为

$$\theta_n = \frac{120°}{n} \tag{5.5.4}$$

并且可以发现，当 n 值越大时，导通角变小，对应的倍频器的输出功率减小，一般 n 为 $2 \sim 3$，太高或太低都不行。

需要注意的是，倍频器的输出电压振幅与输入电压振幅不是线性关系，这种倍频不适于调幅信号倍频，但是对振幅不变的窄带调频和调相信号，可利用丙类倍频器来进行倍频。

5.6　宽带高频功放与功率合成

以 LC 谐振回路为输出回路的功率放大器相对频带很窄，只有百分之几或者千分之几，所以又称为窄带高频功率放大器。这种放大器比较适用于固定频率或者频率变化范围较小的高频设备，如专用通信机、微波激励源。对于要求频率相对变化范围较大的短波、超短波电台，由于调谐系统复杂，窄带功率放大器的运用就受到了严重的限制。

随着现代通信工作频率的提高，尤其是对已调信号的放大，要求放大器有足够宽的工作频带。为了展宽功率放大器的频带，需要采用具有宽频带特性的输出、输入电路，而传输线变压器能够满足这种要求，它是一种常用的非调谐匹配网络。

5.6.1　高频变压器

高频变压器与低频变压器原理相同，用来进行信号传输和阻抗变换，也可以用来隔绝直流，用于几十兆赫兹以下的高频电路，其特点如下：

（1）高频变压器用导磁率高、高频损耗小的软磁材料作磁芯，有锰锌铁氧体（MXO）和镍锌铁氧体（NXO）。前者导磁率高，但高频损耗大，用于几百千赫兹～几兆赫兹范围；后者导磁率低，但高频损耗小，用于几十兆赫兹以上范围。

（2）高频变压器用于小信号场合，尺寸小，线圈匝数较少。磁芯结构一般为环形和罐形。

（3）高频变压器电路符号及等效电路如图 5.6.1 所示。

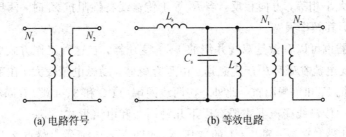

(a) 电路符号　　　　　　　　　　　　(b) 等效电路

图 5.6.1　高频变压器

图 5.6.1(b)所示的高频变压器近似等效电路中忽略了实际变压器中存在的各种损耗和漏感。除了元件数值范围不同外，它与低频变压器的等效电路没有什么不同。图 5.6.1

（b）中 L 为初级电感、L_s 为漏感、C_s 为分布电容。

5.6.2　传输线变压器

　　利用绕制在磁环上的传输线构成的高频变压器称为传输线变压器，如图 5.6.2 所示，它是一种集中参数和分布参数相结合的组件，常用于高频及更高频率电路中，且工作频带较宽。传输线变压器主要采用传输高频信号的双导线或同轴线扭绞绕制。传输线变压器是利用两导线间的分布电容和分布电感形成一个电磁波的传输系统。

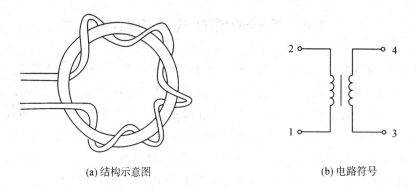

　　　　　（a）结构示意图　　　　　　　　　　　　　（b）电路符号

图 5.6.2　传输线变压器

　　传输线变压器既有传输线的特性，又有变压器的特性，因此它的工作方式也有两种，一种称为传输线模式，如图 5.6.3 所示，一种称为变压器模式，如图 5.6.4 所示。

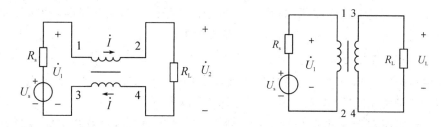

　　图 5.6.3　传输线模式　　　　　　　图 5.6.4　变压器模式

　　当以传输线模式工作时，信号从 1、3 端输入，从 2、4 端输出。在传输线任一点，两导线上流过的电流大小相等，方向相反，当 R_L 等于传输线特性阻抗 Z_C 时，两导线间的电压振幅沿线均匀分布，其频率很宽。

　　传输线变压器也可以看做是双线并绕的 1∶1 变压器，在这种工作方式中，信号源加在一个绕组两端，此电流在磁环中产生磁通。由于有磁芯，励磁电感较大，在工作频率上感抗值远大于特性阻抗 Z_C 和负载阻抗。此外，在两线圈端（1、2 和 3、4 端）有同相电压。

　　在实际使用中传输线变压器主要有以下几种用法和电路形式。

　　（1）高频反相器。它是一种 1∶1 的变压器，如图 5.6.5 所示。端点 2、3 相连并接地，在 1、3 端加高频电压 $\dot{U}_1$。因为 $\dot{U}_1$ 和 $\dot{U}_2$ 相等，当 2 端接地后，输出电压 $\dot{U}_L = -\dot{U}_2$，与输入电压反相。

（2）不平衡—平衡变换器，如图 5.6.6 所示。

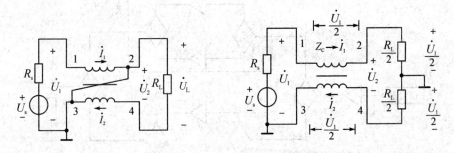

图 5.6.5 高频反相器   图 5.6.6 不平衡—平衡变换器

（3）1∶4 阻抗变换器，如图 5.6.7 所示。1、4 相连，信号加在 1、3 端（也加在 4、3 端），R_L 加在 2、3 端。由于 $U_2 = U_1$，故 $U_L = 2U_1$，因此有 $R_L = U_L/I$，输入端阻抗为

$$R_i = \frac{U_1}{2I} = \frac{U_L/I}{2I} = \frac{1}{4} R_L$$

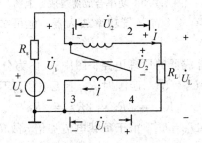

图 5.6.7 1∶4 阻抗变换器

（4）3 dB 耦合器，如图 5.6.8 所示。

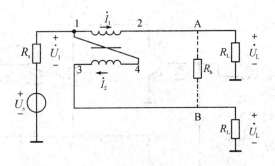

图 5.6.8 3 dB 耦合器

5.6.3 功率合成器

所谓功率合成器，就是采用多个高频晶体管，使它们产生的高频功率在一个公共负载上相加。图 5.6.9 是常用的功率合成器组成方框图，图上除了信号源和负载外，还采用了两种基本器件：一种是用三角形代表的晶体管功率放大器（有源器件）；另一种是用菱形代表的功率分配和合并电路（无源器件）。

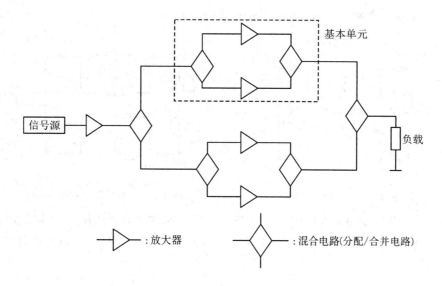

图 5.6.9　功率合成器组成方框图

图 5.6.9 中的输出级共有 4 个晶体管功率放大器，也可扩展为 8 个、16 个或更多，虚线框内为一个基本单元。

图 5.6.10 是同相功率合成器的原理电路。图中 T_1 作为分配器，T_2 作为合并器，VT_1、VT_2 输入电阻相等，则 $U_A = U_B = U_1$，匹配时 R_{T1} 上无电压，不消耗功率，匹配条件为

$$R_{T1} = 4R_s = 2R_A = 2R_B \tag{5.6.1}$$

在晶体管输出端：$U'_A = U'_B = U'_L$，由于负载电流加倍，故负载上得到的功率为两管输出功率之和：

$$P_L = \frac{1}{2}U'_A(2I_{C1}) = 2P_1 \tag{5.6.2}$$

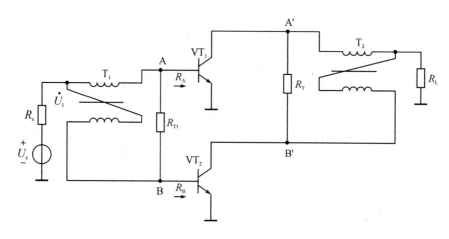

图 5.6.10　同相功率合成器

图 5.6.11 是反向功率合成器的原理电路。输入和输出端也各有一 3 dB 耦合器作为分配和合并电路。只是信号源和负载分别接在两个耦合器的三角形端，平衡电阻 R_T 和 R_{T1} 接在 Σ 端（和端）。这种放大器的工作原理和推挽式功率放大器基本相同。但是由于有耦合器和

平衡电阻的存在，A、B之间及 A′、B′之间有互相隔离的作用，因而也具有上述同相功率合成器的特点，即不会因一个晶体管性能变化或损坏而影响另一个晶体管的正常安全工作。

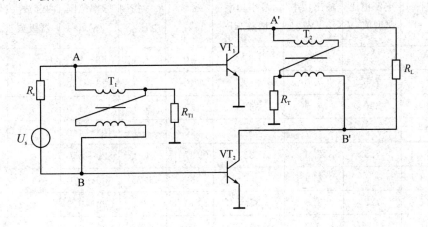

图 5.6.11　反相功率合成器

5.7　集成高频功率放大器简介

在 VHF 和 UHF 频段，已经出现了一些集成高频功率放大器件。这些功放器件体积小，可靠性高，外接元件少，输出功率一般在几瓦到十几瓦之间。日本三菱公司的 M57704 系列、美国 Motorola 公司的 MHW 系列便是其中的代表产品。

三菱公司的 M57704 系列高频功放是一种厚膜混合集成电路，它包括多个型号，频率为 335～512 MHz，可用于频率调制移动通信系统。其典型输出功率为 13 W，功率增益为 18 dB，效率为 35%～40%。

图 5.7.1 为 M57704 系列功放的等效电路图。由图可见，它包括三级放大电路，匹配网络由微带线和 LC 元件混合组成。

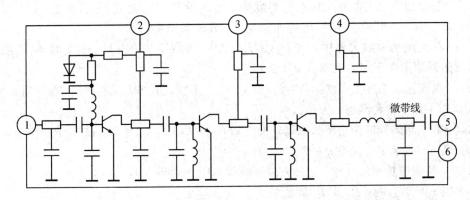

图 5.7.1　M57704 系列功放的等效电路图

表 5.7.1 列出了 Motorola 公司集成高频功率放大器 MHW 系列中部分型号的电特性参数。

表 5.7.1　MHW 系列高频功放型号及电特性参数

型　号	电源电压典型值/V	输出功率/W	最小功率增益/dB	效率/%	最大控制电压/V	频率范围/MHz	内部放大器级数	输入/输出阻抗/Ω
MHW105	7.5	5.0	37	40	7.0	68~88	3	50
MHW607-1	7.5	7.0	38.5	40	7.0	136~150	3	50
MHW704	6.0	3.0	34.8	38	6.0	440~470	4	50
MHW707-1	7.5	7.0	38.5	40	7.0	403~440	4	50
MHW803-1	7.5	2.0	33	37	4.0	820~850	4	50
MHW804-1	7.5	4.0	36	32	3.75	800~870	5	50
MHW903	7.2	3.5	35.4	40	3	890~915	4	50
MHW914	12.5	14	41.5	35	3	890~915	5	50

思考题与习题

5.1　为什么低频放大器不能工作在丙类？高频功率放大器则可以工作在丙类？

5.2　当谐振功率放大器的激励信号为正弦波时，集电极电流通常为余弦脉冲，但为什么能得到正弦电压输出？

5.3　晶体管集电极效率是怎样确定的？提高集电极效率应从何处下手？

5.4　导通角怎样确定？它与哪些因素有关？导通角变化对丙类放大器输出功率有何影响？

5.5　谐振功率放大器原工作在临界状态，若外接负载突然断开，晶体管 I_{C0}、I_{C1} 如何变化？输出功率 P_o 如何变化？

5.6　谐振功率放大器原工作在临界状态，若等效负载电阻 R_P 突然变化：(a) 增大一倍；(b) 减小 50%。其输出功率 P_o 将如何变化？并说明理由。

5.7　在谐振功率放大器中，若 U_{BB}、U_{bm}、U_{C1m} 维持不变，当 U_{CC} 改变时 I_{C1} 有明显变化，问放大器原工作于何种状态。为什么？

5.8　在谐振功率放大器中，若 U_{bm}、U_{CC}、U_{C1m} 不变，而当 U_{BB} 改变时 I_{C1} 有明显变化，问放大器原工作于何种状态。为什么？

5.9　某一晶体管谐振功率放大器，设已知 $U_{CC}=24$ V，$I_{C0}=250$ mA，$P_o=5$ W，电压利用系数等于 1。求 P_c、R_C、η_c、I_{C1m}。

5.10　某调谐功率放大器，已知 $U_{CC}=24$ V，$P_o=5$ W，问：

(1) 当 $\eta_c=60\%$ 时，P_c 及 I_{C0} 值是多少？

(2) 若 P_o 保持不变，将 η_c 提高到 80%，P_c 减少多少？

5.11　已知晶体管输出特性曲线中饱和临界线跨导 $g_{cr}=0.8$ A/V，用此晶体管构成的谐振功放电路的 $U_{CC}=24$ V，$\theta_c=70°$，$i_{Cmax}=2.2$ A，$\alpha_0(70°)=0.253$，$\alpha_1(70°)=0.436$，工作在临界状态。试计算 P_o、$P_=$、η_c 和 R_P。

5.12 设计一个调谐功率放大器,已知 $U_{CC}=12$ V, $U_{CES}=1$ V, $Q_0=20$, $Q_L=4$, $\alpha_1(60°)=0.39$, $\alpha_0(60°)=0.21$,要求负载上消耗的交流功率 $P_L=200$ mW,工作频率 $f_0=2$ MHz,应如何选择晶体管?

5.13 已知两个谐振功率放大器具有相同的回路元件参数,它们的输出功率分别为 1 W 和 0.6 W。若增大两功放的 U_{CC},发现前者的输出功率增加不明显,后者的输出功率增加明显,试分析其原因。若要明显增大前者的输出功率,还需采取什么措施?

5.14 已知某一谐振功率放大器工作在临界状态,其外接负载为天线,等效阻抗近似为电阻。若天线突然短路,试分析电路工作状态如何变化,晶体管工作是否安全。

5.15 已知某谐振功率放大器工作在临界状态,输出功率 15 W,且 $U_{CC}=34$ V, $\theta_c=70°$, $\alpha_0(70°)=0.253$, $\alpha_1(70°)=0.436$。功放管的参数为:临界线斜率 $g_{cr}=1.5$ A/V, $I_{CM}=5$ A。求:

(1) 直流功率、集电极损耗功率 P_c、集电极效率 η_c 及最佳负载电阻 R_P。

(2) 若输入信号振幅增加一倍,功放的工作状态将如何变化?此时的输出功率大约为多少?

5.16 谐振功率放大器的电源电压 U_{CC}、集电极电压 U_{C1m} 和负载电阻 R_L 保持不变,当集电极电流的导通角由 100°减小到 60°时,效率 η_c 提高了多少?相应的集电极电流脉冲幅值变化了多少?

5.17 某谐振功率放大器,如果它原来工作在临界状态,如何调整外部参数可以让它进入过压或者欠压状态?三种状态各适合什么用途?

5.18 什么是倍频器?倍频器在实际中有什么作用?

5.19 晶体管倍频器一般工作在什么状态?当倍频次数提高时其最佳导通角是多少?二倍频器和三倍频器的最佳导通角分别为多少?

5.20 某一基波功率放大器和某一丙类二倍频器,它们采用相同的三极管,均工作于临界状态,有相同的 U_{BB}、U_{CC}、U_{bm}、θ_c,且 $\theta_c=70°$。试计算放大器与倍频器的功率之比和效率之比。

第六章　正弦波振荡器

6.1　概　述

　　振荡器是指不需外信号激励，自身将直流电能转换为交流电能的装置。凡是可以实现这一目的的装置都可以作为振荡器，例如无线电发明初期所用的火花发射机、电弧发生器等都是振荡器。现在，用电子管、晶体管等器件与 L、C、R 等元件组成的振荡器则完全取代了以往所有产生振荡的方法，因为它有如下优点：

　　（1）它将直流电能转换成交流电能，而本身静止不动，不需作机械转动或移动。如果用高频交流发动机，则其旋转速度必须很高，并且最高频率也只能达到 50 kHz，但却需要很坚实的机械构造。

　　（2）它产生的是"等幅振荡"，而火花发射机等产生的是阻尼振荡。

　　（3）使用方便，灵活性很大，它的功率可自毫瓦级至几百千瓦，工作频率可自极低频率至微波波段。

　　电子振荡器的输出波形可以是正弦波，也可以是非正弦波，视电子器件的工作状态及所用的电路元件如何组合而定。振荡器的用途十分广泛，它是无线电发送设备的心脏部分，也是超外差接收机的主要部分。

　　正弦波振荡器按工作原理可分为反馈式振荡器与负阻式振荡器两大类。反馈式振荡器是在放大器电路中加入正反馈，当正反馈足够大时，放大器产生振荡，变成振荡器。所谓产生振荡是指这时放大器不需要外加激励信号的作用。负阻式振荡器则是将一个呈现负阻特性的有源器件直接与谐振电路相接，以产生振荡。我们只讨论反馈式振荡器。根据振荡器产生的波形，又可以把振荡器分为正弦波振荡器和非正弦波振荡器。本书只介绍正弦波振荡器。

　　常用正弦波振荡器主要由决定振荡频率的选频网络和维持振荡的正反馈放大器组成，这就是反馈振荡器。按照选频网络所采用元件的不同，正弦波振荡器可分为 LC 振荡器、RC 振荡器和石英晶体振荡器等类型。其中 LC 振荡器和晶体振荡器用于产生高频正弦波，RC 振荡器用于产生低频正弦波。正反馈放大器既可以由晶体管、场效应管等分立器件组成，也可以由集成电路组成，但前者的性能可以比后者做得好些，且工作频率也可以做得更高。

　　频率稳定度是振荡器的一个重要指标，按频率稳定度分类，振荡器可分为高稳度振荡器、中稳度振荡器和低稳度振荡器，其中高稳度振荡器的频率稳定度可达到 $10^{-9} \sim 10^{-12}$，中稳度振荡器的频率稳定度为 $10^{-6} \sim 10^{-8}$，低稳度振荡器的频率稳定度一般为 10^{-6} 以下。

　　本章主要讨论正弦波振荡器的基本原理，因此在以下各节中将详细分析各种正弦波振荡器的振荡与稳频原理，并对几种典型振荡电路进行分析。

6.2　反馈型振荡器

6.2.1　反馈振荡器的原理

我们在模拟电路中学习过反馈的概念，其框图如图 6.2.1 所示。假设放大器的初始输入为 U_i，输出为 U_o，在某个时刻开关 S 从 1 打到 2，将放大器的输入由 U_i 切换至反馈电压 U_f。

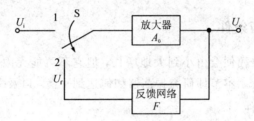

图 6.2.1　反馈系统框图

反馈有负反馈和正反馈之分，若希望输出电压 U_o 大小保持不变，则反馈电压 U_f 和输入电压 U_i 的大小和相位必须一样，即此时的反馈必须是正反馈，且反馈电压 U_f 和输入电压 U_i 相位相同。

假设放大器的放大倍数为 A_0，则当开关 S 位于输入信号 U_i 端时，其输出信号 U_o 为

$$U_o = A_0 U_i \tag{6.2.1}$$

开关 S 切换至 2 后，假设反馈网络的反馈系数为 F，则有

$$U_f = F U_o \tag{6.2.2}$$

此时输出为

$$U_f = F A_0 U_i \tag{6.2.3}$$

当 U_f 与 U_i 信号同幅同相时，将开关 S 从 1 打到 2，输出信号 U_o 的幅度不变，这样放大器没有输入信号 U_i 也会继续工作下去，即 $U_f = F A_0 U_i = U_i$，则有

$$A_0 F = 1 \tag{6.2.4}$$

可以看出，当 $A_0 F = 1$ 时，输出信号 U_o 为等幅振荡；当 $A_0 F > 1$ 时，反馈信号 $U_f > U_i$，输出信号 U_o 的幅度会不断变大，则输出信号必然为增幅振荡；当 $A_0 F < 1$ 时，反馈信号 $U_f < U_i$，输出信号 U_o 的幅度会不断变小，则输出信号必然为减幅振荡。

由上面的分析可知，当 $AF = 1$ 时，电路能够维持等幅振荡，但是振荡器是不需外加输入信号 U_i 的，那么其初始激励信号从何而来？

振荡器上电后，电路电源闭合瞬间的电冲击、电扰动及线路本身的噪声是振荡器起振的初始激励。突变的电流包含着许多谐波成分，扰动噪声也包含着各种频率分量，它们通过选频回路，只有在选频回路频率范围内的频率分量才能被选择出来，在正反馈回路的作用下，经过不断的反馈和放大的循环过程，幅度逐渐增大，从而建立了振荡。

反馈振荡器的组成如图 6.2.2 所示。

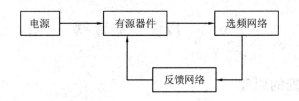

图 6.2.2　反馈振荡器的组成

图 6.2.2 中，选频网络决定振荡频率；反馈网络实现正反馈，必须有实现正反馈的电感、电容和互感等；有源器件具有功率增益，是能量转换器件，如放大器。

6.2.2　振荡器的平衡条件

振荡器起振之后，振幅便会由小到大地增长，但它不可能无限制地增长，而是在达到一定数值后自动稳定下来。本节即研究振荡器如何达到平衡，以及平衡的稳定条件。

1. 振荡器的平衡条件

由前面的分析可以得到反馈放大器的框图如图 6.2.3 所示。反馈电压 U_f 即为输入电压 U_b，又可记录为 U_i。设 $\dot{A}$ 为无反馈时放大倍数，$\dot{A}_f$ 为正反馈时放大倍数，$\dot{F}$ 为反馈系数。

由反馈放大器框图知

$$\dot{A}_f = \frac{\dot{U}_o}{\dot{U}_i} = \frac{\dot{A}}{1 - \dot{A}\dot{F}} \qquad (6.2.5)$$

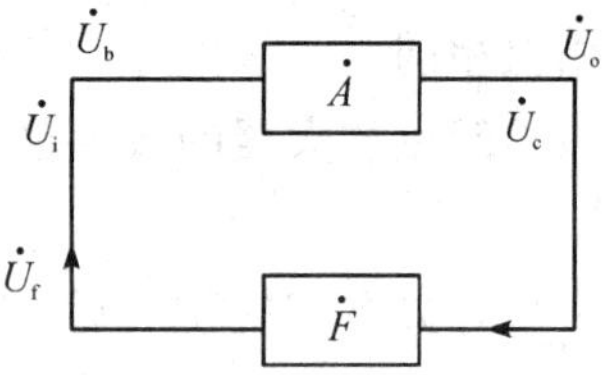

由前面的分析可知，当 $\dot{A}\dot{F} = 1$ 时，振荡器将产生等幅振荡。此时 $\dot{A}_f \to \infty$，即意味着没有输入信号时，放大器仍有输出，也就是产生了振荡。因此把

图 6.2.3　反馈放大器框图

$$\dot{A}\dot{F} = 1 \qquad (6.2.6)$$

称为振荡器的平衡条件。振荡器的平衡条件又可以分为振幅平衡条件和相位平衡条件。

1）用 $\dot{U}_f$ 和 $\dot{U}_b$ 表示

因为振荡时必须满足 $\dot{U}_f = \dot{U}_b$，即 $\dot{U}_f / \dot{U}_b = 1$，所以其振幅平衡条件为

$$\frac{U_f}{U_b} = 1 \qquad (6.2.7)$$

相位平衡条件为

$$\varphi = 2n\pi \qquad (6.2.8)$$

如果 $U_f = U_b$，则输出振荡信号维持等幅振荡；

如果 $U_f > U_b$，则输出振荡信号的幅度会越来越大，输出信号为增幅振荡；

如果 $U_f < U_b$，则输出振荡信号的幅度会越来越小，输出信号为减幅振荡。

如果 $\varphi = 0$ 或者 $\varphi = 2n\pi$，反馈信号的相位和原输入信号的相位一致，因此输出频率不变，即 f 保持稳定；

如果 $\varphi > 0$，则反馈信号的相位超前于原输入信号，输出频率 f 会增大；

如果 $\varphi < 0$，则反馈信号的相位滞后于原输入信号，输出频率 f 会减小。

2）用放大倍数 $\dot{A}$ 和反馈系数 $\dot{F}$ 表示

设放大器平均放大倍数（折合放大倍数）为 $\dot{A}$，反馈系数为 $\dot{F}$，则有

$$\begin{cases} \dot{A} = \dfrac{\dot{U}_c}{\dot{U}_b} \\[3mm] \dot{F} = \dfrac{\dot{U}_f}{\dot{U}_c} \end{cases} \tag{6.2.9}$$

显然，其平衡条件为

$$\dot{A}\dot{F} = 1 \tag{6.2.10}$$

又因为存在 $\dot{A}\dot{F} = AF\mathrm{e}^{\mathrm{j}(\varphi_A + \varphi_F)}$，可以得到振幅平衡条件为

$$AF = 1 \tag{6.2.11}$$

相位平衡条件为

$$\varphi_A + \varphi_F = 2n\pi \quad (n = 0, 1, 2, \cdots) \tag{6.2.12}$$

如果 $AF = 1$，则输出信号维持等幅震荡；

如果 $AF > 1$，则输出振荡信号的幅度会越来越大，输出信号为增幅振荡；

如果 $AF < 1$，则输出振荡信号的幅度会越来越小，输出信号为减幅振荡。

如果 $\varphi_A + \varphi_F = 0$ 或者 $\varphi_A + \varphi_F = 2n\pi$，则反馈信号的相位和原输入信号的相位一致，因此输出频率不变，即 f 保持稳定；

若 $\varphi_A + \varphi_F > 0$，则反馈信号的相位超前于原输入信号，输出频率 f 会增大；

若 $\varphi_A + \varphi_F < 0$，则反馈信号的相位滞后于原输入信号，输出频率 f 会减小。

3）用放大电路和反馈电路参数表示

由于放大器在信号大时处于非线性状态，因此可以用等效参数来考虑谐振回路的基波谐振阻抗 Z_{P1}，$\dot{I}_{C1}$ 为集电极基波电流。反馈网络为无源器件，y_f 为晶体管平均正向传输导纳。

$$\begin{cases} \dot{Z}_{P1} = \dfrac{\dot{U}_{C1}}{\dot{I}_{C1}} = Z_{P1}\mathrm{e}^{\mathrm{j}\varphi_Z} \\[3mm] \dot{F} = \dfrac{\dot{U}_f}{\dot{U}_c} = F\mathrm{e}^{\mathrm{j}\varphi_F} \\[3mm] y_f = Y_f\mathrm{e}^{\mathrm{j}\varphi_Y} = \dfrac{\dot{I}_{C1}}{\dot{U}_b} \end{cases} \tag{6.2.13}$$

根据第五章的介绍可知增益为

$$\dot{A} = \dfrac{\dot{U}_c}{\dot{U}_b} = \dfrac{\dot{I}_{C1}\dot{Z}_{P1}}{\dot{U}_b} = y_f\dot{Z}_{P1} \tag{6.2.14}$$

由 $\dot{A}\dot{F} = 1$，可以得到平衡条件为

$$y_f\dot{Z}_{P1}\dot{F} = 1 \tag{6.2.15}$$

将式(6.2.15)中的复数展开可以得到

$$Y_f e^{j\varphi_Y} \cdot Z_{P1} e^{j\varphi_Z} \cdot F e^{j\varphi_F} = 1 \qquad (6.2.16)$$

即振幅平衡条件为

$$Y_f Z_{P1} F = 1 \qquad (6.2.17)$$

相位平衡条件为

$$\varphi_Y + \varphi_Z + \varphi_F = 2n\pi \quad (n = 0, 1, 2\cdots) \qquad (6.2.18)$$

2. 振荡器起振条件

必须指出，在振荡建立过程中，放大倍数 A 和反馈系数 F 的乘积不是等于 1，必须要大于 1。在电路刚上电时，输出信号的幅度很小，随着不断地反馈、放大，幅度不断增大。直到 $U_b = U_f$ 时，$AF = 1$，此时振荡器维持等幅振荡。

起振条件可以写成

$$\begin{cases} U_f > U_b \\ AF > 1 \\ Y_f Z_{P1} F > 1 \end{cases} \qquad (6.2.19)$$

根据前面的分析，可以总结出反馈振荡器的平衡过程，如图 6.2.4 所示。当振荡器接通电源后，电路中会存在瞬变电流。瞬变电流中包含的频带极宽，但由于谐振回路的选择性，它只选出了本身谐振频率的信号，其他频率的信号被振荡电路滤掉，不被放大，逐渐消失。由于正反馈作用，谐振频率信号越来越强，形成稳定的振荡。可以看出，振荡器起振后，输出信号振幅便由小到大地增大起来。但不可能无限制地增长，而是在达到一定数值后自动稳定下来，形成连续的等幅振荡。

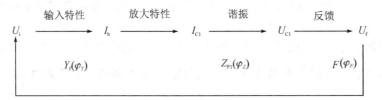

图 6.2.4　反馈振荡器的平衡过程

6.2.3　振荡器稳定条件

平衡是稳定的必要条件，但不充分，平衡并非一定稳定。满足振荡平衡条件只能够说明振荡能够在某一状态平衡，但还不能说明该平衡状态是否稳定。平衡状态只是建立振荡的必要条件，但还不是充分条件。已建立的振荡能否维持，还必须看状态是否稳定。下面我们介绍两个例子来说明稳定平衡与不稳定平衡的概念。图 6.2.5(a)、(b) 分别画出了将一个小球放在凸面上的平衡位置，而将另一个小球置于凹面的平衡位置。我们说图 6.2.5(a) 中的小球处于不稳定的平衡状态，主要是因为只要外力使它稍稍偏离平衡点，小球即离开原来位置而落下，不可能再回到原来的状态。而图 6.2.5(b) 中的小球则处于稳定的平衡状态，外力一消除，它就自动回到原来的平衡位置。因此，所谓振荡器的稳定平衡，是指在外因作用下，振荡器在平衡点附近可重建新的平衡状态。一旦外因消失，它就能自动恢复到原来的平衡状态。

(a) 平衡非稳定　　　　　　　　　　(b) 平衡稳定

图 6.2.5　两种平衡状态举例

由此，可以得到振荡器稳定条件的定义：稳定平衡指外因作用下，振荡器在平衡点附近可重建新的平衡状态。可分为振幅稳定条件和相位稳定条件。

1. 振幅平衡稳定

式(6.2.11)的振幅平衡条件可以写为

$$A = \frac{1}{F} \tag{6.2.20}$$

我们知道，放大倍数 A 是振幅 U_{om} 的非线性函数。在起振时，$A > \dfrac{1}{F}$。当振幅达到一定程度后，晶体管的工作状态发生变化，进入截止区或者饱和区，放大倍数 A 会迅速下降。反馈系数 F 则仅取决于外电路参数，与振幅无关。A 与 $\dfrac{1}{F}$ 随振幅 U_{om} 的变化曲线如图 6.2.6 所示，$\dfrac{1}{F}$ 为线性，与 U_{om} 无关，A 为非线性，两者的交点为 Q，为振荡器的平衡点，该点满足 $AF = 1$ 的条件。那么 Q 点是不是稳定的平衡点呢？需要考虑在此点附近振幅发生变化后，是否能恢复原状。

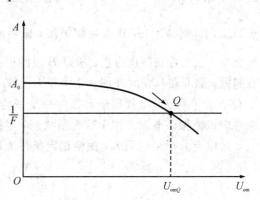

图 6.2.6　软自激的振荡特性

假定由于某种因素使得振幅增大，超过了 Q 点对应的振幅 U_{omQ}，此时的增益 $A < \dfrac{1}{F}$，即出现了 $AF < 1$ 的情况，振荡器的振幅将会自动减小，回到 U_{omQ} 的位置。反之，若由于某种因素使得振幅减小，小于 Q 点对应的振幅 U_{omQ}，此时的增益 $A > \dfrac{1}{F}$，即出现了 $AF > 1$ 的情况，振荡器的振幅将会自动增大，回到 U_{omQ} 的位置。因此，Q 点为稳定平衡点。

形成稳定平衡点的根本原因就在于在平衡点附近，放大倍数随振幅的变化特性具有负的斜率。这个条件说明，在反馈型振荡器中，放大器的放大倍数随振荡幅度的增强而下降，振幅才能处于稳定平衡状态。工作于非线性状态的有源器件正好具有这一性能，因而它们具有稳定振幅的功能。

一般只要偏置电路和反馈网络设计正确，则 $A = f_1(U_{om})$ 曲线是一条单调下降的曲线，且与 $\dfrac{1}{F} = f_2(U_{om})$ 曲线仅有一点相交，如图 6.2.6 所示。在开始起振时，$A_0 F > 1$，振荡处于增幅振荡状态,振荡幅度从小到大,直到达到 Q 点为止。这就是软自激状态,它的特点是不需要外加激励,振荡便可以自激。

如果晶体管的静态工作点取得太低,甚至为反向偏置,而且反馈系数 F 又较小,可能会出现图 6.2.7 所示的振荡形式。这时 $A = f_1(U_{om})$ 的变化曲线不是单调下降的,而是先随 U_{om} 的增大而上升,达到最大值后,又随 U_{om} 的增大而下降。因此它与 $\frac{1}{F}$ 可能会有两个交点 B 与 Q。这两点都是平衡点,其中平衡点 Q 满足 $\left.\dfrac{\partial A}{\partial U_{om}}\right|_{U_{om}=U_{omQ}} < 0$ 的条件,是稳定平衡点。平衡点 B 则与上述情况相反,因为在此点 $\left.\dfrac{\partial A}{\partial U_{om}}\right|_{U_{om}=U_{omB}} > 0$,当振幅稍大

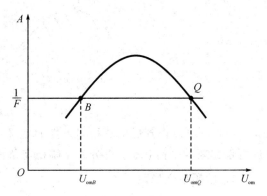

图 6.2.7　硬自激的振荡特性

于 U_{omB} 时,则 $A > \dfrac{1}{F}$,成为增幅振荡,振幅越来越大。反之,若振幅低于 U_{omB},则振幅将继续衰减下去,直到停止为止。所以 B 点的平衡位置是不稳定的。因此这种振荡器不能够自行起振,除非在起振时外加一个大于 U_{omB} 的冲击信号,使其冲过 B 点,才有可能激起稳定于 Q 点的平衡状态。像这样要预加一个一定幅度的信号才能够起振的现象,称为硬自激。通常应该使振荡电路工作于软自激状态,尽量避免硬自激。

从以上分析可以看出,振幅稳定条件为使增益曲线对输出信号幅度呈现负斜率,即

$$\left.\frac{\partial A}{\partial U_{om}}\right|_{U_{om}=U_{omQ}} < 0 \tag{6.2.21}$$

2. 相位平衡稳定

相位稳定的实质即为频率稳定。因为振荡器的角频率就是相位的变化率 $\left(\omega = \dfrac{\mathrm{d}\theta}{\mathrm{d}t}\right)$,所以当振荡器的相位变化时,频率也必然发生变化。

根据前面的分析已知,相位平衡条件为

$$\Delta\varphi = \varphi_Y + \varphi_Z + \varphi_F = 2n\pi \quad (n = 0, 1, 2, \cdots)$$

考虑 $n = 0$ 的情况。当 $\Delta\varphi = 0$ 时,反馈信号的波形和输入信号相位一致,没有相位差,输出信号的波形为连续正弦波,频率保持不变,如图 6.2.8(a)所示;

当 $\Delta\varphi > 0$ 时,反馈信号的波形超前于输入信号,输出信号的波形如图 6.2.8(b)所示,输出信号的频率增加;

当 $\Delta\varphi < 0$ 时,反馈信号的波形滞后于输入信号,输出信号的波形如图 6.2.8(c)所示,输出信号的频率减小。

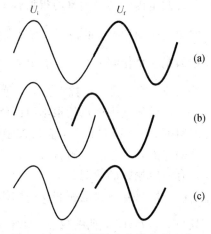

图 6.2.8　振荡器输出信号频率变化

为了保持振荡器相位平衡点稳定，振荡器本身应该具有恢复相位平衡的能力。即当振荡频率发生变化时，振荡电路能够产生一个新的相位变化，以抵消外因引起的 $\Delta\varphi$ 的变化，因而相位稳定条件应为

$$\frac{\partial\varphi}{\partial\omega}<0 \tag{6.2.22}$$

或

$$\frac{\partial(\varphi_Y+\varphi_Z+\varphi_F)}{\partial\omega}<0 \tag{6.2.23}$$

但是在实际中，一般 φ_Y 和 φ_F 对频率的敏感性远小于 φ_Z 对频率的敏感性，因此式（6.2.22）又可以近似写为

$$\frac{\partial\varphi_Z}{\partial\omega}<0 \tag{6.2.24}$$

式（6.2.24）即为振荡器的相位稳定条件。即只有谐振回路的相频特性曲线 $\varphi_Z=f(\omega)$ 在振荡频率附近具有负斜率，才能满足频率稳定条件。

图 6.2.9 中，以频率 f 为横坐标，φ_Z 为纵坐标，画出了具有一定 Q 值的并联谐振回路的相频特性曲线。同时，相位平衡（$\Delta\varphi=0$）时有 $\varphi_Z=-\varphi_Y-\varphi_F=-\Delta\varphi_{YF}$ 的相位关系，所以，在纵轴上寻找与 φ_Z 等值异号的相角 $-\varphi_{YF}$。在一般情况下，振荡器存在着一定的正向传输导纳相角 φ_Y 和反馈系数相角 φ_F。因此，只有在 A 点满足 $\Delta\varphi=0$，$\varphi_Z=-\varphi_Y-\varphi_F=-\varphi_{YF}$ 的相位平衡条件。对整个振荡器言，从图 6.2.9 中可以看出：若由于某种外界因素使振荡器相位发生了变化，例如 φ_{YF} 增加到了 φ'_{YF}，即产生了一个增量 $\Delta\varphi_{YF}$，这个增量导致振荡器的输出频率 f 增大，因此谐振回路会产生一个负的相角增量 $-\varphi_Z$。当 $-\varphi_Z$ 抵消掉外界因素导致的相角增量 $\Delta\varphi_{YF}$ 时，振荡器将重新达到平衡，因此 A 点符合相位稳定条件：$\frac{\partial\varphi_Z}{\partial f}\big|_{f=f_0}<0$，为稳定平衡点。

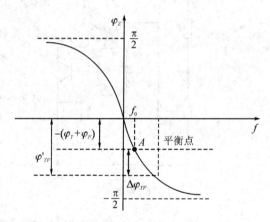

图 6.2.9 并联谐振回路的相频特性

注意：

（1）若相频特性如图 6.2.10 所示，则 B 点不是稳定平衡点。这是因为若由于某种外界因素使振荡器相位发生了变化，例如 φ_{YF} 增加到了 φ'_{YF}，这个增量导致振荡器的输出频率 f 增大，此时谐振回路会产生一个正的相角增量 φ_Z。当 φ_Z 抵消不了外界因素导致的相角增量 $\Delta\varphi_{YF}$ 时，振荡器无法重新达到平衡。

（2）由于 $\varphi_Y+\varphi_F\neq0$，因此谐振回路必然有一个失谐 $\varphi_Z=-(\varphi_Y+\varphi_F)$ 才能满足相位平衡条件。

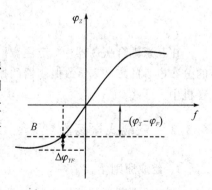

图 6.2.10 平衡不稳定相频特性

（3）一般 Q 较高时，认为 $f = f_0 = \dfrac{1}{2\pi\sqrt{LC}}$。

（4）振荡电路能够振荡必须满足三个条件：①回路存在正反馈；②回路满足起振条件；③平衡点为稳定平衡点。

6.3 反馈型 LC 振荡器电路

6.3.1 互感耦合振荡器

互感耦合振荡器有三种形式：调集电路、调基电路和调发电路，这是根据振荡回路是接在集电极、基极还是发射极来区分的。图 6.3.1 为互感耦合调基与调发振荡器电路。为了满足产生自激的相位平衡条件，在图中一般用圆点标出同名端，接线时必须注意。由于基极和发射极之间的输入阻抗比较低，为了避免过多地影响回路的 Q 值，故在这两个电路中，晶体管与振荡回路作部分耦合。

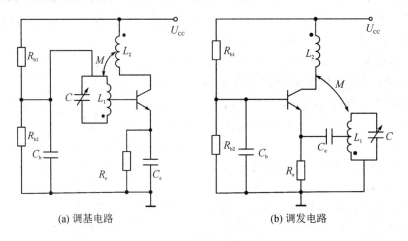

(a) 调基电路　　　　　　　　(b) 调发电路

图 6.3.1　互感耦合调基、调发振荡器电路

振荡器的振荡频率由选频回路的谐振频率决定，即

$$f = \dfrac{1}{2\pi\sqrt{LC}} \tag{6.3.1}$$

在互感耦合振荡器中，应注意同名端的位置，否则不能起振。互感耦合变压器中互感的分布电容的影响，导致振荡器的振荡频率不高，稳定度低，故应用范围不广，一般用在收音机中。

6.3.2 三端式振荡器

1. 组成原则

三端式振荡器的等效电路如图 6.3.2 所示。图中 X_1、X_2、X_3 为电抗，分别与晶体管的三极连接，组成并联振荡回路。

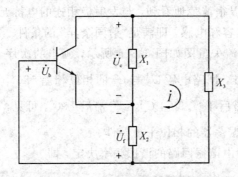

图 6.3.2 三端式振荡器等效电路

显然，要形成振荡，振荡回路的电抗和应为零，即必须满足如下的条件

$$X_1 + X_2 + X_3 = 0 \qquad (6.3.2)$$

而根据振荡器的组成条件，必须要满足正反馈，设谐振回路的电流为 $\dot{I}$，则可知反馈电压为

$$\dot{U}_f = \dot{U}_b = \dot{I}jX_2 \qquad (6.3.3)$$

输出电压为

$$\dot{U}_c = -\dot{I}jX_1 \qquad (6.3.4)$$

根据电路结构可知，$\dot{U}_b$ 与 $\dot{U}_c$ 反相才能构成正反馈，则 X_1、X_2 必须为同性电抗元件，又由图 6.3.2 可知，X_3 必然是与 X_1、X_2 异性的电抗元件。也就是说，X_1 和 X_2 可以同时为电感元件，或者同为电容元件，而此时 X_3 为另一性质的电抗，即电容或者电感元件。

由此得到三端式振荡器的组成原则为"射同余异"。即晶体管发射极所接的电抗元件必须是同性质的，而余下的基极和集电极所接的电抗元件必须是不同性质的，只有这样才能够满足起振的条件。

利用这个准则，可以很容易地判断振荡电路的组成是否合理，也可以用于分析复杂电路与寄生振荡现象。

2. 电容反馈振荡器

电容反馈振荡器的原理电路如图 6.3.3(a) 所示。图中 C_b 和 C_c 为隔直电容，用于隔直流通交流。去掉为晶体管提供静态工作点的直流通路，可以得到交流等效电路如图 6.3.3(b) 所示。

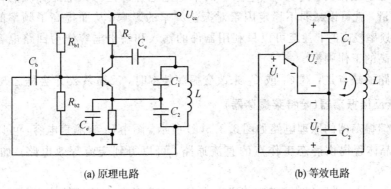

(a) 原理电路   (b) 等效电路

图 6.3.3 电容反馈振荡器

在图 6.3.3(b) 中可以很清楚地看到，与发射极相连的电抗元件均为电容，与基极和集电极相连的电抗元件为电容和电感，即满足"射同余异"的条件。

图 6.3.3 的电压、电流矢量图如图 6.3.4 所示，画出的次序是：以输入电压 $\dot{U}_i$ 为基准，回路电压 $\dot{U}_c$ 与 $\dot{U}_i$ 的相位相差 $180°$，即 $\dot{U}_c$ 与输入 $\dot{U}_i$ 反相，$\dot{I}$ 滞后于 $\dot{U}_c$ $90°$，C_2 上 $\dot{U}_f$ 滞后 $\dot{I}$ $90°$。可见，$\dot{U}_i$ 与 $\dot{U}_f$ 同相，即也满足振荡器的相位平衡条件。

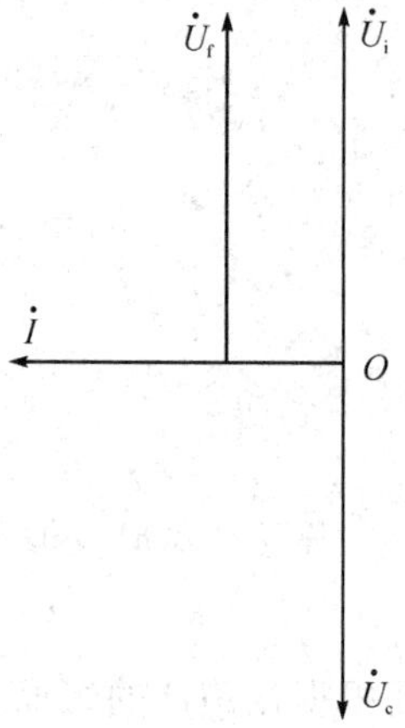

该振荡器的振荡频率由谐振回路的谐振频率决定，即

$$f = \frac{1}{2\pi\sqrt{LC}} \qquad (6.3.5)$$

其中 L 为回路电感，C 为电容 C_1 和 C_2 串联的总电容，即

$$C = \frac{C_1 C_2}{C_1 + C_2} \qquad (6.3.6)$$

振荡器的反馈系数为

$$F = \frac{\dot{U}_f}{\dot{U}_c} = \frac{X_{C_2}}{X_{C_1}} = \frac{\dfrac{1}{\mathrm{j}\omega C_2}}{\dfrac{1}{\mathrm{j}\omega C_1}} = \frac{C_1}{C_2} \qquad (6.3.7)$$

图 6.3.4　电压、电流矢量图

根据上一节的推导可知起振条件为 $AF > 1$，$A > \dfrac{1}{F}$，而回路增益为

$$A = \frac{h_{\mathrm{fe}}R_\mathrm{p}'}{h_{\mathrm{ie}}} \qquad (6.3.8)$$

其中 R'_p 为输出回路谐振阻抗，h_{fe} 和 h_{ie} 为晶体管的 h 参数。

可以求得

$$\frac{h_{\mathrm{fe}}R_\mathrm{p}'}{h_{\mathrm{ie}}} > \frac{C_2}{C_1} > \frac{1}{h_{\mathrm{fe}}} \qquad (6.3.9)$$

在实际中，为了满足起振条件，$\dfrac{1}{F}$ 的取值有一定范围，一般为 $\dfrac{1}{2} \sim \dfrac{1}{8}$。

电容反馈三端式振荡器的优点是输出波形比较好，这是因为集电极和基极电流可通过对谐波为低阻抗的电容支路回到发射极，所以高次谐波的反馈减弱，输出的谐波分量减小，波形更加接近于正弦波。其次，该电路中的不稳定电容都是与该电路并联的，因此适当加大回路电容量，就可以减弱不稳定因素对振荡频率的影响，从而提高了频率的稳定度。最后，当工作频率较高时，甚至可以只利用器件的输入和输出电容作为回路电容。因而本电路适用于较高的工作频率。

这种电路的缺点是：调 C_1 或 C_2 来改变振荡频率时，反馈系数 F 会随之改变。

3. 电感反馈振荡器(哈特莱振荡器)

电感反馈振荡器的原理电路如图 6.3.5(a) 所示。图中 C_b 为隔直电容，可以隔直流通交流。去掉为晶体管提供静态工作点的直流通路，可以得到交流等效电路，如图 6.3.5(b) 所示。

在图 6.3.5(b) 中可以很清楚地看到，与发射极相连的电抗元件均为电感，与基极和集

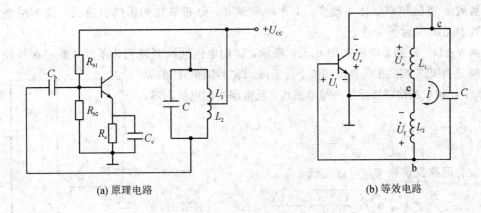

(a) 原理电路　　　　　　　　　　　　　　(b) 等效电路

图 6.3.5　电感反馈三端式振荡器

电极相连的电抗元件为电容和电感，即满足"射同余异"的条件。

图 6.3.5 的电压、电流矢量图如图 6.3.6 所示，画出的次序是：以输入电压 $\dot{U_i}$ 为基准，回路电压 $\dot{U_c}$ 与 $\dot{U_i}$ 的相位相差 $180°$，即 $\dot{U_c}$ 与输入 $\dot{U_i}$ 反相，$\dot{I}$ 超前 $\dot{U_c}$ $90°$，L_2 上 $\dot{U_f}$ 超前 $\dot{I}90°$。可见，$\dot{U_i}$ 与 $\dot{U_f}$ 同相，即也满足振荡器的相位平衡条件。

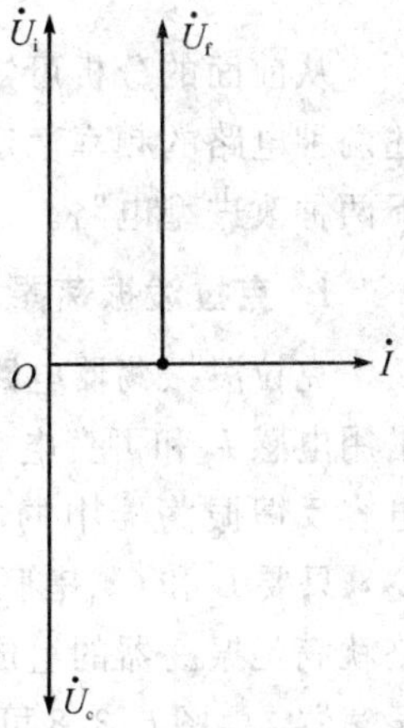

回路中总电感为：$L = L_1 + L_2 + 2M$，如果不计互感，有

$$L = L_1 + L_2 \qquad (6.3.10)$$

则选频回路的振荡频率为

$$f = \frac{1}{2\sqrt{LC}} \qquad (6.3.11)$$

振荡器的反馈系数为

$$F = \frac{\dot{U_f}}{\dot{U_c}} = \frac{X_{L_2}}{X_{L_1}} = \frac{j\omega L_2}{j\omega L_1} = \frac{L_2}{L_1} \qquad (6.3.12)$$

如果考虑互感：

$$F = \frac{L_2 + M}{L_1 + M} \qquad (6.3.13)$$

可以证明，电感反馈三端式振荡器的起振条件为

$$\frac{h_{fe}}{h_{ie}h'_{oe}} > \frac{L_1 + M}{L_2 + M} > \frac{1}{h_{fe}} \qquad (6.3.14)$$

图 6.3.6　电压、电流矢量图

式中，h'_{oe} 为考虑振荡回路阻抗后的晶体管等效输出导纳，$h'_{oe} = h_{oe} + (1/R'_p)$，其中 R'_p 为输出回路谐振阻抗。

由于 $\frac{h_{fe}}{h_{ie}h_{oe}} \gg \frac{1}{h_{fe}}$，因此式(6.3.14)表示这种电路的反馈系数可供选取的范围很宽。

电感反馈振荡电路的优点是：由于 L_1 与 L_2 之间有互感存在，所以容易起振；其次，改变回路电容来调整振荡频率时，基本上不影响电路的反馈系数，比较方便。这种电路的缺点是：与电容反馈振荡电路相比，其振荡波形不够好。这是因为反馈支路为感性支路，对高次谐波呈现高阻抗，故对于 LC 回路中的高次谐波反馈较强，波形失真较大。其次是工作频率较高时，由于 L_1 与 L_2 上的分布电容和晶体管的极间电容均并联于 L_1 与 L_2 的两端，这样

反馈系数 F 将随频率变化而改变。工作频率越高，分布参数的影响也越大，甚至可能使 F 减小到满足不了起振条件。

例 6 - 1　振荡器电路如图 6.3.7 所示，试用电抗曲线判断相位条件并确定振荡频率。

解　根据三端式振荡器的相位平衡条件，即"射同余异"的原则可知，L 和 C 的串联回路需要呈电感性，且电路中总电抗为零，即有

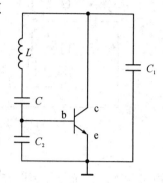

$$\frac{1}{j\omega C_1}+\frac{1}{j\omega C_2}+\frac{1}{j\omega C}+j\omega L=0$$

其中 ω 为回路振荡频率，可以得到

$$\omega=\sqrt{\frac{C_1 C_2+CC_1+CC_2}{LCC_1 C_2}} \qquad (6.3.15)$$

根据图 2.1.1(a) 的串联谐振回路的电抗曲线，可知当 ω 大于串联谐振回路的谐振频率 $\omega_0=\sqrt{\dfrac{1}{LC}}$ 时，串联谐振回路呈电感性。此时能满足三端式振荡器的相位平衡条件。

图 6.3.7　例 6 - 1 图

6.3.3　改进型电容反馈振荡器

从前面的分析可知，晶体管结电容受环境温度、电源电压等因素的影响较大，所以上述两种电路的频率稳定性不高，而在反馈系数一定的条件下，频率不易改变，为此提出如下两种改进型电路。

1. 克拉泼振荡器

克拉泼振荡器电路如图 6.3.8 所示，该电路是用电感 L 和可变电容 C_3 的串联电路代替原来电容反馈振荡器中的电感构成的，且 $C_3 \ll C_1$、C_2，只要 L 和 C_3 串联电路等效为一电感，该电路就满足振荡器的组成原则，而且属于电容反馈振荡器。由图 6.3.8 可知回路的总电容主要由 C_3 决定，而极间电容与 C_1、C_2 并联，所以级间电容对总电容的影响很小；此外 C_1、C_2 只是电路的一部分，晶体管以部分接入的形式与回路连接，减弱了晶体管与回路之间的耦合。

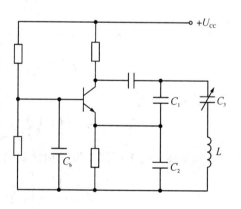

图 6.3.8　克拉泼振荡器

根据三端式振荡器的相位平衡条件，可知振荡器的谐振频率为 $f=\dfrac{1}{2\pi\sqrt{LC}}$，其中 C 为 C_1、C_2 和 C_3 串联的总电容。

$$C=\frac{1}{\dfrac{1}{C_1}+\dfrac{1}{C_2}+\dfrac{1}{C_3}}\approx C_3$$

即回路谐振频率为

$$f = \frac{1}{2\pi \sqrt{LC_3}} \tag{6.3.16}$$

反馈系数为

$$F = \frac{\dfrac{1}{j\omega C_2}}{\dfrac{1}{j\omega C_1}} = \frac{C_1}{C_2} \tag{6.3.17}$$

这样管子和回路之间影响小，频率稳定度高。

可以看出，克拉泼振荡器的起振条件与电容反馈三端式振荡器是一致的，如式(6.3.9)所示，因此克拉泼振荡器尽管具有改变谐振频率时反馈系数不变的优点，但是仍然具有不易起振的缺点。

2. 西勒振荡器

西勒振荡器的原理电路和等效电路如图 6.3.9 所示，它的主要特点是与电感 L 并联一个可变电容 C_4，然后串联一个电容 C_3。与克拉泼振荡器一样，图中 $C_3 \ll C_1$、C_2。因此晶体管与回路之间的耦合较弱，频率稳定度较高。与电感 L 并联的可变电容 C_4 用来改变振荡器的工作波段，而电容 C_3 起微调频率的作用。通过这样的手段可以起到平稳振幅和提高振荡频率范围的作用。

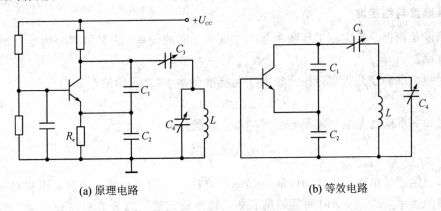

(a) 原理电路   (b) 等效电路

图 6.3.9　西勒振荡器

根据三端式振荡器的相位平衡条件，可知振荡器的谐振频率为 $f = \dfrac{1}{2\pi \sqrt{LC}}$，其中 C 为 C_1、C_2 和 C_3 串联，然后与 C_4 并联后的总电容。

$$C = \frac{1}{\dfrac{1}{C_1} + \dfrac{1}{C_2} + \dfrac{1}{C_3}} + C_4 \approx C_3 + C_4$$

回路谐振频率为

$$f = \frac{1}{2\pi \sqrt{L(C_3 + C_4)}} \tag{6.3.18}$$

反馈系数为

$$F = \frac{\dfrac{1}{\mathrm{j}\omega C_2}}{\dfrac{1}{\mathrm{j}\omega C_1}} = \frac{C_1}{C_2} \tag{6.3.19}$$

这样管子和回路之间影响小，频率稳定度高。

西勒振荡器的特点为：① 频率范围提高，易起振；② 频率覆盖系数 $1.6 \sim 1.8$；③ 稳定度好。

6.4　频率稳定问题

振荡器的频率稳定度是指由于外界条件的变化引起振荡器的实际工作频率偏离标称频率的程度，是振荡器的一个很重要的指标。振荡器一般是作为某种信号源使用的，振荡频率的不稳定将有可能使设备和系统的性能恶化。如通信中所用的振荡器，频率的不稳定将有可能使所接收的信号部分甚至完全收不到，另外还有可能干扰原来正常工作的临近频道的信号。

频率稳定度在数量上通常用频率偏差来表示，频率偏差是指振荡器的实际频率和指定频率之间的偏差，它可以分为绝对频差和相对频差。

1. 准确度与稳定度

准确度是指振荡器实际工作频率与标称频率之间的偏差，它又可以分为绝对准确度和相对准确度。

绝对频率准确度是指实际振荡频率 f 与标准频率 f_0 之间的偏差 Δf：

$$\Delta f = f - f_0 \tag{6.4.1}$$

相对频率准确度是绝对频率与标准频率之间的比值：

$$\frac{\Delta f}{f_0} = \frac{f - f_0}{f_0} \tag{6.4.2}$$

频率稳定度是指在一定时间间隔内频率准确度变化的最大值，一般采用相对准确度／时间间隔的表示方式。按照时间间隔的长短，频率稳定度可以分为短期稳定度、中期稳定度和长期稳定度三种。

短期稳定度指一小时内的相对准确度，一般用来评价相对噪声对频率准确度影响的大小；中期稳定度指一天之内的相对准确度；长期稳定度指一天以上的相对准确度。

频率稳定度一般用指数表示，指数的绝对值越大，稳定度越高。中波广播电台发射机的中期稳定度一般为 $10^{-5} \sim 10^{-6}$／日；天文台的守时时钟的中期稳定度为 10^{-12}／日；一般 LC 振荡器的频率稳定度是 $10^{-3} \sim 10^{-4}$／日；克拉泼和西勒振荡器的频率稳定度是 $10^{-4} \sim 10^{-5}$／日；晶体振荡器的频率稳定度是 $10^{-4} \sim 10^{-6}$／日。

2. 不稳定因素分析

振荡器的频率主要取决于回路的参数，也与晶体管的参数有关，由于这些参数会随时间、温湿度等条件发生变化，所以振荡频率也不会绝对稳定。造成频率不稳定的主要原因有以下几个方面。

1）LC 回路参数的不稳定

温度变化是使 LC 回路参数不稳定的主要因素。温度改变会使电感线圈和回路电容的几何尺寸变形，因而改变电感 L 和电容 C 的数值。一般 L 具有正温度系数，即 L 随温度的升高而增大。而电容由于介电材料和结构的不同，其温度系数可正可负。

另外机械振动可使电感和电容产生形变，使 L 和 C 的数值改变，因而引起振荡频率的变化。

2）晶体管参数的不稳定

当温度变化或者电源变化时，必定引起静态工作点和晶体管结电容的改变，从而使振荡频率不稳定。

3）相角变化

当 L、C 等电路参数发生变化时，会引起 φ_F、φ_Y、φ_Z 等相角的变化，下面结合相位平衡条件，利用图解法讨论不稳定因素对振荡频率的影响。

由前述放大器的稳定条件可知 $\varphi_Z = -(\varphi_Y + \varphi_F)$ 时相位平衡，任何引起 φ_Z 或 φ_{YF} 变化的条件都会使频率发生变化。因此，当不稳定因素改变了相位 φ_{YF} 时，φ_Z 必然产生相反的变化，使相位平衡条件成立，而 φ_Z 是 LC 回路的相移，它的变化必然引起频率的变化。

外界或者 LC 参数本身发生变化，会导致振荡回路的谐振频率 ω_0 发生变化，相应的相频特性曲线会沿频率轴由 ω_0 向 $\omega_0' = \omega_0 - \Delta\omega_0$ 平移。从图 6.4.1 可以看出，为了维持相位平衡条件，保持 $\varphi_Z = -(\varphi_Y + \varphi_F)$，回路的振荡频率将由 ω_0 变为 ω_0'，因此为了稳定振荡频率，必须保持 LC 参数稳定不变，稳定回路谐振频率 ω_0。

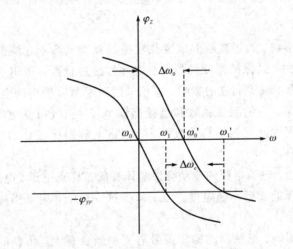

图 6.4.1　谐振频率变化导致振荡频率的变化

下面讨论回路 Q 值变化对频率稳定度的影响。LC 回路的相移 φ_Z 同 Q 之间的关系为

$$\varphi_Z = -\arctan 2Q\left(\frac{\omega}{\omega_0} - 1\right) \tag{6.4.3}$$

φ_Z 对 ω 的变化率为

$$\frac{\partial \varphi_Z}{\partial \omega} = -\frac{1}{1 + \left[2Q\left(\frac{\omega}{\omega_0} - 1\right)\right]^2} \times \frac{2Q}{\omega_0} = -\frac{2Q}{\omega_0}\cos^2\varphi_Z \tag{6.4.4}$$

由式(6.4.4)可知，当 Q 增加时，ω_0 附近相频特性斜率的绝对值 $\left|\dfrac{\partial \varphi_Z}{\partial \omega}\right|$ 加大。设有 Q 值不同的两个 LC 回路，其相频特性如图 6.4.2 所示。在 ω_0 附近，高 Q 值的回路相频特性变化快，低 Q 值的回路相频特性变化慢。设回路原来的相移为 φ_{YF}，外界不稳定因素使得相移变为 φ'_{YF}。可见 Q 值高的回路相频特性曲线斜率大，频率变化小；Q 值低的回路频率变化大。所以谐振回路 Q 值越高，越有利于频率的稳定。

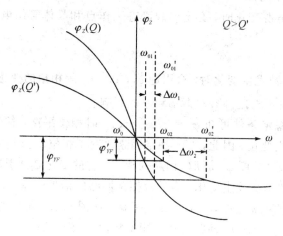

图 6.4.2　Q 值不同的相频特性曲线

3. 稳频措施

（1）减小温度的影响。为了减小温度变化对振荡频率的影响，最根本的方法是将整个振荡回路置于恒温槽中，以保持温度的恒定。这种方法造价高，适用于技术指标要求较高的设备。一般来说，为了减少温度的影响，应该采用温度系数较小的电感、电容。例如，电感线圈可用高频磁骨架，它的温度系数和损耗都较小。对空气可变电容器来说，用铜做支架比用铝材料要好，因为铜的热膨胀系数较小。固定电容器比较好的是云母电容，它温度系数小，性能稳定可靠。

（2）稳定电源电压。电源电压的波动会使晶体管的工作点电压、电流发生变化，从而改变了晶体管的参数，降低了频率稳定度。为了减少这一影响，应采用稳压电源供电以及工作点稳定的电路。

（3）减少负载的影响。振荡器的输出信号需要加到负载上，负载的变动必然引起振荡频率的不稳定。为了减少这一影响，可在振荡器及其负载之间加一缓冲级，一般由输入电阻很大的射随器组成，可以减弱负载对振荡回路的影响。

（4）晶体管与回路之间的连接采用松耦合。例如克拉泼和西勒电路，它们就是把决定振荡频率的主要元件 L、C 与晶体管的输入、输出阻抗参数隔开，主要是与电容 C_i、C_o 隔开，使晶体管与谐振回路之间的耦合很弱，可以提高频率稳定度。

（5）提高回路的品质因数 Q。前面已经分析过 Q 值对频率稳定度的影响，为了提高频率稳定度，需要采用高 Q 值的振荡回路。

（6）使振荡频率接近回路的谐振频率。由式(6.4.4)可知，Q 不变，当 $\varphi_Z = 0$ 时，相频

特性曲线的绝对值 $\left|\dfrac{\partial\varphi_Z}{\partial\omega}\right|$ 最大。这说明振荡频率 ω 越接近于回路谐振频率 ω_0，越可以提高频率稳定度。反之，失谐越大，$\left|\dfrac{\partial\varphi_Z}{\partial\omega}\right|$ 越小，频率稳定度越低。为了减小失谐，即使 φ_Z 更接近于 0，可以在电路中串入一个附加的电抗元件，称为相角补偿法。

（7）屏蔽、远离热源。将 LC 回路进行屏蔽可以减少周围电磁场的干扰。将振荡回路离热源（如电源变压器、大功率晶体管等）远一些，可以减小温度变化对振荡器的影响。

6.5　石英晶体振荡器

石英晶体振荡器是利用石英晶体谐振器作滤波元件构成的振荡器，其振荡频率由石英晶体谐振器决定。与 LC 谐振回路相比，石英晶体谐振器具有极高的品质因数，因此石英晶体振荡器具有较高的频率稳定度，采用高精度和稳频措施后，其频率稳定度可以达到 $10^{-10}\sim10^{-11}$ 数量级。

6.5.1　石英晶体的物理特性和等效电路

1. 物理特性

石英晶体是硅石的一种，它的化学成分是二氧化硅（SiO_2）。在石英晶体上按一定方位角切下薄片（称为晶片），然后在晶片的两个对应表面上喷涂一层金属并封装上一对金属极板，就构成了石英晶体振荡元件。

石英晶体在形状上是各向异性的六角锥形体结晶，有 X、Y、Z 三条轴线。其中 X 轴为电轴，当沿着 X 轴对压电晶片施加力时，将在垂直于 X 轴的表面上产生电荷，称为压电效应；Y 轴为机械轴，只能加力，产生的电荷分布在 X 轴表面；Z 轴为光轴，光沿 Z 轴入射会产生偏振现象。

石英晶体的基本特性是它具有压电效应。压电效应是指晶体受到机械力时，它的表面会产生电荷。如果机械力由压力变为张力，晶体表面的电荷极性就会反过来，这种效应称为正压电效应。反之，如果在晶体表面加入一定的电压，产生电场，则晶体就会发生弹性形变。如果外加交流电压，则晶体就会发生机械振动，振动的大小正比于外加电压的幅度，这种效应称为反压电效应。当加到晶体两端的高频电压频率等于晶片固有机械振动频率时，称为晶体谐振。这种机械振动与电振荡相互转换，就是石英晶体振荡器的基本原理。

2. 石英晶体的等效电路

石英晶体有基频振动和泛音振动，因此有基频晶振和泛音晶振。一般在低频频段（$<20\ \mathrm{MHz}$）采用基频晶振，在高频频段（$>20\ \mathrm{MHz}$）采用泛音晶振。图 6.5.1 给出了石英晶体的符号、一般等效电路和高频等效电路。为什么用石英晶体作为振荡回路元件，就能使振荡器的频率稳定度大大提高呢？这是因为：

（1）石英晶体的物理和化学性能都十分稳定，因此，它的等效谐振回路有很高的标准性；

（2）石英晶体具有正、反压电效应，而且在谐振频率附近，晶体的等效参数 L_q 很大，C_q 很小，r_q 也不高，因此其 Q 值可高达数百万量级；

（3）在串、并联谐振频率之间很狭窄的工作频带内，石英晶体具有极其陡峭的电抗特性曲线，因而对频率变化具有极其灵敏的补偿能力。

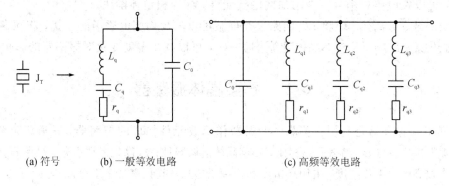

$$(a)\ 符号 \qquad (b)\ 一般等效电路 \qquad\qquad (c)\ 高频等效电路$$

图 6.5.1　石英晶体的符号、等效电路和高频等效电路

根据图 6.5.1(b) 的石英晶体等效电路，可以得到其串、并联谐振频率 f_s 和 f_p 分别为

$$f_s = \frac{1}{2\pi\sqrt{L_q C_q}} \tag{6.5.1}$$

$$f_p = \frac{1}{2\pi\sqrt{L_q\dfrac{C_0 C_q}{C_0 + C_q}}} = \frac{1}{2\pi\sqrt{L_q C_q}}\sqrt{1+\frac{C_q}{C_0}} = f_s\sqrt{1+\frac{C_q}{C_0}} \tag{6.5.2}$$

当 $\dfrac{C_q}{C_0} \ll 1$ 时，可利用级数展开的近似式 $\sqrt{1+x} \approx 1+\dfrac{x}{2}$（当 $x \ll 1$ 时），所以

$$f_p \approx f_s\left(1+\frac{C_q}{2C_0}\right) \tag{6.5.3}$$

可见串联谐振频率和并联谐振频率很接近，并且相对频差为

$$\frac{\Delta f}{f_p} = \frac{f_p - f_s}{f_p} = \frac{C_q}{2C_0} \tag{6.5.4}$$

即相对频差小，只有千分之一数量级。

在晶体振荡器中，石英晶体谐振器用作等效感抗，振荡频率必须处于 f_p 与 f_s 之间的狭窄频率范围，且 Q 值高，曲线陡峭，有利于稳频。注意石英晶体不应工作在容性区，若晶体作为容性元件使用，压电效应失效时晶体仍有静电容 C_0，它仍呈容性，振荡器仍可维持振荡，但起不到稳频作用。

晶体振荡器的缺点是只能产生单频振荡。

6.5.2　石英晶体振荡器电路

1. 并联型晶振：皮尔斯振荡器和密勒振荡器

把晶体作为电感，与其他元件按三端式原则组成电路，称为并联型晶体振荡器。这类晶体振荡器的振荡原理和一般反馈式 LC 振荡器相同，只是把晶体置于反馈网络的振荡回路之中，作为一个感性元件，并与其他回路元件一起按照三端电路的基本准则组成三端振荡器。根据这一原理，在理论上可以构成三种类型的基本电路，但实际常用下面两种：图 6.5.2(a) 所示相当于电容三端振荡电路，称为 c-b 型电路(或称皮尔斯电路)；图 6.5.2(b) 属于电感三端振荡电路，称为 b-e 型电路(或称密勒电路)。

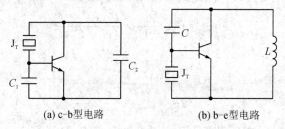

(a) c-b 型电路　　　　　(b) b-e 型电路

图 6.5.2　并联型晶体振荡器

皮尔斯振荡器的实际电路及其等效电路如图 6.5.3 所示。晶体等效为电感，晶体与外接电容 C_3 串联，然后与 C_1、C_2 组成并联回路，其振荡频率应该在晶体的串联谐振频率 f_s 和并联谐振频率 f_p 之间。

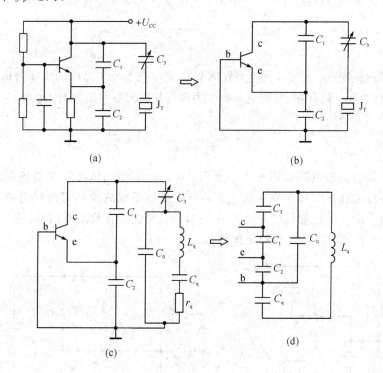

图 6.5.3　皮尔斯振荡器实际电路及其等效电路

下面具体确定振荡频率 f_0。

根据图 6.5.3(d)，可以得到谐振回路中的电感为 L_q，而总电容 C_Σ 应由 C_0、C_q 以及外接电容 C_1、C_2、C_3 组合而成。且存在

$$\frac{1}{C_\Sigma} = \frac{1}{C_q} + \cfrac{1}{C_0 + \cfrac{1}{\cfrac{1}{C_1} + \cfrac{1}{C_2} + \cfrac{1}{C_3}}} \tag{6.5.5}$$

而在选择电容时，$C_3 \ll C_1$，C_2，因此式(6.5.5)可近似为

$$\frac{1}{C_\Sigma} \approx \frac{1}{C_q} + \frac{1}{C_0 + C_3} = \frac{C_0 + C_3 + C_q}{(C_0 + C_3)C_q} \tag{6.5.6}$$

所以

$$f_0 = \frac{1}{2\pi \sqrt{L_q \dfrac{C_0 + C_3 + C_q}{(C_0 + C_3)C_q}}} \tag{6.5.7}$$

调节电容 C_3 可使 f_0 产生很微小的变动。如果 C_3 很大，取 $C_3 \to \infty$ 代入式(6.5.7)可得 f_0 的最小值为

$$f_0 \approx \frac{1}{2\pi \sqrt{L_q C_q}} = f_s \tag{6.5.8}$$

即为晶体串联谐振频率；若 C_3 很大，取 $C_3 \approx 0$ 代入式(6.5.7)可得 f_0 的最大值为

$$f_0 \approx \frac{1}{2\pi \sqrt{L_q \dfrac{C_0 C_q}{C_0 + C_q}}} = f_p \tag{6.5.9}$$

即为晶体并联谐振频率。可见，无论怎样调节 C_3，f_0 总是处于晶体的串联谐振频率 f_s 和并联谐振频率 f_p 之间。只有在 f_p 附近，晶体才具有并联谐振回路的特点。

回路的反馈系数为

$$F = \frac{C_1}{C_2} \tag{6.5.10}$$

另一种并联型晶振电路如图6.5.4所示，在该电路中晶体连接在基极和发射极之间。LC_1 并联回路连接在集电极和发射极之间，只要晶体呈现感性即可构成电感三端式电路。由于晶体并接在输入阻抗较低的晶体管 b、e 极间，降低了有载品质因数，故与皮尔斯振荡电路相比，密勒振荡电路的频率稳定度较低。

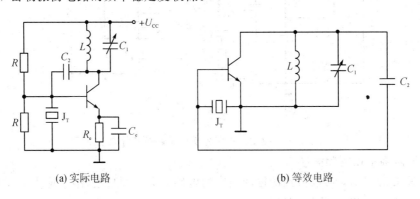

(a) 实际电路　　　　　　　　　(b) 等效电路

图 6.5.4　密勒振荡器实际电路及其等效电路

2. 串联型晶振

在串联型晶振电路中，晶体的作用是选频短路线，在谐振频率上，晶体呈现极低阻抗，可以看成短路，此时正反馈最强。其电路图如图 6.5.5 所示。

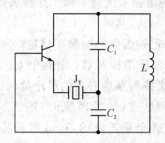

图 6.5.5　串联型晶体振荡器

可以看出，在并联晶体振荡器中，晶体是回路的一部分，而在串联晶体振荡器中，晶体是反馈回路的一部分。

3. 泛音晶振

石英晶体的基频越高，晶片的厚度越薄。频率太高时，晶片的厚度太薄，加工困难，且容易振碎。因此在要求更高的工作频率时，可以在晶体振荡器后面加倍频器。另一个办法就是让晶体工作于它的泛音频率上，构成泛音晶体振荡器。所谓泛音，是指石英片振动的机械谐波。泛音与电气谐波的主要区别是：电气谐波与基波是整数倍关系，且谐波与基波同时存在；泛音则与基频不成整数倍关系，只是在基频奇数倍附近，且两者不能够同时存在。

在图 6.5.6 所示的泛音晶体振荡器中，用电容 C_1 和电感 L_1 组成的并联电路代替了 C_1，这个回路的谐振频率必须设计在该电路所利用的 n 次泛音和 $n-2$ 次泛音之间。

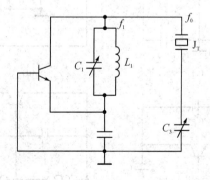

图 6.5.6　泛音晶体振荡器

例如：若 f_0 是 5 次泛音，则 $L_1 C_1$ 应调谐在 5～3 次泛音之间。这样，当谐振器在三次谐振或基频频率上时，$L_1 C_1$ 呈感性，不满足相位平衡条件，而对于比 5 次泛音高的 7～9 次泛音来说，谐振回路所呈现的容抗极小，也不满足相位平衡条件，因此只能在 5 次泛音上产生谐振。

思考题与习题

6.1 为什么 LC 振荡器中的谐振放大器一般工作在失谐状态？它对振荡器的性能指标有何影响？

6.2 LC 振荡器的振幅不稳定是否会影响频率稳定？为什么？

6.3 如题 6.4 图所示的电容反馈振荡器，电路中 $C_1 = 100\ \mathrm{pF}$，$C_2 = 300\ \mathrm{pF}$，$L = 50\ \mu\mathrm{H}$，求该电路的振荡频率和维持振荡所必需的最小放大倍数 $A_{\min}$。

6.4 利用相位平衡条件的判断准则，判断题 6.4 图所示的三端式振荡器交流等效电路中哪个是错误的（不可能振荡），哪个是正确的（有可能振荡），属于哪种类型的振荡电路，有些电路应说明在什么条件下才能振荡。

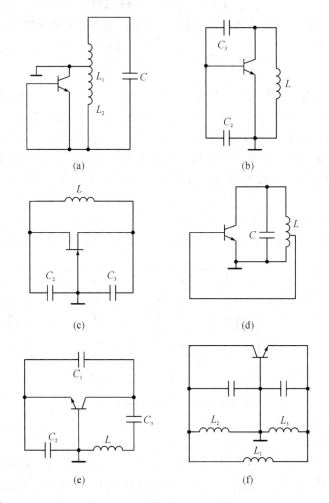

题 6.4 图

6.5 题 6.5 图表示三回路振荡器的交流等效电路，假定有以下六种情况：

(1) $L_1 C_1 > L_2 C_2 > L_3 C_3$；

(2) $L_1 C_1 < L_2 C_2 < L_3 C_3$；

(3) $L_1 C_1 = L_2 C_2 = L_3 C_3$；

(4) $L_1 C_1 = L_2 C_2 > L_3 C_3$；

(5) $L_1 C_1 < L_2 C_2 = L_3 C_3$；

(6) $L_2 C_2 < L_3 C_3 < L_1 C_1$。

试问哪几种情况可能振荡，等效为哪种类型的振荡电路，其振荡频率与各回路的固有频率之间有什么关系。

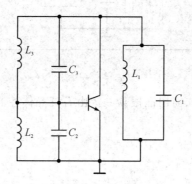

题 6.5 图

6.6　题 6.6 图是哈特莱振荡器的改进电路原理图。

(1) 试根据相位判别规则说明它可能产生振荡；

(2) 画出它的实际电路。

6.7　在题 6.7 图所示电路中，已知振荡频率 $f_0 = 100$ kHz，反馈系数 $F = 1/2$，电感 $L = 50$ mH。

(1) 画出其交流通路(设电容 C_b 很大，对交流可视为短路)；

(2) 计算电容 C_1、C_2 的值(设放大电路对谐振回路的负载效应可以忽略不计)。

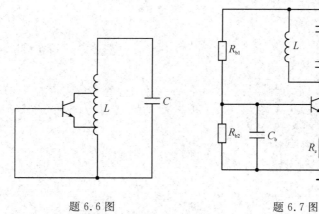

题 6.6 图　　　　　　　　　　　　题 6.7 图

6.8　题 6.8 图所示为振荡电路。

(1) 画出其交流等效电路；

(2) 求振荡频率 f_0 和反馈系数 F。

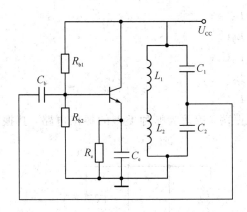

题 6.8 图

6.9　用石英晶体稳频,如何保证振荡一定由石英晶体控制?

第七章　振幅调制与解调

7.1　概　　述

传输信息是人类生活的重要内容之一。传输信息的手段很多,利用无线电技术进行传输在其中占有极其重要的地位。广播、电视、导航、雷达等都是利用无线电技术传输各种不同信息的方式。无线电通信传送语音、图像、音乐等;导航则是利用一定的无线电信号指引飞机或船舶安全航行,以保证它们能平安到达目的地;雷达是发射无线电信号利用反射的回波来测定某些目标的方位;遥控遥测则是利用无线电技术来量测远处或运动体上的某些物理量,控制远处机件的运行。在以上信息传递过程中,调制与解调占据着重要地位。所谓调制,就是在传送信号的一方将要发送的信号"附加"在高频振荡上,再由天线发射出去。这里高频振荡波就是携带信号的"运载"工具,所以也叫载波。在接收信号的一方经过解调的过程,把载波携带的信号取出来,得到原有的信息。解调也叫检波。调制与解调都是频谱变换的过程,必须用非线性元件才能够完成。

1. 调制简述

调制是用调制信号去控制载波某个参数的过程,调制信号为原始消息,载波为高频振荡信号。受调后的振荡波为已调波。

按照调制信号的波形,可以将调制分为连续波调制和脉冲波调制。连续波调制中按照改变载波参数的不同,又可以分为振幅调制、频率调制和相位调制,其中频率调制和相位调制通常统称角度调制。脉冲波调制按照改变载波参数的不同,又可以分为脉冲振幅调制、脉宽调制、脉冲位置调制和脉冲编码调制等。

调制的技术指标主要包括抗干扰性、实现调制的简便程度、已调波所占的频带宽度、电子器件的效率和输出功率、保真度。

本章主要介绍振幅调制与解调。振幅调制是由调制信号来控制载波的振幅,使之按调制信号的规律变化。按照调制信号的频谱不同,振幅调制又可以分为普通调幅(AM)、抑制载波双边带调制(DSB)和单边带调制(SSB)三种。

实现调幅的方法大约有以下两种:

(1) 低电平调幅。低电平调幅是指调制过程是在低电平级进行的,因此需要的调制功率小。属于这种类型的调制方法有:

① 平方律调幅:利用电子器件伏安特性曲线平方律部分的非线性作用进行调幅。

② 斩波调幅:将所要传送的音频信号按照载波频率来斩波,然后通过中心频率等于载波频率的带通滤波器滤波,取出调幅成分。

(2) 高电平调幅。高电平调幅是指调制过程在高电平级进行,通常是在丙类放大器中进行。属于这种类型的调制方法有集电极调幅和基极调幅。

2. 检波简述

检波是指从已调信号中还原出原调制信号，是调制的逆过程。由于还原得到的原调制信号与已调高频信号的包络变化规律一致，故检波器又称为包络检波器。

检波器一般由三个部分组成：高频信号输入电路、非线性器件、低通滤波器。

检波器的质量指标归纳如下：

(1) 电压传输系数。电压传输系数(检波效率)一般用 K_d 来表示。

$$K_d = \frac{检波器的音频输出电压}{输入调幅波包络振幅} \tag{7.1.1}$$

(2) 检波器的失真。理想情况下，包络检波器的输出应与调幅波包络的形状完全一致。但实际上，二者会有一些差别，这些差别就叫做检波器的失真。根据产生原因的不同，失真可以分为频率失真、非线性失真、惯性失真和负峰切割失真等。

由于检波器对不同调制频率的信号其电压传输系数 K_d 不同，如图 7.1.1 所示，因此，经过检波后便会产生频率失真。为了使不同的输入信号检波后的电压传输系数基本上相同，一般要求在规定的调制频率范围($\Omega_{min} \sim \Omega_{max}$)内，电压传输系数 K_d 的变化不超过 3 dB。

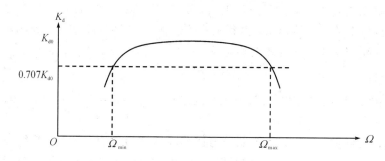

图 7.1.1　电压传输系数随频率变化曲线

非线性失真是由二极管伏安特性曲线的非线性所引起的。由于非线性的存在，检波器输出的音频电压不能完全和调幅波的包络成正比。但如果负载电阻 R 选得足够大，则检波管非线性特性影响越小，引起的非线性失真可以忽略。

此外检波器还可能产生两种特殊的失真，即惯性失真和负峰切割失真。

(3) 检波器等效输入电阻。检波器的输入端通常与高频回路的输出端连接，因此检波器要吸收一部分高频能量，这就增加了高频回路的损耗，使其 Q 值降低。这种影响可以看作是一个等效电阻 R_{id} 并联到高频回路两端所引起的，我们把 R_{id} 称为检波器的输入电阻。

$$R_{id} = \frac{U_{im}}{I_{im}} = \frac{P_{id}}{I_i^2/2} \tag{7.1.2}$$

在设计实际的检波电路时，为了减少对高频回路的影响，要求 R_{id} 应该尽量大。

(4) 高频滤波系数。检波器输出电压中的高频分量应该尽量滤除，以免产生高频寄生反馈，导致整机的工作不稳定。但在实际中要把高频分量完全滤除较为困难，所以通常用滤波系数来衡量滤波情况。滤波系数 F 定义为输入高频电压的振幅 U_{im} 与输出高频电压的

振幅 U_{om} 之比。

$$F = \frac{U_{im}}{U_{om}}$$ (7.1.3)

在实际中,滤波系数 F 一般取值在 $50 \sim 100$ 之间。

7.2　调幅波的性质

调制过程就是波形和频谱变换的过程,下面利用数学工具对调幅波的波形和频谱进行一些理论分析。

7.2.1　调幅波的分析

我们已经知道,调幅就是使载波的振幅随调制信号的变化规律而变化。例如,图 7.2.1 就是当调制信号为正弦波形时,调幅波的形成过程,图 7.2.1(a)为调制信号,图 7.2.1(b)为载波,图 7.2.1(c)为已调信号。由图 7.2.1 可以看出,调幅波是载波振幅按照调制信号的幅度大小线性变化的高频振荡。它的载波频率维持不变,也就是说,每一个高频波的周期是相等的,因而波形的疏密程度均匀一致,与未调制时的载波波形疏密程度相同。

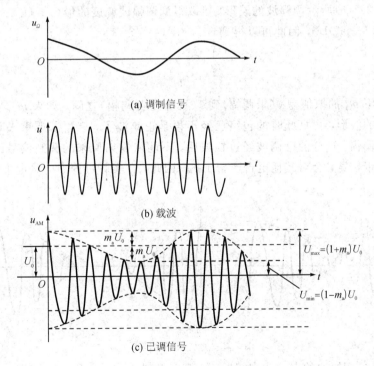

图 7.2.1　调幅波的形成

应当说明,通常需要传送的信号的波形是很复杂的,包含了许多频率分量。但为了简化分析过程,在以后分析调制时,可以认为信号是正弦波形。因为复杂的信号可以分解为许多正弦波分量,因此,只要已调波能够同时包含多个不同调制频率的正弦调制信号,那么复杂的调制信号也就如实地被传送出去了。

下面对调幅波的波形、频谱和功率关系等进行分析。

1. 波形

假设调制信号为正弦波 u_Ω，且存在

$$u_\Omega = U_{\Omega m}\cos\Omega t \tag{7.2.1}$$

载波信号为 u，可表示为

$$u = U_0\cos\omega_0 t \tag{7.2.2}$$

通常情况下载波信号频率远大于调制信号频率，即存在 $\omega_0 \gg \Omega$。

根据调幅波的性质可以知道，已调波的幅度与调制信号之间存在线性关系，即有

$$U_{AM}(t) = U_0 + K_a u_\Omega \tag{7.2.3}$$

由此可以得到调幅波的表达式为

$$u_{AM} = (U_0 + K_a U_{\Omega m}\cos\Omega t)\cos\omega_0 t = U_0\left(1 + \frac{K_a U_{\Omega m}}{U_0}\cos\Omega t\right)\cos\omega_0 t$$
$$= U_0(1 + m_a\cos\Omega t)\cos\omega_0 t \tag{7.2.4}$$

其中 $m_a = \dfrac{K_a U_{\Omega m}}{U_0}$，称为调幅指数或者调幅度，通常用百分数来表示。$K_a$ 为比例系数。

根据图 7.2.1(c)所示调幅波的波形，可以得到调幅波幅度的最大值 $U_{max} = (1+m_a)U_0$，最小值 $U_{min} = (1-m_a)U_0$，因此可以得到

$$m_a = \frac{\frac{1}{2}(U_{max} - U_{min})}{U_0} \tag{7.2.5}$$

一般情况下 m_a 的取值为 0(未调幅)到 1(百分之百调幅)之间。如果 $m_a > 1$，将会得到图 7.2.2 所示的波形，可见此时的包络已经不再是正弦波了，产生了严重失真，我们把这种情况称为过调幅。这样的已调波经过检波后，不能恢复出原来的调制信号的波形，而且它所占据的频带较宽，会对其他电台产生干扰。因此，在实际过程中应尽量避免过调幅。

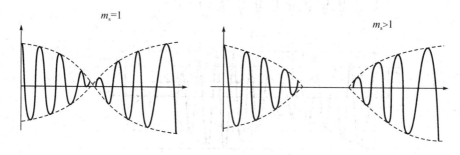

图 7.2.2　过调幅的波形

对式(7.2.4)调幅波的表达式进行展开，可以得到

$$u_{AM} = U_0(1 + m_a\cos\Omega t)\cos\omega_0 t = U_0\cos\omega_0 t + U_0 m_a\cos\Omega t\cos\omega_0 t \tag{7.2.6}$$

可知，AM 波是由两部分组成的，利用加法和乘法运算就可以得到调幅波，且有两种方法。第一种方法是将调制信号与一个常数相加后与载波相乘，如图 7.2.3(a)所示。第二种方法是将载波和调制信号直接相乘，然后加上载波信号就可以得到调幅信号，如图 7.2.3(b)所示。

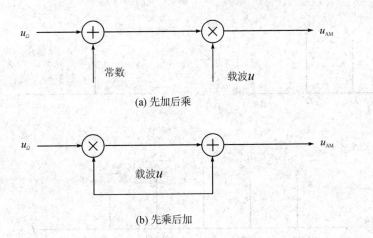

(a) 先加后乘

(b) 先乘后加

图 7.2.3 调幅的实现过程

2. 频谱

对式(7.2.6)中的乘法运算进行积化和差，可以得到

$$u_{\mathrm{AM}} = U_0\cos\omega_0 t + \frac{m_{\mathrm{a}}}{2}U_0\cos(\omega_0 + \Omega)t + \frac{m_{\mathrm{a}}}{2}U_0\cos(\omega_0 - \Omega)t \qquad (7.2.7)$$

可见，由正弦波调制的调幅波由三个不同频率的正弦波组成。它含有三个频率分量：载波频率 ω_0、载波频率和调制信号频率之和 $\omega_0 + \Omega$（上边频）、载波频率和调制信号频率之差 $\omega_0 - \Omega$（下边频），其频谱图如图 7.2.4 所示。可以看出，调幅信号产生了新的频率分量，并且调制信号的幅度及频率信息只包含于边频分量中。

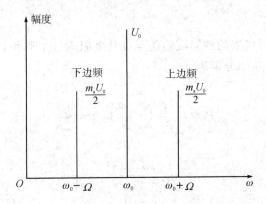

图 7.2.4 调幅波的频谱图

若调制信号包含两个频率分量 Ω_1 和 Ω_2，其表达式可以写成

$$\begin{aligned} u_{\mathrm{AM}} &= (U_0 + K_{\mathrm{a}}U_{\Omega 1}\cos\Omega_1 t + K_{\mathrm{a}}U_{\Omega 2}\cos\Omega_2 t)\cos\omega_0 t \\ &= U_0(1 + m_{\mathrm{a}1}\cos\Omega_1 t + m_{\mathrm{a}2}\cos\Omega_2 t)\cos\omega_0 t \end{aligned} \qquad (7.2.8)$$

同理可知：调制信号中含有的频率分量有 ω_0、$\omega_0 \pm \Omega_1$、$\omega_0 \pm \Omega_2$，其频谱变化如图7.2.5所示。

可见，如果调制信号不是单一频率的正弦信号，而是包含多种频率的混合信号，经过

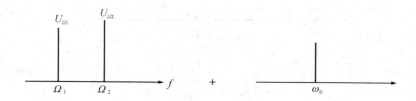

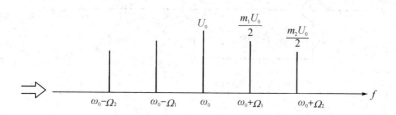

图 7.2.5　调制前后频谱变化

调幅后，调制信号的频谱中将会包含上、下两个边频带。

　　通过上面的分析可以发现，经过调幅后，原来调制信号的频谱发生了变化，但仅仅是原来频谱的线性搬移。经过调制后，调制信号的频谱被搬移到了载频附近，形成了上边带和下边带。并且，调幅波所占的频谱宽度等于调制信号最高频率的 2 倍。例如，设调制信号最高频率为 5 kHz，则调幅波的带宽为 10 kHz。为了避免电台之间互相干扰，对不同频段与不同用途的电台所占频带宽度都有严格的规定。例如，过去广播电台所允许占用的频带宽度为 10 kHz。自 1978 年 11 月 23 日起，我国广播电台所允许占用的带宽已改为 9 kHz，即最高调制频率限在 4.5 kHz 以内。

3. 功率关系

　　如果将式(7.2.7)所代表的调幅波输送至负载电阻 R 上，则可以得到消耗在电阻 R 上的载波功率和两个边频功率分别为

载波功率：

$$P_{\mathrm{OT}} = \frac{1}{2\pi} \int_{-\pi}^{\pi} \frac{U^2}{R} \mathrm{d}\omega_0 t = \frac{U_0^2}{2R} \tag{7.2.9}$$

下边频功率：

$$P_{(\omega_0 - \Omega)} = \frac{1}{2R} \left(\frac{m_{\mathrm{a}} U_0}{2} \right)^2 = \frac{1}{4} m_{\mathrm{a}}^2 P_{\mathrm{OT}} \tag{7.2.10}$$

上边频功率：

$$P_{(\omega_0 + \Omega)} = \frac{1}{4} m_{\mathrm{a}}^2 P_{\mathrm{OT}} \tag{7.2.11}$$

因此，调幅波的平均输出总功率(在调制信号一周期内)为

$$P_{\mathrm{AM}} = P_{\mathrm{O}} = P_{\mathrm{OT}} + P_{(\omega_0 - \Omega)} + P_{(\omega_0 + \Omega)} = P_{\mathrm{OT}} \left(1 + \frac{m_{\mathrm{a}}^2}{2} \right) \tag{7.2.12}$$

可以看出，两个边频的总功率与载波功率的比值为

$$\frac{\text{边频功率}}{\text{载波功率}} = \frac{m_{\mathrm{a}}^2}{2} \tag{7.2.13}$$

可见，调幅指数 m_a 越大，边频功率越大，且边频功率与载波功率的比值越大。当 $m_a =$ 1(100%调幅)时，边频功率与载波功率的比值最大，此时边频功率为载波功率的 1/2，只占整个调幅波功率的 1/3。当 $m_a < 1$ 时，边频功率占总功率的比例更小。也就是说，用这种调制方式，发送端发送的功率被不携带信息的载波占去了很大的比例，显然，这是很不经济的。但由于这种调制设备简单，特别是解调很简单，便于接收，所以仍在某些领域中广泛应用。

7.2.2　双边带信号

载波不携带信息，但却占据了大部分的发射功率。因此，为了节省发射功率，可以只发射含有信息的上、下两个边频，而不发射载波，这种调制方式称为抑制载波的双边带调幅，简称双边带调幅，用 DSB 表示。将调制信号 u_Ω 和载波 u 直接加到乘法器两端即可得到双边带调幅信号，其表达式为

$$u_{DSB} = Ku_\Omega u = KU_{\Omega m}U_0 \cos\Omega t \cos\omega_0 t \tag{7.2.14}$$

式中，K 为由调幅电路决定的系数，$KU_{\Omega m}U_0 \cos\Omega t$ 是双边带调幅信号载波的振幅，它与调制信号成正比。载波的振幅按调制信号的规律变化，不是在载波幅度 U_0 的基础上变化，而是在零值的基础上变化，可正可负。因此，当调制信号从正半周进入负半周的瞬间(即调幅包络线过零点时)，相应高频振荡的相位发生 180° 的突变。双边带调幅的调制信号、载波和调幅波的波形如图 7.2.6 所示。

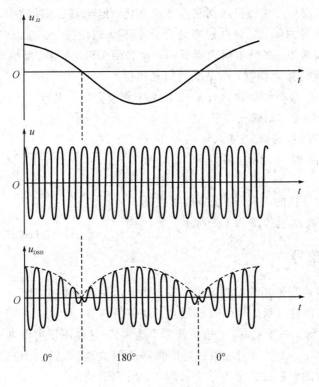

图 7.2.6　双边带调幅信号波形

对式(7.2.14)进行积化和差,可以得到

$$u_{\text{DSB}} = \frac{K}{2} U_{\Omega m} U_0 \left[\cos(\omega_0 + \Omega)t + \cos(\omega_0 - \Omega)t \right] \tag{7.2.15}$$

可见,对单频正弦波进行双边带调制后的调幅波由两个不同频率的正弦波组成。它仅含有两个频率分量:载波频率和调制信号频率之和 $\omega_0 + \Omega$(上边频)、载波频率和调制信号频率之差 $\omega_0 - \Omega$(下边频),其频谱图如图 7.2.7 所示。与普通调幅波的频谱比较,去掉了载波频率分量。

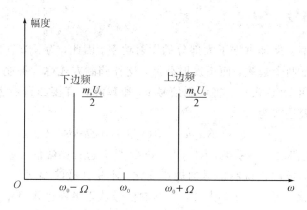

图 7.2.7　双边带调幅波的频谱

由以上讨论,可以看出 DSB 调幅信号有如下特点:

(1) DSB 调幅信号的幅值仍随调制信号而变化,但与普通调幅波不同,DSB 信号的包络不再反映调制信号的形状,且在过零处会发生 $180°$ 相位突变。在调制信号正半周内,已调波的高频与载频同相;在负半周内则反相,这表明 DSB 的相位反映了调制信号的极性。DSB 信号已非单纯的振幅调制,而是既调幅又调相。

(2) DSB 调幅信号的频谱仅含有 $\omega_0 \pm \Omega$ 两个频率分量,相当于从 AM 频谱中把载频分量去掉,只有边频功率,无载波功率。

(3) DSB 调幅信号的带宽与 AM 信号的带宽一致:单频调制时为 2Ω,多频调制时则为 $2\Omega_{\max}$。

(4) 由式(7.2.14)的 DSB 信号的数学表达式,可以得到其产生框图如图 7.2.8 所示。

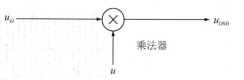

图 7.2.8　DSB 信号的产生框图

7.2.3　单边带信号

进一步观察双边带调幅波的频谱可以发现,上边带和下边带都反映了调制信号的频谱结构,因而它们都含有调制信号的全部信息。从信息传输的角度看,可以进一步把其中一个边带抑制掉,只保留一个边带(上边带或者下边带)。这样不仅可以进一步节省发射功率,而且频带宽度缩小了一半,这对于波道特别拥挤的短波通信是很有利的。这种既抑制载波又只传送一个边带的调制方式称为单边带调幅,用 SSB 表示。

SSB 信号可以由 DSB 信号经边带滤波器滤除一个边带,或在调制过程中直接将一个边

带抵消而成。其产生框图如图 7.2.9 所示。

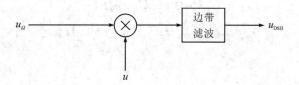

图 7.2.9 SSB 信号的产生框图

前文中已给出了 DSB 信号的表达式为

$$u_{\text{DSB}} = \frac{K}{2}U_{\Omega\text{m}}U_0[\cos(\omega_0+\Omega)t + \cos(\omega_0-\Omega)t]$$

保留上边带信号：

$$u_{\text{SSB}} = \frac{K}{2}U_{\Omega\text{m}}U_0\cos(\omega_0+\Omega)t \qquad (7.2.16)$$

保留下边带信号：

$$u_{\text{SSB}} = \frac{K}{2}U_{\Omega\text{m}}U_0\cos(\omega_0-\Omega)t \qquad (7.2.17)$$

从以上两式可以看出，单音频调制时的 SSB 信号仍是等幅波，但它与原载波的电压是不同的。SSB 信号的振幅与调制信号的幅度成正比，并且它的频率随调制信号频率的不同而不同，因此它含有消息的特征。单边带信号的包络与调制信号的包络形状相同。

单音频调制时，SSB 调制的频谱及波形如图 7.2.10 和图 7.2.11 所示。

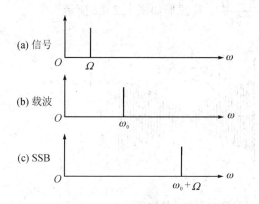

图 7.2.10 SSB 调制频谱   图 7.2.11 单音频调制时 SSB 调制波形图

根据前述可知 SSB 调制信号有如下的特点：

（1）SSB 信号的包络正比于调制信号 u_Ω 的包络，但是频率平移了 ω_0。

（2）SSB 实质上是调幅调频方式，但已调信号频率与调制信号频率间是线性变换的关系，如单音频调制时，频率从 Ω 变为 $\omega_0+\Omega$ 或者 $\omega_0-\Omega$。SSB 仍归于振幅调制，并且带宽为双边带调制的一半，即 $B=\Omega$。

（3）AM、DSB 和 SSB 包络与填充频率有所不同：AM 包络正比于调制信号，填充频率为载波频率 ω_0；DSB 包络正比于调制信号的绝对值，填充频率与原载波频率 ω_0 有同相，也有反相；SSB 包络与调制信号包络相同，填充频率为载波频率 ω_0 移动 Ω。

（4）双音频调制时，设两音频信号为

$$u_\Omega = U_\Omega \cos\Omega_1 t + U_\Omega \cos\Omega_2 t$$

$$= 2U_\Omega \cos\frac{\Omega_2 - \Omega_1}{2}t \cos\frac{\Omega_1 + \Omega_2}{2}t \qquad (7.2.18)$$

其中 $\Omega_2 > \Omega_1$。

则双边带信号为

$$u_{DSB} = Ku_\Omega u = KU_0(U_\Omega \cos\Omega_1 t + U_\Omega \cos\Omega_2 t)\cos\omega_0 t$$

$$= \frac{KU_\Omega U_0}{2}\big[\cos(\omega_0 + \Omega_1)t + \cos(\omega_0 - \Omega_1)t$$

$$+ \cos(\omega_0 + \Omega_2)t + \cos(\omega_0 - \Omega_2)t\big] \qquad (7.2.19)$$

取上边带：

$$u_{SSB} = \frac{KU_\Omega U_0}{2}\big[\cos(\omega_0 + \Omega_1)t + \cos(\omega_0 + \Omega_2)t\big]$$

$$= KU_\Omega U_0 \cos\frac{\Omega_2 - \Omega_1}{2}t \cos\frac{2\omega_0 + \Omega_1 + \Omega_2}{2}t \qquad (7.2.20)$$

对比式（7.2.18）和式（7.2.20）可以看出，对双音频信号进行单边带调制得到的信号，都可以看成调幅信号的形式，二者相比具有相同的包络，调制信号为 $2U_\Omega \cos\frac{\Omega_2 - \Omega_1}{2}t$，SSB 信号为 $KU_\Omega U_0 \cos\frac{\Omega_2 - \Omega_1}{2}t$。二者的载波频率相差了一个载波频率 ω_0，调制信号的载波频率为 $\frac{\Omega_1 + \Omega_2}{2}$，SSB 信号的载波频率可以看成 $\omega_0 + \frac{\Omega_1 + \Omega_2}{2}$。其波形如图 7.2.12 所示。

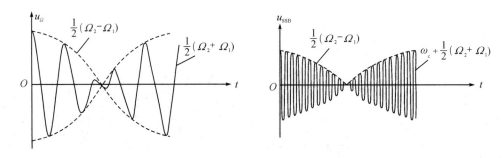

图 7.2.12　双音频调制时调制信号和 SSB 调制后的波形

例 7 - 1　已知：$u_1(t) = 1.5\cos2000\pi t + 0.3\cos1800\pi t + 0.3\cos2200\pi t$，$u_2(t) = 0.3\cos1800\pi t + 0.3\cos2200\pi t$。

求：（1）$u_1(t)$ 和 $u_2(t)$ 是什么调制信号？

（2）若已知 $R = 1\ \Omega$，试求 $u_1(t)$ 和 $u_2(t)$ 的功率和带宽。

解　（1）根据 $u_1(t)$ 的表达式，可知已调信号中有载波分量和上下边频分量，可知 $u_1(t)$ 为 AM 信号；根据 $u_2(t)$ 的表达式，可以发现没有载波分量，仅有上下边频分量，因此 $u_2(t)$ 为双边带信号。

（2）根据 $u_1(t)$ 表达式可以知道，边带信号分量为 0.3 V，载波分量为 1.5 V。

由 $0.3 = \frac{1}{2}m_a U_0$，可以得到调幅指数 $m_a = 0.4$。

载波功率和边带功率为

$$P_{OT} = \frac{1}{2}\frac{U_0^2}{R} = \frac{1}{2} \times 1.5^2 = 1.125 \text{ W}$$

$$P_{上} + P_{下} = \frac{1}{2}m_a^2 P_{OT} = 0.09 \text{ W}$$

调幅波的总功率为

$$P_O = P_{上} + P_{下} + P_{OT} = 1.215 \text{ W}$$

对于 $u_2(t)$，有

$$P_O = P_{上} + P_{下} = 0.09 \text{ W}$$

$u_1(t)$ 和 $u_2(t)$ 的带宽相同，均为

$$B = 2F = 2\frac{\Omega}{2\pi} = 200 \text{ Hz}$$

7.3　振幅调制电路

在无线电发射机中，振幅调制按功率电平的高低分为高电平调制和低电平调制两大类。前者是在发射机的最后一级直接产生达到输出功率要求的已调波；后者多在发射机的前级产生小功率的已调波，再经过线性功率放大器放大，达到所需的发射功率电平。

普通调幅波的产生多采用高电平调制电路。高电平调制电路的优点是不需要采用效率低的线性放大器，有利于提高整机效率，但必须兼顾输出功率、效率和调制线性的要求。低电平调制电路的优点是调幅器的功率小，电路简单，缺点是输出功率小，常用于双边带调制和低电平输出系统，如信号发生器等。

7.3.1　高电平调制

高电平调制主要用于 AM 调制，在高频功放中进行，分为集电极调幅和基极调幅，在第五章中已介绍过。

集电极调幅的电路原理图如图 7.3.1(a)所示。所谓集电极调幅，就是利用调制信号改变高频功率放大器的集电极直流电源电压，以实现调幅。根据第五章高功放的工作原理可知，低频调制信号 $U_\Omega\cos\Omega t$ 与直流电源 U_{CC} 相串联，因此放大器的有效集电极电源电压等于上述两个电压之和，并且随调制信号变化。在过压状态下，集电极电流的基波分量 I_{Cm1} 与集电极电源电压呈线性关系。因此，集电极的回路输出高频电压振幅将随调制信号的波形而变化，于是得到调幅波输出。由图 7.3.1(b)高功放集电极电压与工作状态的关系可知，为了获得有效的调幅，集电极电流的基波分量需要与调制信号成正比，因此，集电极调幅电路必须总是工作于过压状态。

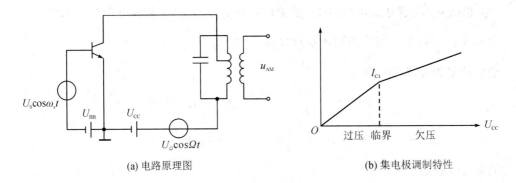

(a) 电路原理图　　　　　　　　　　　(b) 集电极调制特性

图 7.3.1　集电极调幅电路

　　所谓基极调幅，就是用调制信号电压改变高频功率放大器的基极偏压，以实现调幅。它的基本电路如图 7.3.2(a)所示。由图可知，低频调制信号电压 $U_\Omega\cos\Omega t$ 与直流偏压 U_{BB} 相串联，放大器的基极偏压等于这两个电压之和，它随调制信号波形而变化。由图 7.3.2 (b)所示高功放电路的基极调制特性可知，在欠压区，集电极电流的基波分量 I_{cm1} 与基极电源电压成正比。因此，集电极的回路输出高频电压振幅将随调制信号的波形而变化，于是得到调幅波输出。由此可知，为了获得有效的调幅，基极调幅电路必须总是工作于欠压状态。

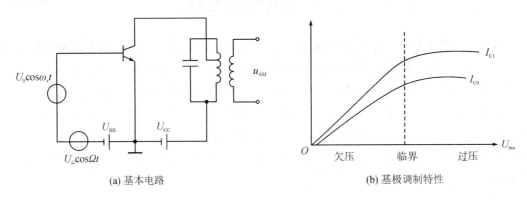

(a) 基本电路　　　　　　　　　　　(b) 基极调制特性

图 7.3.2　基极调幅电路

7.3.2　低电平调制

　　能产生调幅波的电路应具有相乘运算的功能，具有这种功能的器件和电路有很多，在第四章非线性电路和变频器中已有论及，下面介绍几种常用的低电平调制电路。

1. 二极管电路

　　在低电平调制电路中，一般将调制信号 u_Ω 和载波 u 相加后，同时输入非线性器件，通过非线性器件的非线性作用产生调制需要的新的频率分量，然后通过中心频率为载波频率 ω_0 的带通滤波器取出输出电压中的调幅波成分。下面分析其具体工作原理。

　　若非线性器件为二极管，构成图 7.3.3 所示的二极管调制电路。二极管的特性可表示为

$$u_o = a_0 + a_1 u_i + a_2 u_i^2 \qquad\qquad (7.3.1)$$

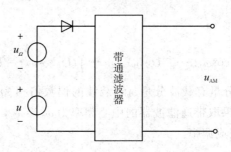

图 7.3.3 二极管调制电路

输入电压为

$$u_i = u + u_\Omega = U_0\cos\omega_0 t + U_\Omega\cos\Omega t \tag{7.3.2}$$

代入式(7.3.1),可得输出电压为

$$a_0 + \frac{1}{2}a_2(U_\Omega^2 + U_0^2) \cdots\cdots\cdots\cdots\cdots\cdots\cdots\cdots\cdots\cdots 直流分量$$

$$+ a_1 U_0\cos\omega_0 t \cdots\cdots\cdots\cdots\cdots\cdots\cdots\cdots\cdots\cdots\cdots 载波频率$$

$$+ a_1 U_\Omega\cos\Omega t \cdots\cdots\cdots\cdots\cdots\cdots\cdots\cdots\cdots\cdots 调制信号基频$$

$$+ a_2 U_\Omega U_0[\cos(\omega_0 + \Omega)t + \cos(\omega_0 - \Omega)t] \cdots\cdots\cdots 上、下边频 \tag{7.3.3}$$

$$+ \frac{1}{2}a_2 U_0^2\cos2\omega_0 t \cdots\cdots\cdots\cdots\cdots\cdots\cdots\cdots 载波二次谐波$$

$$+ \frac{1}{2}a_2 U_\Omega^2\cos2\Omega t \cdots\cdots\cdots\cdots\cdots\cdots\cdots\cdots 调制信号二次谐波$$

其中产生调幅作用的是 $a_2 u_i^2$ 项,所以又称为平方律调幅。将上述信号经过带通滤波器,滤掉通带外的频率,输出电压为

$$\begin{aligned}
u(t) &= a_1 U_0\cos\omega_0 t + a_2 U_\Omega U_0[\cos(\omega_0 + \Omega)t + \cos(\omega_0 - \Omega)t]\\
&= a_1 U_0\cos\omega_0 t + 2a_2 U_\Omega U_0\cos\Omega t\cos\omega_0 t\\
&= a_1 U_0\left(1 + \frac{2a_2}{a_1}U_\Omega\cos\Omega t\right)\cos\omega_0 t
\end{aligned} \tag{7.3.4}$$

由上式可知,调幅指数为

$$m_a = \frac{2a_2}{a_1}U_\Omega \tag{7.3.5}$$

可以得到以下结论:

(1) 调幅指数 m_a 的大小由调制信号电压振幅 U_Ω 及调制器的特性曲线所决定,即由 a_1、a_2 决定。

(2) 通常 $a_2 \ll a_1$,因此用这种方法所得到的调幅度不大。

对图 7.3.3 所示的电路,在实际中一般满足载波信号幅度 $U_0 \gg$ 调制信号幅度 U_Ω,这样可以认为二极管工作在开关状态,并且在载波信号的正半周导通,负半周截止,即可以采用开关函数分析法对电路进行分析。二极管两端电压为

$$u_D = u_\Omega + u \tag{7.3.6}$$

由第四章的讨论可知

$$i_D = g_D S(t) u_D$$

$$= g_D \left(\frac{1}{2} + \frac{2}{\pi} \cos\omega_0 t - \frac{2}{3\pi} \cos 3\omega_0 t + \cdots \right) (U_0 \cos\omega_0 t + U_\Omega \cos\Omega t) \qquad (7.3.7)$$

可知，电流中的频率分量有载波分量 ω_0、载波的偶数倍频 $2n\omega_0$、Ω 及载波的奇数倍频 $(2n+1)\omega_0 \pm \Omega$。因此，如果取带通滤波器的中心频率为 $\omega_c = \omega_0$，带宽 $B_{0.7} = 2\Omega$，就能取出频率分量 ω_0 和 $\omega_0 \pm \Omega$，完成调幅。

2. 平衡电路

将两个二极管按照图 7.3.4 所示的对称形式连接，就构成了二极管平衡调制器。采用平衡方式可以将载波抑制掉，从而获得抑制载波的 DSB 信号。加在两个二极管上的电压 u_{D1}、u_{D2} 仅音频信号 u_Ω 的相位不同，故电流 i_1 和 i_2 仅音频包络反相。分析如下：

二极管的端电压为

$$\begin{cases} u_{D1} = u + u_\Omega \\ u_{D2} = u - u_\Omega \end{cases} \qquad (7.3.8)$$

输出电流为

$$i_o = i_{D1} - i_{D2} = g_D S(t) U_{D1} - g_D S(t) U_{D2} = 2 g_D S(t) u_\Omega \qquad (7.3.9)$$

可得到电流中的频率分量有 Ω 和载波的奇数倍频 $\pm \Omega$。因此，如果取带通滤波器的中心频率 $\omega_c = \omega_0$，带宽 $B_{0.7} = 2\Omega$，就能取出频率分量 $\omega_0 \pm \Omega$，得到的输出为抑制载波 DSB 信号。

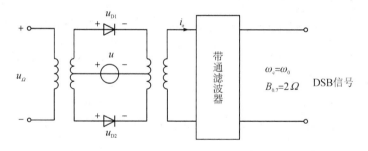

图 7.3.4　二极管平衡调制电路

需要注意的是，在平衡调制器中，如果需要把载波完全抑制掉，需要假定两个二极管的特性完全相同，电路完全对称。事实上，电子器件的特性不可能完全相同，所用的变压器也难以做到完全对称。这就会有载波漏到输出中去，形成载漏。因此，电路中往往要加平衡装置，以使载漏减到最小。

平衡调制器的主要要求是调制线性好，载漏小，同时希望调制效率高及阻抗匹配等。

在图 7.3.4 的电路中如果把载波 u 和调制信号 u_Ω 位置互换，得到图 7.3.5 所示的二极管平衡调制电路 1，同时保持载波幅度 $U_0 \gg$ 调制信号幅度 U_Ω 的条件不变，则输出信号如何变化？下面进行具体分析。

二极管端电压为

$$\begin{cases} u_{D1} = u + u_\Omega \\ u_{D2} = -u + u_\Omega \end{cases} \qquad (7.3.10)$$

输出电流为

$$i_o = i_{D1} - i_{D2} = g_D S(t) U_{D1} - g_D S(t) U_{D2} = g_D u + g_D u_\Omega [S(t) - S(t + \pi)] \quad (7.3.11)$$

可得到电流中的频率分量有载波分量 ω_0 和载波的奇数倍频 $\pm \Omega$。因此，如果取带通滤波器的中心频率 $\omega_c = \omega_0$，带宽 $B_{0.7} = 2\Omega$，就能取出频率分量 ω_0 和 $\omega_0 \pm \Omega$，得到的输出为 AM 信号。

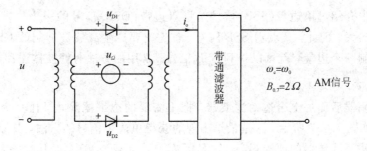

图 7.3.5　二极管平衡调制电路 1

3. 环形电路

可以将四个一样的二极管组成图 7.3.6 所示的环形调幅电路，载波幅度 $U_0 \gg$ 调制信号幅度 U_Ω。这四个二极管的导通和截止也完全由载波 u 决定，当 $u > 0$，即处于载波的正半周时，VD 与 VD_3 导通，VD_2 与 VD_4 截止；当 $u < 0$，即处于载波的负半周时，VD_1 与 VD_3 截止，VD_2 与 VD_4 导通。这里的四个二极管 VD_1、VD_2、VD_3 和 VD_4 起到了双刀双掷开关的作用，因此实现了调幅。

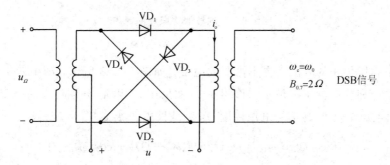

图 7.3.6　环形调幅器电路

具体分析过程如下：

四个二极管的端电压和流经二极管的电流分别为

$$\begin{cases} u_{D1} = u + u_\Omega, \ i_{D1} = g_D S(t) u_{D1} \\ u_{D2} = u - u_\Omega, \ i_{D2} = g_D S(t) u_{D2} \\ u_{D3} = -u - u_\Omega, \ i_{D3} = g_D S(t+\pi) u_{D3} \\ u_{D4} = -u + u_\Omega, \ i_{D4} = g_D S(t+\pi) u_{D4} \end{cases} \quad (7.3.12)$$

所以，输出电流为

$$i_o = i_{D1} - i_{D2} + i_{D3} - i_{D4} = 2g_D u_\Omega S(t) - 2g_D u_\Omega S(t+\pi)$$
$$= 2g_D u_\Omega [S(t) - S(t+\pi)] \quad (7.3.13)$$

可知电流中的频率分量仅含有载波的奇数倍频 $\pm\Omega$。因此，如果取带通滤波器的中心频率 $\omega_c = \omega_0$，带宽 $B_{0.7} = 2\Omega$，就能取出频率分量 $\omega_0 \pm \Omega$，得到的输出为抑制载波 DSB 信号。并且可以证明，改变载波和调制信号的位置输出仍为 DSB 信号。

7.3.3 单边带(SSB)信号的产生

在上一节中介绍过单边带(SSB)信号是将双边带(DSB)信号的一个边带除去，只让另一个边带发射出去。因此，要获得 SSB 信号，首先就要产生载波被抑制的 DSB 信号，然后在此基础上抑制一个边带，就可以得到 SSB 信号。常用的方法有滤波器法和相移法。

1. 滤波器法

在平衡调幅器后面加上合适的滤波器，把不需要的边带滤除，只让一个边带输出，叫做滤波器法，如图 7.3.7 所示。这是最早出现的获得单边带信号的方法，其原理很简单，但实际上这种方法对滤波器的要求很高。这是因为 Ω 小，载波频率 ω_0 比较大，导致 Ω/ω_0 很小，边带滤波器实现不易。所以在实际中一般是将 ω_0 逐步提高到所需的工作频率上，这样就需要经过多次的平衡调幅和滤波，因此整个设备是复杂且昂贵的。但这种方法的性能稳定可靠，所以仍然是目前干线通信所采用的标准形式。

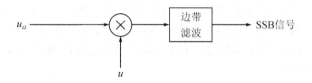

图 7.3.7 滤波器法原理框图

2. 相移法

相移法是利用移相的方法消去不需要的边带，如图 7.3.8 所示，图中两个平衡调幅器的调制信号电压和载波电压都是互相移相 $90°$。如果用 u_1 和 u_2 分别代表两个调幅器的输出电压，则输出电压幅度 U 为信号电压幅度 U_Ω 和载波电压幅度 U_0 的相乘项。

$$u_1 = U\cos\Omega t \cos\omega_0 t = \frac{1}{2}U[\cos(\omega_0 - \Omega)t + \cos(\omega_0 + \Omega)t] \qquad (7.3.14)$$

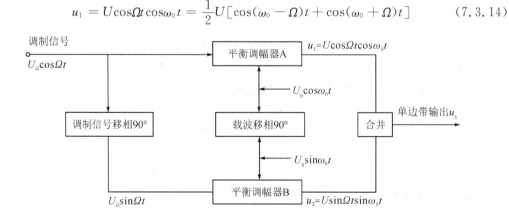

图 7.3.8 移相法单边带调制器方框图

$$u_2 = U\sin\Omega t\sin\omega_0 t = \frac{1}{2}U[\cos(\omega_0 - \Omega)t - \cos(\omega_0 + \Omega)t] \qquad (7.3.15)$$

输出电压为

$$u_3 = K(u_1 + u_2) = KU\cos(\omega_0 - \Omega)t \qquad (7.3.16)$$

从频率分量看输出为 SSB 信号。

由上述可知，u_3 就是所需的单边带信号。由于它不是依靠滤波器来抑制另一个边带的，所以这种方法原则上能把相距很近的两个边频带分开，而不需要进行多次重复调制，也不需要复杂的滤波器。这就是相移法的突出优点，但这种方法要求调制信号的移相网络和载波的移相网络在整个频带范围内都要准确地移相 90°，这在实际中是很难达到的。

7.4　调幅信号的解调

从高频已调信号中解调恢复出调制信号的过程称为解调，又称为检波。对于振幅调制信号，解调就是从它的幅度变化上提取出调制信号的过程。解调是调制的逆过程，实质上是将高频信号搬移到低频端，这种搬移正好与调制的搬移过程相反。搬移是线性搬移，故所有的线性搬移电路均可用于解调。

振幅信号解调方法可分为包络检波和同步检波两大类。包络检波是指解调器输出电压与输入已调波的包络成正比的检波方法。由于 AM 信号的包络与调制信号呈线性关系，因此包络检波只适用于 AM 波。包络检波过程中，由非线性器件产生新的频率分量，用低通滤波器选出所需分量。根据电路及工作状态的不同，包络检波又分为峰值包络检波和平均包络检波。DSB 和 SSB 信号的包络不同于调制信号，不能够用包络检波，必须用同步检波。为了正常地进行解调，恢复载波应与调制端的载波电压完全同步，这就是同步检波名称的由来。

7.4.1　二极管峰值包络检波（用于 AM 信号）

二极管峰值包络检波器的原理电路如图 7.4.1 所示，它由输入回路、二极管 VD 和 RC 低通滤波器组成。输入回路提供信号源，在超外差接收机中，检波器的输入回路通常是末级中放的输出回路。RC 电路有两个作用：一是作为检波器的负载，在其两端产生调制频率电压；二是起到高频电流的旁路作用。

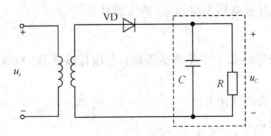

图 7.4.1　二极管峰值包络检波器原理图

1. 工作原理

二极管峰值包络检波要求输入信号为大信号，一般情况下输入信号 u_s 电压幅值要求为 500 mV 以上。假设输入 u_s 为等幅波，电容上电压 u_C 的初始值为 0。下面对检波过程进行说明。当输入信号 u_s 为正并超过 u_C 时，二极管导通，信号通过二极管向 C 充电，此时 u_C 随输入电压上升而升高。当 u_s 下降且小于 u_C 时，二极管反向截止，此时停止向 C 充电，u_C 通过 R 放电，u_C 随放电过程而下降。充放电过程如图 7.4.2 所示。

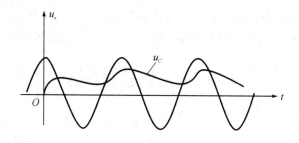

图 7.4.2　二极管峰值检波器波形图

充电时，二极管的正向电阻 r_D 较小，充电较快，u_C 以接近 u_s 上升速率的速率升高。放电时，因电阻 R 比 r_D 大得多（通常 R 取 $5 \sim 10$ kΩ），放电慢，故 u_C 的波动小，并保证基本上接近于 u_s 的幅值。

由于 u_s 为高频等幅波，则 u_C 是大小为 U_o 的直流电压（叠加少量高频成分），经过图中的 RC 低通滤波器后，会得到近似的直流分量，刚好就是输入信号 u_s 的包络。

当输入信号 u_s 的幅度增大或减小时，u_C 也将随之近似成比例地升高或降低。由于输出电压的大小与输入电压的峰值接近相等，故把这种检波器称为峰值包络检波器。

图 7.4.1 所示电路中 RC 组成的低通滤波器的作用为让 u_Ω 完全通过，将载波完全滤除。考虑到 RC 低通滤波器的截止频率 $\omega_c = \dfrac{1}{RC}$，因此该低通滤波器的设计要求为

$$\frac{1}{\omega_0 C} \ll R \ll \frac{1}{\Omega C} \tag{7.4.1}$$

若输入 u_s 为调幅波，与上述等幅波原理一样，可以取出调幅波的包络，即可以在接收端恢复出调制信号。

如果电容 C 固定，则增大 R 时放电时间常数会增加，二极管导通时间会减小，二极管的导通角会减小，从而导致电容上电压 u_C 的纹波减小。

2. 质量指标

下面讨论包络检波器的几个主要质量指标：电压传输系数（检波效率）、等效输入电阻和失真。

1）电压传输系数（检波效率）

电压传输系数的定义为

$$K_d = \frac{\text{检波器音频输出电压}}{\text{输入调幅波包络振幅}} = \frac{U_\Omega}{U_{im} m_a}$$

其中 U_{im} 为调幅波的载波振幅，利用折线分析法，可证：

$$K_d = \cos\theta \qquad (7.4.2)$$

其中 θ 为电流导通角，且有

$$\theta = \sqrt[3]{\frac{3\pi r_D}{R}} \qquad (7.4.3)$$

式中 R 为检波器负载电阻，r_D 为检波器二极管内阻。

因此，大信号检波的电压传输系数 K_d 是不随信号电压而变化的常数，它取决于二极管内阻 r_D 与负载阻值 R 的比值，当 $R \gg r_D$ 时，导通角 $\theta \to 0$，检波效率 K_d 接近于 1，这是包络检波的主要优点。

2）等效输入电阻 R_{id}

检波器的等效输入电阻定义为从输入端看进去的检波器的等效电阻，如图 7.4.3 所示，可以定义为

$$R_{id} = \frac{U_{im}}{I_{im}} \qquad (7.4.4)$$

其中，U_{im} 为输入载波电压的振幅；I_{im} 为输入高频电流的基波振幅。

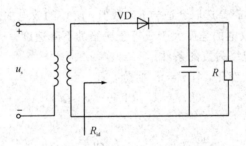

图 7.4.3 等效输入电阻示意图

如果忽略 r_D 上的功耗，输入为等幅波，则输入的高频功率为 $\frac{U_{im}^2}{2R_{id}}$，全部转换为输出的平均功率 $\frac{U_0^2}{R}$，且 $K_d \approx 1$，根据能量守恒有

$$\frac{U_{im}^2}{2R_{id}} = \frac{U_0^2}{R}$$

故

$$R_{id} \approx \frac{R}{2} \qquad (7.4.5)$$

即二极管包络检波电路的输入电阻约等于负载电阻的一半。

由于二极管输入电阻的影响，输入电阻会作为前级负载并入输入回路，使回路 Q 值下降，并会消耗一些高频功率。这是二极管包络检波器的主要缺点。

3）失真

理想情况下，检波器的输出波形应与调幅波包络线的形状完全相同。但实际上，二者之间总会有一些差别，即检波器会存在失真。失真的主要类型有惰性失真（对角线失真）和负峰切割失真，下面分别进行讨论。

（1）惰性失真。

为了提高检波效率，增强滤波效果，希望选取大的 RC 值。但 RC 时间常数太大时，在二极管截止期间放电将很慢，当输入信号为已调波时，在 AM 波的包络下降区段放电速率将会跟不上包络的变化，以至于在这一段时间内二极管始终截止，输出电压将随 RC 放电波形变化，而与输入信号无关，只有在输入信号振幅重新超过输出电压时，电路才恢复正常，从而造成输出失真，如图 7.4.4 所示。这种失真是由于电容放电的惰性引起的，故称为惰性失真，也叫对角线失真。

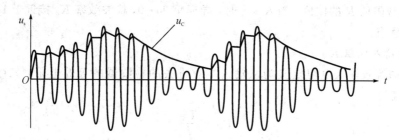

图 7.4.4　惰性失真的波形

为了防止惰性失真，需要选取合适的 RC 数值，使 C 的放电加快，使得在任何一个高频周期内，电容 C 通过 R 放电的速度大于或等于包络的下降速度。

下面来确定不产生包络失真的条件。

设调幅波振幅按下式变化，且 $t = t_1$ 时刻，有

$$U'_{im} = U_{im}(1 + m_a\cos\Omega t) \qquad (7.4.6)$$

其变化速度为

$$\frac{dU'_{im}}{dt}\Big|_{t=t_1} = -m_a\Omega U_{im}\sin\Omega t_1 \qquad (7.4.7)$$

若从 $t = t_1$ 时刻电容开始放电，则电容电压为

$$u_C(t) = u_C(t_1)e^{-\frac{t-t_1}{RC}}, \ t \geqslant t_1 \qquad (7.4.8)$$

可知电容电压的变化率为

$$\frac{du_C}{dt}\Big|_{t=t_1} = -\frac{u_C(t_1)}{RC} \qquad (7.4.9)$$

在 t_1 时认为 u_C 近似为输入电压包络值，则有

$$\frac{du_C}{dt}\Big|_{t=t_1} = -\frac{U_{im}(1 + m_a\cos\Omega t_1)}{RC} \qquad (7.4.10)$$

要使电容 C 通过 R 放电的速度大于或等于包络的下降速度，即

$$\frac{du_C}{dt}\Big|_{t=t_1} \geqslant \frac{dU'_{im}}{dt}\Big|_{t=t_1} \qquad (7.4.11)$$

令 $A = \dfrac{\frac{dU'_{im}}{dt}}{\frac{du_C}{dt}}$，并将式（7.4.7）和式（7.4.10）代入，可以得出

$$A = \left|\frac{RC\Omega m_a\sin\Omega t_1}{1 + m_a\cos\Omega t_1}\right| \leqslant 1 \qquad (7.4.12)$$

显然，要不产生失真，必须满足 $A<1$。由式(7.4.12)可知，A 为 t_1 的函数，当 t_1 为某一数值时，A 值最大，为 $A_{\max}$，只要 $A_{\max} \leqslant 1$，则不管 t_1 为何数值，惰性失真都不会发生。

将 A 对 t_1 求导，并令 $\dfrac{\mathrm{d}A}{\mathrm{d}t_1} = 0$，可以求得

$$A_{\max} = RC\Omega \,\frac{m_{\mathrm{a}}}{\sqrt{1-m_{\mathrm{a}}^2}} \tag{7.4.13}$$

即 RC 必须满足

$$RC \leqslant \frac{\sqrt{1-m_{\mathrm{a}}^2}}{m_{\mathrm{a}}\Omega} \tag{7.4.14}$$

式中，Ω 为调制信号的角频率，它包含一个频率范围，当 $\Omega = \Omega_{\max}$ 时，$A_{\max}$ 最大。因此，对含有多种频率成分的调制信号来说，保证不产生惰性失真的条件为

$$RC \leqslant \frac{\sqrt{1-m_{\mathrm{a}}^2}}{m_{\mathrm{a}}\Omega_{\max}} \tag{7.4.15}$$

工程上为了减少计算量，一般用下面的公式来大致估计 RC 值：

$$\Omega_{\max}RC \leqslant 1.5 \tag{7.4.16}$$

如果 RC 满足式(7.4.16)的条件，则可保证任何情况下不产生惰性失真，另外注意包络上升时不存在此问题。

(2) 底部切割失真(负峰切割失真)。

底部切割失真是检波器交、直流负载不同，而调幅度 m_{a} 又相当大时引起的。在图 7.4.5 所示的二极管包络检波电路中，可以看出检波器电路通过耦合电容 C_{g} 与输入电阻为 R_{g} 的下一级低频放大器相连接。C_{g} 的容值很大，对音频来说，可以认为是短路，对直流是开路。因此直流负载电阻为 R，而交流负载电阻 $R_{\approx}$ 等于直流负载电阻 R 与 R_{g} 的并联值，即

$$R_{\approx} = \frac{RR_{\mathrm{g}}}{R+R_{\mathrm{g}}} < R \tag{7.4.17}$$

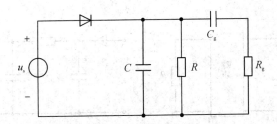

图 7.4.5　考虑耦合电容和下级输入电阻的检波器电路

由于 C_{g} 较大，在音频一周内，其两端直流电压保持不变，且为载波振幅值 U_c，因此可以看成一直流电源，该电压源在 R 和 R_{g} 上产生串联分压，电阻 R 上所分的电压为

$$U_R = \frac{R}{R+R_{\mathrm{g}}}U_c \tag{7.4.18}$$

这样当低频包络负半周低于 U_R 的时候，输出就会保持在 U_R，即会出现负峰切割的现象，从而产生了图 7.4.6 所示的负峰切割失真。

显然 R_{g} 越小，则 U_R 分压值越大，越容易产生负峰切割失真；另外，m_{a} 越大，则 $m_{\mathrm{a}}U_{\mathrm{im}}$ 越大，这种失真也越易产生。因此，为了防止底部切割失真，必须满足

$$U_C(1-m_a) \geqslant \frac{R}{R+R_g}U_C \tag{7.4.19}$$

即

$$m_a \leqslant \frac{R_g}{R+R_g} = \frac{R_\approx}{R_=} \tag{7.4.20}$$

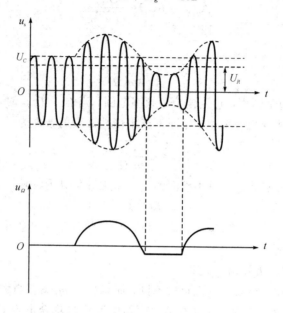

图 7.4.6　底部切割失真波形示意图

　　因此为了预防负峰切割失真的产生，应该限制交、直流负载的差别。在工程上，有多种方法可以限制交、直流负载的差别，第一种是尽量提高下一级的输入阻抗 R_g，在检波器电路和下级低频放大电路中增加一级高输入阻抗的射随器，以防止负峰切割失真的产生，如图 7.4.7(a)所示。

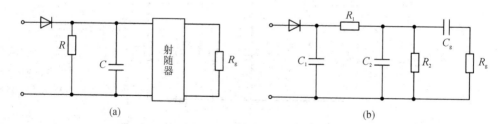

图 7.4.7　减小底部切割失真的电路

　　除了增加下一级电路的输入阻抗，在实际电路中，可以采用其他措施来减小交、直流负载阻值的差别。例如将电阻 R 分成 R_1 和 R_2，即 $R=R_1+R_2$，并通过隔直电容将 R_g 并接在 R_2 两端，如图 7.4.7(b)所示。当 R 维持一定时，R_1 越大，交、直流负载阻值的差别就越小，但是输出音频电压也就越小。为了折中地解决这个矛盾，实用电路中，常取 $R_1/R_2=$ 0.1~0.2。电路中 R_2 并联在电容 C_2 两端，可以进一步滤除高频分量，提高检波器的高频滤波能力。

　　当 R_2 过小时，减小交、直流负载电阻值差别最有效的办法是在 R 和 R_2 之间插入高输入阻抗的射级跟随器。

7.4.2　同步检波

同步检波器用于对载波被抑制的双边带或者单边带信号进行解调。它的特点是必须外加一个频率和相位都与被抑制的载波相同的电压，因此得名同步检波。同步检波分为叠加型和乘积型两种。

1. 叠加型同步检波

叠加型同步检波是将 DSB 或者 SSB 信号插入恢复载波，使之成为或近似为 AM 信号，再利用包络检波器将调制信号恢复出来。对 DSB 信号而言，只要加入的恢复载波电压在数值上满足一定的关系，就可以得到一个不失真的 AM 波。得到的 AM 波通过二极管包络检波的方法即可恢复出原调制信号，其方框图如图 7.4.8 所示。

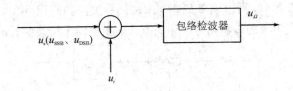

图 7.4.8　叠加型同步检波

1）输入为 DSB 信号

如果将插入载波信号记为 $u_r = U_r \cos\omega_r t$，则存在 $\omega_r = \omega_0$，即插入载波信号与原载波严格同频同相。那么，将 u_r 插入 DSB 信号后，有

$$u_{DSB} + u_r = U\cos\Omega t\cos\omega_0 t + U_r\cos\omega_0 t = U_r\cos\omega_0 t\left(1 + \frac{U}{U_r}\cos\Omega t\right) \qquad (7.4.21)$$

可见插入载波后，DSB 信号变成了 AM 信号。经过包络检波后，即可得到原调制信号 u_Ω。

2）输入为 SSB 信号

若将载波插入仅包含下边带的 SSB 信号 $u_{SSB} = U_s\cos(\omega_0 - \Omega)t$ 中，有

$$\begin{aligned}
u_{SSB} + u_r &= U_s\cos(\omega_0 - \Omega)t + U_r\cos\omega_r t \\
&= U_s\cos\omega_0 t\cos\Omega t + U_s\sin\omega_0 t\sin\Omega t + U_r\cos\omega_0 t \\
&= (U_r + U_s\cos\Omega t)\cos\omega_0 t + U_s\sin\Omega t\sin\omega_0 t \\
&= U(t)\cos[\omega_0 t + \varphi(t)]
\end{aligned} \qquad (7.4.22)$$

可见叠加了载波的 SSB 信号变成了幅值为 $U(t)$，相位为 $\varphi(t)$ 的与载波同频的信号。

$$U(t) = \sqrt{(U_r + U_s\cos\Omega t)^2 + U_s^2\sin^2\Omega t} \qquad (7.4.23)$$

$$\varphi(t) = \arctan\frac{U_s\sin\Omega t}{U_r + U_s\cos\Omega t} \qquad (7.4.24)$$

观察可以发现在包络 $U(t)$ 中包含原调制信号的信息，而后面添加的包络检波器对相位变化不敏感，因此对式（7.4.23）中的包络 $U(t)$ 进一步展开。

$$\begin{aligned}
U(t) &= \sqrt{U_r^2 + 2U_rU_s\cos\Omega t + U_s^2} \\
&= U_r\sqrt{1 + \left(\frac{U_s}{U_r}\right)^2 + 2\frac{U_s}{U_r}\cos\Omega t}
\end{aligned} \qquad (7.4.25)$$

由于在实际中，接收端得到的 SSB 信号的幅值一般较小，恢复的载波信号为大信号，因此存在 $U_r \gg U_s$，式(7.4.25)可以进一步简化为

$$U(t) = U_r \sqrt{1 + 2\frac{U_s}{U_r}\cos\Omega t} \tag{7.4.26}$$

又由于当 X 很小时，存在 $\sqrt{1+X} = 1 + \dfrac{X}{2}$，所以有

$$U(t) \approx U_r\left(1 + \frac{U_s}{U_r}\cos\Omega t\right) \tag{7.4.27}$$

因此，经过包络检波后，能得到原调制信号 u_Ω，而在叠加时要求叠加的载波信号幅度 U_r 大，且 u_r 与原载波 u 严格同频同相。

2. 乘积型同步检波

乘积型同步检波是直接把本地恢复载波与接收信号相乘，然后用低通滤波器将低频信号提取出来。在这种检波器中，要求恢复载波与发端的载波同频同相。如果其频率或者相位有一定的偏差，将会使恢复出来的调制信号产生失真。乘积型同步检波的方框图如图 7.4.9 所示。

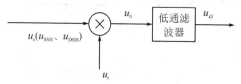

图 7.4.9　乘积型同步检波

1）输入为 DSB 信号

若 $u_{DSB} = U\cos\omega_0 t\cos\Omega t$，$u_r = U_r\cos\omega_r t$，二者相乘后的信号为

$$u_0(t) = Ku_{DSB}u_r = KUU_r\cos\Omega t\cos^2\omega_0 t = KUU_r\cos\Omega t\frac{\cos2\omega_0 t + 1}{2} \tag{7.4.28}$$

可见 u_0 中频率分量除了 Ω，还存在 $2\omega_0 \pm \Omega$，如果使用低通滤波器滤除 $2\omega_0 \pm \Omega$ 分量，则能恢复出原调制信号 u_Ω。

2）输入为 SSB 信号

若 $u_{SSB} = U_s\cos(\omega_0 - \Omega)t$，$u_r = U_r\cos\omega_r t$，二者相乘后的信号为

$$
\begin{aligned}
u_0(t) &= Ku_{SSB}u_r = KU_sU_r\cos(\omega_0 - \Omega)t\cos\omega_0 t \\
&= \frac{1}{2}KU_sU_r[\cos\Omega t + \cos2(\omega_0 - \Omega)t]
\end{aligned} \tag{7.4.29}
$$

可见 u_0 中频率分量除了 Ω，还存在 $2\omega_0 - \Omega$，如果使用低通滤波器滤除 $2\omega_0 - \Omega$ 分量，则能恢复出原调制信号 u_Ω。

3）输入为 AM 信号

若 $u_{AM} = U(1 + m_a\cos\Omega t)\cos\omega_0 t$，$u_r = U_r\cos\omega_r t$，二者相乘后的信号为

$$u_0(t) = KU(1 + m_a\cos\Omega t)\cos^2\omega_0 t$$

可见 u_0 中频率分量除了 Ω，还存在 $2\omega_0$ 和 $2\omega_0 \pm \Omega$ 分量，如果使用低通滤波器滤除 $2\omega_0$ 和 $2\omega_0 \pm \Omega$ 分量，则能恢复出原调制信号 u_Ω。

因此，AM 信号也可用乘积型相干检波器进行检波。

前面的假设都是基于接收端恢复出的载波与原载波同频同相的情况，若恢复出的载波信号不同频不同相会引起失真，但对具体的失真本书不再讨论。如何在接收端恢复出同频同相的载波信号呢？一般有以下两种方法：发射 SSB 信号时，附带发送一个载波信号，称为导频信号，在接收端取出该信号作为载波 u_r；对 DSB 信号，在接收端将接收到的信号进行平方运算得到 $2\omega_0$，然后进行二分频，就可以得到原载波 ω_0。

思考题与习题

7.1　给定如下调幅波表示式，画出其波形和频谱。

(1) $(1+\cos\Omega t)\cos\omega_c t$；

(2) $(1+0.5\cos\Omega t)\cos\omega_c t$；

(3) $\cos\Omega t\,\cos\omega_c t$（假设 $\omega_c=5\Omega$）。

7.2　有一调幅波方程为

$$u = 25(1+0.7\cos2\pi\times5000t-0.3\cos2\pi t\times10^4 t)\sin2\pi\times10^6 t$$

试求它所包含的各分量的频率和振幅。

7.3　按题 7.3 图所示调制信号和载波频谱画出调幅波频谱。

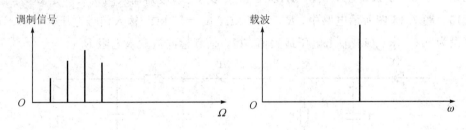

题 7.3 图

7.4　载波功率为 1000 W，试求 $m_a=1$ 和 $m_a=0.7$ 时的总功率和两个边频功率。

7.5　某调幅发射机的载波输出功率为 5 W，$m_a=0.7$，被调级平均效率为 50％。求：

(1) 边频功率；

(2) 电路为集电极调幅时，直流电源供给被调级的功率 P_{s1}；

(3) 电路为基极调幅时，直流电源供给被调级的功率 P_{s2}。

7.6　调制信号为 $u_\Omega(t)=U_{\Omega m}\cos\Omega t$，载波为 $u(t)=U_0\omega_0 t$。试画出叠加波、调幅波和抑制载波的双边带调幅波波形。

7.7　为什么调幅指数 m_a 不能大于 1？分别画出基极调幅和集电极调幅电路在 $m_a>1$ 时发生过调失真的波形图。

7.8　有两个已调波电压，其表示式分别为

$$u_1(t)=2\cos100\pi t+0.1\cos90\cos t+0.1\cos100\pi t \text{ (V)}$$

$$u_2(t)=0.1\cos90\pi t+0.1\cos100\pi t \text{ (V)}$$

说出 $u_1(t)$、$u_2(t)$ 为何种已调波，并分别计算消耗在单位电阻上的边频功率、平均功率

及频谱宽度。

　　7.9　采用集电极调幅时发射机载波输出功率为 50 W，调幅指数 $m_a = 0.5$，被调级的平均效率为 50%。求集电极平均输出功率 $P_{o(av)}$ 与平均损耗功率 $P_{C(av)}$？管子的集电极最大允许耗散功率 P_{CM} 选择多大时才能满足要求？

　　7.10　在大信号基级调幅电路中，在调整到 $m_a = 1$ 时，再改变 R_L，试说明输出波形的变化趋势如何（按 R_L 变大和变小两种情况分析）？并说明原因。

　　7.11　当非线性器件分别具有以下伏安特性时，能否用它实现调幅与检波？

　　(1) $i = a_1 \Delta u + a_3 \Delta u^3 + a_5 \Delta u$；

　　(2) $i = a_0 \Delta u + a_0 \Delta u^2 + a_4 \Delta u^4$。

　　7.12　为什么检波电路中一定要有非线性元件？如果将大信号检波电路中的二极管反接是否能起检波作用？其输出电压波形与二极管正接时有什么不同？试绘图说明。

　　7.13　在大信号检波电路中，若加大调制频率 Ω，将会产生什么失真？为什么？

　　7.14　大信号二极管检波电路如题 7.14 图所示。若给定 $R = 10$ kΩ，$m_a = 0.3$，问：

　　(1) 载频 $\omega_0 = 465$ kHz，调制信号最高频率 $\Omega_{max} = 340$ Hz，问电容 C 应如何选取？检波器输入阻抗大约是多少？

　　(2) $\omega_0 = 30$ MHz，$\Omega_{max} = 0.3$ MHz，C 应选多少？检波器输入阻抗大约是多少？

　　7.15　题 7.15 图所示电路中，$R_1 = 4.7$ kΩ，$R_2 = 15$ kΩ，输入信号电压 $u_s = 1.2$ V，检波效率设为 0.9。求：(1) 输出电压最大值；(2) 估算检波器输入电阻 R_{id}。

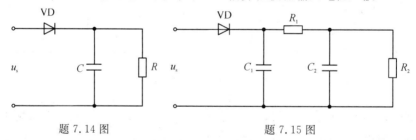

題 7.14 图　　　　　　　　　　題 7.15 图

　　7.16　题 7.16 图所示为一乘积型检波器，恢复载波 $u_r(t) = U_r(\cos \omega_r t + \varphi)$。试求下列两种情况下输出电压的表达式，并说明是否失真。

　　(1) $u_s(t) = U_s \cos \Omega t \cos \omega_0 t$；

　　(2) $u_s(t) = U_s \cos(\omega_0 + \Omega) t$。

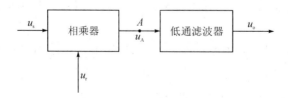

題 7.16 图

第八章　角度调制与解调

8.1　概　　述

在调制中，载波信号的频率随调制信号而变，称为频率调制或调频，用 FM(Frequency Modulation)表示；载波信号的相位随调制信号而变，称为相位调制或调相，用 PM(Phase Modulation)表示。在这两种调制过程中，载波信号的幅度都保持不变，而频率的变化和相位的变化都表现为相角的变化。因此，把调频和调相统称为角度调制或调角。

1. 角度调制

1) 定义

在调频和调相中，载波的瞬时频率或瞬时相位受调制信号的控制作周期性变化，这一变化的大小与调制信号的强度呈线性关系，变化的周期由调制信号的频率决定。调频和调相都称为调角，调频波和调相波振幅不随调制信号变化，为等幅疏密波。

调频与调相是紧密联系的，因为当频率改变时，相位也会发生变化，反之也是一样。

2) 特点

调频或调相是非线性调制，因此其频谱搬移不是线性的，其频谱结构不再保持原调制信号频谱结构。和振幅调制相比，角度调制的主要优点是抗干扰性强，缺点则是占用的带宽比较宽。

3) 技术指标

(1) 频谱宽度。调频波的频谱从理论上说是无限宽的，但实际上，如果略去很小的边频分量，则所占据的频带宽度是有限的。根据频带宽度的大小，调频可以分为宽带调频与窄带调频两大类。

(2) 寄生调幅。如上所说，调频波应该是等幅波，但实际上在调频过程中，往往引起不需要的振幅调制，这种现象称为寄生调幅。显然寄生调幅应该越小越好。

(3) 抗干扰能力。与调幅相比，宽带调频的抗干扰能力要强得多。但在信号较弱时，则宜于采用窄带调频。

2. 鉴频器

在接收调频和调相信号时，必须采用频率检波器或相位检波器。频率检波器又称鉴频器，它要求输出信号与输入调频波的瞬时频率变化成正比。这样，鉴频器的输出信号就是原来传送的信息。

鉴频的方法有很多，但采用最多的是波形变换法。所谓波形变换法，就是首先将等幅调频波变换成幅度随瞬时频率变化的调幅波(即 AM-FM)，再用振幅检波的方法恢复出原来的信号。其方框图和波形图如图 8.1.1 所示。

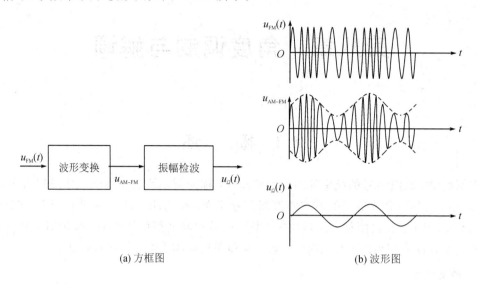

(a) 方框图   (b) 波形图

图 8.1.1   利用波形变换电路进行鉴频

鉴频器的技术要求主要有以下几方面：

（1）鉴频跨导。鉴频器的输出电压与输入调频波的瞬时频率偏移成正比，其比例系数称作鉴频跨导。图 8.1.2 为鉴频器输出电压 u_o 与调频波的频偏 Δf 之间的关系曲线，称为鉴频特性曲线。它的中部接近直线部分的斜率即为变频跨导，表示单位频偏所产生的输出电压的大小。我们希望鉴频跨导尽可能大。

（2）鉴频灵敏度。鉴频灵敏度主要是指为使鉴频器正常工作所需的输入调频波的幅度，其值越小，鉴频器灵敏度越高。

（3）频带宽度。从图 8.1.2 中可以看出，鉴频特性曲线只有中间一部分线性较好，我们称 $2\Delta f_m$ 为频带宽度。一般要求鉴频器的频带宽度 $2\Delta f_m$ 大于输入调频波频偏的两倍，并留有一定余量。

（4）对寄生调幅有一定的抑制能力。

（5）当电源和温度变化时具有一定的稳定度。

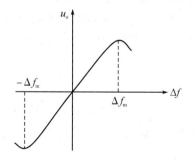

图 8.1.2   鉴频特性曲线

8.2　调角波的性质

8.2.1　瞬时频率与瞬时相位

假设调角波信号的瞬时相位为 $\theta(t)$，瞬时频率为 $\omega(t)$，则瞬时频率等于瞬时相位对时间的导数，即

$$\frac{\mathrm{d}\theta(t)}{\mathrm{d}t} = \omega(t) \tag{8.2.1}$$

同理，瞬时相位 $\theta(t)$ 是瞬时频率 $\omega(t)$ 对时间的积分，即

$$\theta(t) = \int \omega(t)\,\mathrm{d}t \tag{8.2.2}$$

若初始相位为 θ_0，则有

$$\theta(t) = \int \omega(t)\,\mathrm{d}t + \theta_0 \tag{8.2.3}$$

8.2.2　调角波的数学表示式

1. 表示式

假设调制信号为 $u_\Omega(t) = U_\Omega\cos\Omega t$，载波频率为 ω_0，载波电压可写成 $u_0(t) = A_0\cos\theta_0(t)$，则根据调频波的定义，其频率变化率与调制信号的幅度成正比，可以得到，调频信号的瞬时频率 $\omega(t)$ 为

$$\omega(t) = \omega_0 + \Delta\omega = \omega_0 + K_f u_\Omega(t) \tag{8.2.4}$$

根据瞬时相位和瞬时频率的关系，可知其瞬时相位为

$$\theta(t) = \int_0^t \omega(\tau)\,\mathrm{d}\tau = \int_0^t (\omega_0 + K_f U_\Omega\cos\Omega\tau)\,\mathrm{d}\tau \tag{8.2.5}$$

即有

$$\theta(t) = \omega_0 t + \frac{K_f U_\Omega}{\Omega}\sin\Omega t \tag{8.2.6}$$

调频信号可以写成

$$\begin{aligned} u_{FM}(t) &= A_0\cos\left(\omega_0 t + K_f\int_0^t u_\Omega(\tau)\,\mathrm{d}\tau\right) = A_0\cos\left(\omega_0 t + \frac{K_f U_\Omega}{\Omega}\sin\Omega t\right) \\ &= A_0\cos(\omega_0 t + m_f\sin\Omega t) \end{aligned} \tag{8.2.7}$$

其中 $m_f = \dfrac{K_f U_\Omega}{\Omega}$。

2. 参数

根据前面的分析，当进行单音调制时，调频波的瞬时频率为

$$\omega(t) = \omega_0 + K_f U_\Omega\cos\Omega t \tag{8.2.8}$$

可以发现，调频波的瞬时频率在载波频率 ω_0 附近变化，将瞬时频率与载波频率之间的

偏差称为调频波的瞬时频偏 $\Delta\omega(t)$，则有

$$\Delta\omega(t) = K_f U_\Omega \cos\Omega t \qquad (8.2.9)$$

可见调频波的最大频偏为

$$\Delta\omega_f = K_f |u_\Omega(t)|_{\max} = K_f U_\Omega \qquad (8.2.10)$$

式中 K_f 称为调制系数或调制灵敏度，由式（8.2.10）可知

$$K_f = \frac{\Delta\omega_f}{U_\Omega} \qquad (8.2.11)$$

调制信号单位频率下所引起的最大频偏称为调频指数，用 m_f 表示：

$$m_f = \frac{K_f U_\Omega}{\Omega} \qquad (8.2.12)$$

3. 调相波

根据调相波的定义，调相时高频载波的瞬时相位随调制信号线性变化，所以对于调相波，其瞬时相位除了原来的载波相位 $\omega_0 t$ 外，又附加了一个变化部分 $\Delta\theta(t)$，这个变化部分与调制信号成比例关系，因此总相角可表示为

$$\theta(t) = \omega_0 t + \Delta\theta(t) = \omega_0 t + K_p u_\Omega(t) \qquad (8.2.13)$$

式中 K_p 为比例系数。

$\Delta\theta(t) = K_p u_\Omega(t)$ 是由调制信号所引起的相角偏移，称为相偏或相移。$\Delta\theta(t)$ 的最大值称为最大相移，又称为调相指数，一般用 m_p 表示，因此有

$$m_p = K_p |u_\Omega(t)|_{\max} \qquad (8.2.14)$$

将式（8.2.13）带入载波信号的表达式，可知单音调制时，调相波的数学表达式为

$$\begin{aligned}u_{PM}(t) &= A_0 \cos[\omega_0 t + K_p u_\Omega(t)] = A_0 \cos(\omega_0 t + K_p U_\Omega \cos\Omega t) \\ &= A_0 \cos(\omega_0 t + m_p \cos\Omega t)\end{aligned} \qquad (8.2.15)$$

根据瞬时频率与瞬时相位的关系，可知瞬时频率为

$$\omega(t) = \frac{d\theta(t)}{dt} = \omega_0 + K_p \frac{du_\Omega(t)}{dt} \qquad (8.2.16)$$

频率偏移为

$$\Delta\omega_p(t) = -K_p \Omega U_\Omega \sin\Omega t = -m_p \Omega \sin\Omega t \qquad (8.2.17)$$

调相指数为

$$m_p = K_p U_\Omega \qquad (8.2.18)$$

最大频移为

$$\Delta\omega_p = K_p \left| \frac{du_\Omega(t)}{dt} \right|_{\max} = K_p \Omega U_\Omega \qquad (8.2.19)$$

注意：

（1）在前面的分析中涉及三个频率概念，其中 ω_0 或者 f_0 为载波频率；$\Delta\omega$ 或者 Δf 为瞬时频率偏离中心频率的最大值；而 Ω 或 F 为调制信号频率，表示瞬时频率在 $f_0 + \Delta f$ 与 $f_0 - \Delta f$ 之间每秒摆动次数。

（2）调频指数 $m_f = \frac{\Delta\omega_f}{\Omega} = \frac{\Delta f}{F}$，在 AM 中，调幅指数 m_a 不能大于 1，但在 FM 中，m_f 可

大于 1，且 m_f 愈大，抗噪声效果越好，但这是以占用的带宽比较宽为代价的。

图 8.2.1 和图 8.2.2 分别给出了调频波和调相波的波形。

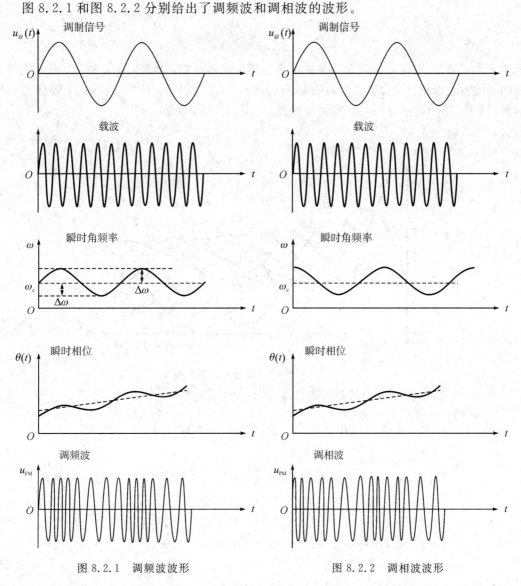

图 8.2.1 调频波波形 　　　　　　　　图 8.2.2 调相波波形

8.2.3 调角波的频谱与带宽

1. 调角波的频谱

调频波和调相波的表达式类似，其频谱也类似，下面就分析调频波的频谱。已知调频波的表达式为

$$u_{FM}(t) = A_0 \cos(\omega_0 t + m_f \sin\Omega t) \tag{8.2.20}$$

将上述表达式写成指数函数形式，可以得到

$$u_{FM}(t) = \mathrm{Re}\left[A_0 \, \mathrm{e}^{\mathrm{j}\omega_0 t} \, \mathrm{e}^{\mathrm{j}m_f \sin\Omega t}\right] \tag{8.2.21}$$

根据贝塞尔函数的性质，可知

$$\begin{cases} e^{jx\sin\Omega t} = \sum_{n=-\infty}^{\infty} J_n(x)e^{jn\Omega t} \\ e^{jx\cos\Omega t} = \sum_{n=-\infty}^{\infty} J_n(x)e^{jn(\Omega t + \frac{\pi}{2})} \end{cases} \tag{8.2.22}$$

其中 n 为正整数，$J_n(x)$ 是以 x 为参数的第一类贝塞尔函数，如图 8.2.3 所示，其数值可通过曲线或查表求得。贝塞尔函数具有如下的性质：$J_{-n}(m_f) = (-1)^n J_n(m_f)$，因此当 n 为奇数时，$J_{-n}(m_f) = -J_n(m_f)$，当 n 为偶数时，$J_{-n}(m_f) = J_n(m_f)$。

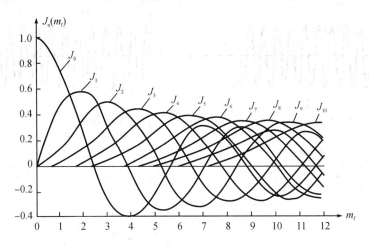

图 8.2.3　第一类贝塞尔函数曲线

令 $A_0 = 1$，将式(8.2.22)带入式(8.2.21)，可以得到

$$\begin{aligned} u_{\mathrm{FM}}(t) &= \mathrm{Re}\Big[e^{j\omega_0 t}\sum_{n=-\infty}^{\infty} J_n(m_f)e^{jn\Omega t}\Big] = \sum_{n=-\infty}^{\infty} J_n(m_f)\cos(\omega_0 + n\Omega)t \\ &= J_0(m_f)\cos\omega_0 t \\ &\quad + J_1(m_f)\cos(\omega_0 + \Omega)t - J_1(m_f)\cos(\omega_0 - \Omega)t \qquad \text{第一对边频} \\ &\quad + J_2(m_f)\cos(\omega_0 + 2\Omega)t + J_2(m_f)\cos(\omega_0 - 2\Omega)t \qquad \text{第二对边频} \\ &\quad + J_3(m_f)\cos(\omega_0 + 3\Omega)t - J_3(m_f)\cos(\omega_0 - 3\Omega)t \qquad \text{第三对边频} \\ &\quad + J_4(m_f)\cos(\omega_0 + 4\Omega)t + J_4(m_f)\cos(\omega_0 - 4\Omega)t \qquad \text{第四对边频} \\ &\quad + \cdots \end{aligned} \tag{8.2.23}$$

根据式(8.2.23)可以看出，调角波的频谱有如下特点：

(1) 单音调制时，调频波的频谱以载波为中心，由无穷多对边频分量组成，这些边频距 ω_0 为 $\pm n\Omega$，其频谱结构如图 8.2.4 所示。理论上 FM 带宽趋近于无穷大，但在实际中由于贝塞尔函数的衰减，所以有影响的边频数有限。

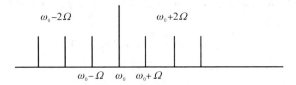

图 8.2.4　调频波的频谱结构图

（2）因为每一个分量的幅度等于 $J_n(m_f)$，所以频谱结构与 m_f 有关，m_f 越大，具有较大振幅的边频分量越多。而已知 $m_f = \dfrac{K_f U_\Omega}{\Omega} = \dfrac{\Delta \omega_f}{\Omega}$，因此 m_f 增大时，频偏 $\Delta \omega_f$ 也会增大。如果调制信号频率 Ω 不变，则最大频偏 $\Delta \omega_f$ 增大，调频指数 m_f 也将增大，有影响的边频数也增大，即调频信号的频谱得到展宽；如果最大频偏 $\Delta \omega_f$ 不变，则当调制信号频率 Ω 减小时，调频指数 m_f 增大，有影响的边频数增大，而此时的频谱将不会展宽。

$$2 m_f F = 2 \frac{\Delta \omega_f}{\Omega} \frac{\Omega}{2\pi} = \frac{\Delta \omega_f}{\pi} = 2 \Delta f_m \qquad (8.2.24)$$

（3）当 n 大到一定程度时，J_n 可忽略。可以证明当 $n > m_f$ 时，$J_n(m_f) \gg J_{n+1}(m_f)$，因此在对频谱进行粗略估计时，$n$ 取到 m_f 即可。

（4）当调频指数 $m_f < 0.5$ 时，可以称为窄带调频。此时，对于 $n \geqslant 2$ 的情况，可以认为 $J_n(m_f) = 0$，即有影响的贝塞尔系数只有 J_0、J_1 和 J_{-1}，有影响的频谱分量只有 ω_0、$\omega_0 + \Omega$ 和 $\omega_0 - \Omega$。因此，对窄带调制，其带宽为

$$BW = 2F \qquad (8.2.25)$$

（5）由贝塞尔函数的性质 $\sum\limits_{n=-\infty}^{\infty} J_n^2(m_f) = 1$ 可知，FM 波的平均功率与未调载波的平均功率一致，与 m_f 无关，而调幅波的平均功率为 $1 + \dfrac{m_a^2}{2}$，相对于调幅前的载波功率增加了 $\dfrac{m_a^2}{2}$。调频只导致能量从载频向边频分量转移，总能量则未变。

2. 带宽

理论上，FM 的边频分量有无数多个，但是对于任一给定的 m_f，高到一定次数的边频分量，其振幅已经小到可以忽略。在工程上，一般规定当 $n = N$ 时，给定某小值 ε，如果存在 $|J_n(m_f)| \geqslant \varepsilon$，且 $|J_{n+1}(m_f)| < \varepsilon$，则认为 $n > N$ 时，各边频分量可忽略。

工程上 ε 的取值有三种，第一种是取 $\varepsilon = 1\%$，可以证明此时 FM 波的带宽为

$$BW = 2(m_f + \sqrt{m_f} + 1)F \qquad (8.2.26)$$

第二种是取 $\varepsilon = 10\%$，此时 FM 波的带宽为

$$BW = 2(m_f + 1)F \qquad (8.2.27)$$

第三种是取 $\varepsilon = 15\%$，此时 FM 波的带宽为

$$BW = 2 m_f F \qquad (8.2.28)$$

如无特别说明，一般取 $\varepsilon = 10\%$，带宽 $BW = 2(m_f + 1)F$。

又因为调频指数 $m_f = \dfrac{K_f U_\Omega}{\Omega} = \dfrac{\Delta \omega}{\Omega} = \dfrac{\Delta f}{F}$，因此

$$BW = 2(\Delta f + F) \qquad (8.2.29)$$

需要注意的是，Δf 指的是 FM 波的瞬时频率的最大变化范围，即 f 在 $f_0 - \Delta f$ 到 $f_0 + \Delta f$ 的范围变化，而带宽 BW 指的是对 FM 波解调后的不同失真要求下，如何将伸展到无限宽的 FM 波信号频带压缩到有限的信号带宽内。

单音调制时，调频和调相两种已调信号中的 $\Delta \omega(t)$ 和 $\Delta \varphi(t)$ 均为简谐波，但是它们的 $\Delta \omega$ 和 m_f 随 U_Ω 和 Ω 的变化规律不同。当 U_Ω 一定，Ω 由小增大时，FM 中的 $\Delta \omega$ 不变，而 m_f

则成反比地减小；PM 中的 m_p 不变，而 $\Delta\omega$ 则成正比地增大，具体如图 8.2.5 所示。

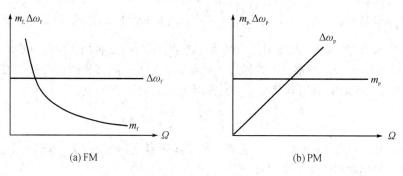

(a) FM (b) PM

图 8.2.5　调制指数及频偏与调制信号频率的关系

例 8 - 1　已知 $U_{\Omega m}=2.4$ V 时，调频信号的最大频偏 $\Delta f_m=4.8$ kHz，调相信号的调相指数 $m_p=5$。求：当调制频率 $F=500$ Hz 及 200 Hz 时，调频信号及调相信号的调制指数。

解　对于调频信号，调频指数、最大频偏和调制信号频率存在关系式 $m_f=\Delta f_m/F$，因此有

$$m_f=\frac{\Delta f_m}{F}=\frac{4.8}{0.5}=9.6(F=500\text{ Hz})$$

$$m_f=\frac{\Delta f_m}{F}=\frac{4.8}{0.2}=24(F=200\text{ Hz})$$

对于调相信号，$m_p=K_pU_\Omega$，由于调制信号振幅不变，所以 $m_p=5$ 不变。

例 8 - 2　上例中 $F=200$ Hz，但 $U_{\Omega m}$ 由 2.4 V 增加到 7.2 V 时，求调频指数 m_f 和调相指数 m_p。

解　（1）对于调频信号，当 $U_{\Omega m}=2.4$ V 时，存在 $\Delta\omega_m=K_fU_{\Omega m}$，因此有

$$K_f=\frac{2\pi\times4.8\times10^3}{2.4}=4\pi\times10^3$$

当 $U_{\Omega m}$ 由 2.4 V 增加到 7.2 V 时，有

$$\Delta\omega'_m=K_fU'_\Omega=28.8\pi\times10^3(\text{rad/s})$$

$$m'_f=\frac{\Delta\omega'_m}{2\pi F}=\frac{28.8\pi\times10^3}{2\pi\times200}=72$$

（2）对于调相信号，当 $U_{\Omega m}=2.4$ V 时，存在 $m_p=K_pU_\Omega$，因此有

$$K_p=\frac{m_p}{U_\Omega}=\frac{5}{2.4}$$

当 $U_{\Omega m}$ 由 2.4 V 增加到 7.2 V 时，有

$$m'_p=K_pU'_\Omega=\frac{5}{2.4}\times7.2=15$$

例 8 - 3　已知某调角波的数学表达式为 $u(t)=2\cos(10^7\pi t+5\cos10^4\pi t)$。

（1）若 $u(t)$ 为调相信号，$K_p=2(\text{rad/s})$，求调制信号 $u_\Omega(t)=$？

（2）若 $u(t)$ 为调频信号，$K_f=2000(\text{rad/s})$，求调制信号 $u_\Omega(t)=$？

解　（1）$u(t)$ 为调相信号时，已知其瞬时相位为

$$\theta(t)=10^7\pi t+5\cos10^4\pi t$$

相位偏移 $\Delta\theta(t)=5\cos10^4\pi t$。

又 $\Delta\theta(t)=K_\mathrm{p}u_\Omega(t)$，所以有

$$u_\Omega(t)=\frac{5\cos10^4\pi t}{2}=2.5\cos10^4\pi t$$

（2）$u(t)$ 为调频信号时，已知其瞬时相位为

$$\theta(t)=10^7\pi t+5\cos10^4\pi t$$

其瞬时频率为

$$\omega(t)=\frac{\mathrm{d}\theta(t)}{\mathrm{d}t}=10^7\pi-5\times10^4\pi\sin10^4\pi t$$

其频率偏移 $\Delta\omega t=-5\times10^4\pi\sin10^4\pi t$。

又 $\Delta\omega(t)=K_\mathrm{f}u_\Omega(t)$，所以有

$$u_\Omega(t)=\frac{-5\times10^4\pi\sin10^4\pi t}{2000}=-25\pi\sin10^4\pi t$$

例 8 - 4　调频波瞬时频率 $f(t)=5\times10^6+2\times10^4\sin\pi\times10^3 t$，且载波振幅 $U_0=3$ V。

求：（1）调频波数学表达式。

（2）调频波带宽 BW。

（3）若调制信号的振幅 $U_{\Omega\mathrm{m}}$ 不变，调制信号频率 Ω 增加一倍，带宽 BW＝？

（4）若调制信号频率 Ω 不变，振幅 $U_{\Omega\mathrm{m}}$ 增加一倍，BW＝？

解　（1）瞬时频率为

$$\omega(t)=2\pi f(t)=10^7\pi+4\times10^4\pi\sin10^3\pi t$$

瞬时相位为

$$\theta(t)=\int_0^t\omega(\tau)\mathrm{d}\tau=10^7\pi-\frac{4\times10^4\pi}{10^3\pi}\cos10^3\pi t$$

调频波数学表达式为

$$u_\mathrm{FM}(t)=3\cos(10^7\pi t-40\cos10^3\pi t)$$

（2）由瞬时频率表达式可知频率偏移为

$$\Delta f(t)=2\times10^4\sin\pi\times10^3 t$$

最大频偏 $\Delta f_\mathrm{m}=2\times10^4$ Hz。

由题意得 $F=\dfrac{\pi\times10^3}{2\pi}=500$ Hz。

调频波带宽为

$$\mathrm{BW}=2(\Delta f_\mathrm{m}+F)=2(2\times10^4+500)=4.1\times10^4\text{ Hz}$$

（3）最大频偏 $\Delta f_\mathrm{m}=\dfrac{\Delta\omega_\mathrm{m}}{2\pi}=\dfrac{K_\mathrm{f}U_{\Omega\mathrm{m}}}{2\pi}$，该值不随 Ω 变化，所以 Ω 增加一倍时，带宽仍为

$$\mathrm{BW}=2(\Delta f_\mathrm{m}+F)=4.2\times10^4\text{ Hz}$$

（4）Ω 不变 $U_{\Omega\mathrm{m}}$ 加倍时，Δf_m 会随 $U_{\Omega\mathrm{m}}$ 加倍。

$$\mathrm{BW}=2(\Delta f_\mathrm{m}+F)=2(2\times2\times10^4+500)=8.1\times10^4\text{ Hz}$$

8.2.4　调频与调相的比较

通过前述对调频和调相信号的分析，可以发现调频和调相有如下特点：

（1）若调制信号为单一正弦信号 $\cos\Omega t$，则 PM 波相位变化仍为 $\cos\Omega t$ 形式，而 FM 波相位变化为 $\sin\Omega t$ 形式；

（2）调相指数 $m_\text{p}=K_\text{p}U_\Omega$ 与调制信号振幅 U_Ω 有关，而与调制信号频率 Ω 无关；调频指数 $m_\text{f}=\dfrac{K_\text{f}U_\Omega}{\Omega}$ 与调制信号振幅 U_Ω 有关，且与调制信号频率 Ω 成反比；

（3）调频波带宽为 $\text{BW}=2(m_\text{f}+1)F$，调相波带宽为 $\text{BW}=2(m_\text{p}+1)F$；

（4）调频波瞬时相位发生变化，调相波瞬时频率发生变化，都是调角。

8.2.5　间接调频与间接调相

调频就是用调制电压去控制载波的频率。调频的方法有很多，常用的可分为两大类：直接调频和间接调频。

用调制信号对载频的频率或相位进行调制的调制方式称为直接调频或直接调相。由于调频和调相有一定的内在联系，所以只要附加一个简单的变换网络，就可以从调相变成调频。

相位与频率之间的相互变换是微分和积分关系。将调制信号进行积分，用其值进行调相，便能得到所需的调频信号。通常将这种通过调相实现调频的方法称为间接调频法。间接调频电路的组成框图如图 8.2.6(a)所示。同样，将调制信号进行微分，然后用其值进行调频，便能得到所需的调相信号。通常将这种通过调频实现调相的方法称为间接调相法。间接调相电路的组成框图如图 8.2.6(b)所示。

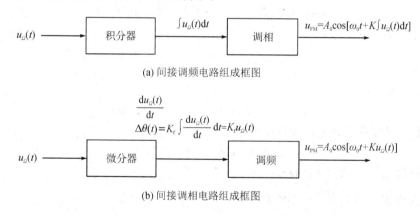

(a) 间接调频电路组成框图

(b) 间接调相电路组成框图

图 8.2.6　间接调频和间接调相组成框图

8.3　变容二极管调频

变容二极管调频的主要优点是能够获得较大的频移，线路简单，并且几乎不需要调制功率。其主要缺点是中心频率稳定度低。它主要用于移动通信以及自动频率微调系统。

8.3.1　变容二极管

变容二极管是利用半导体 PN 结的结电容随外加反向电压变化这一特性制成的一种半

导体二极管。它是一种电压控制可变电抗元件。

变容二极管的结电容 C_j 由势垒电容 C_T 和扩散电容 C_D 组成，其中势垒电容 C_T 是由反向电压引起的，大小为几皮法到几十皮法，扩散电容 C_D 是由正向载流子扩散运动引起的，大小为几百皮法到几万皮法。

$$C_j = C_T + C_D \tag{8.3.1}$$

改变 PN 结上加的反向偏压，势垒电容能灵敏地随反向偏压变化而呈现较大变化，这就是变容二极管电容变化的原因。变容二极管为非线性电容，其电容值 C_j 与反向电压之间存在关系式：

$$C_j = \frac{C_{j0}}{\left(1 + \dfrac{u}{U_D}\right)^\gamma} \tag{8.3.2}$$

其中，C_{j0} 为二极管二端零偏置电容，u 为所加反偏电压的绝对值，U_D 为 PN 结导通电压，对硅 PN 结 U_D 一般为 0.7 V，锗 PN 结 U_D 一般为 0.2~0.3 V。γ 为电容变化指数。

设在变容二极管两端加静态工作点电压 E_Q 和单一调制频率信号 $u_\Omega(t)$，则有

$$u = E_Q + u_\Omega(t) = E_Q + U_\Omega \cos\Omega t \tag{8.3.3}$$

变容二极管的电容为

$$C_j = \frac{C_{j0}}{\left(1 + \dfrac{E_Q + U_\Omega \cos\Omega t}{U_D}\right)^\gamma} = C_{j0}\left(\frac{U_D + E_Q}{U_D}\right)^{-\gamma}\left(1 + \frac{U_\Omega \cos\Omega t}{U_D + E_Q}\right)^{-\gamma}$$

令 $C_{jQ} = C_{j0}\left(\dfrac{U_D + E_Q}{U_D}\right)^{-\gamma}$ 为静态工作点时的电容（$u_\Omega(t) = 0$，$u = E_Q$），$m = \dfrac{U_\Omega}{E_Q + U_D}$ 为电容调制深度或调制指数，可得

$$C_j = C_{jQ}(1 + m\cos\Omega t)^{-\gamma} \tag{8.3.4}$$

8.3.2　变容二极管调频原理

在图 8.3.1 所示的变容二极管调频电路原理图中，扼流圈的作用为通直流和低频交流并阻止高频，电路整体要求有独立的直流通路和交流通路，以及高频交流信号对直流电源无影响。

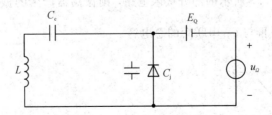

图 8.3.1　变容二极管调频电路原理图

设回路中振荡频率只取决于 L 和 C_j，则振荡频率为

$$\omega \approx \frac{1}{\sqrt{LC_j}} = \frac{1}{\sqrt{LC_{jQ}}}(1 + m\cos\Omega t)^{\gamma/2} = \omega_0(1 + m\cos\Omega t)^{\gamma/2} \tag{8.3.5}$$

其中 $\omega_0 = \dfrac{1}{\sqrt{LC_{jQ}}}$ 为电感和静态电容所决定的振荡器的谐振频率,称为中心频率(载波频率)。

下面讨论电容变化指数 γ 对振荡器输出信号频率的影响。

1. $\gamma = 2$ 时

由式(8.3.5)可知,当 $r = 2$ 时,振荡器的振荡频率为

$$\omega = \omega_0(1 + m\cos\Omega t) = \omega_0 + \Delta\omega(t) \tag{8.3.6}$$

可知频偏 $\Delta\omega(t) = \omega_0 m\cos\Omega t$,即频偏与 $u_\Omega(t)$ 成正比,即振荡器产生的输出信号为调频信号,且该调频信号为线性调频,输出信号无谐波分量。

2. $\gamma \neq 2$ 时

将式(8.3.5)进行幂级数展开,可以得到

$$\omega(t) = \omega_0\left[1 + \frac{\gamma}{2}m\cos\Omega t + \frac{1}{2!}\frac{\gamma}{2}\left(\frac{\gamma}{2} - 1\right)m^2\cos^2\Omega t + \cdots\right]$$

忽略二次以上的高次方项,则有

$$\omega(t) = \omega_0\left(1 + \frac{\gamma}{16}(\gamma - 2)m^2 + \frac{\gamma}{2}m\cos\Omega t + \frac{\gamma}{16}(\gamma - 2)m^2\cos\Omega t\right)$$
$$= \omega_0 + \Delta\omega_0 + \Delta\omega_m\cos\Omega t + \Delta\omega_{2m}\cos2\Omega t \tag{8.3.7}$$

可以看出:

(1) 振荡器输出信号的频率含有 $\Delta\omega_{2m} = \dfrac{\gamma}{16}(\gamma - 2)m^2\omega_0$ 的二次谐波分量,造成二次谐波失真。

(2) 最大角频偏为 $\Delta\omega_m = \dfrac{\gamma m\omega_0}{2}$,且最大角频偏与电容变化指数 γ、电容调制深度 m 和中心频率 ω_0 成正比,当 $\gamma = 2$ 时,频偏与调制信号为线性关系。调频特性曲线如图 8.3.2 所示。

(3) 输出信号频率相对于 ω_0 发生了频偏,且频偏为 $\Delta\omega_0 = \dfrac{\gamma}{16}(\gamma - 2)m^2\omega_0$,即中心频率发生了偏移,且当电容变化指数 γ 和电容调制深度 m 增大时,$\Delta\omega_0$ 也会增大。中心频率的偏移会产生失真,因此在必要时需要采用自动频率微调等措施,以稳定中心频率 ω_0。

(4) 如果采用图 8.3.3 所示的部分接入电路,则振荡器产生的振荡频率为:$\omega = \dfrac{1}{\sqrt{LC}}$,其中 C 为 C_j 与 C_2 并联再与 C_1 串联后的总电容。

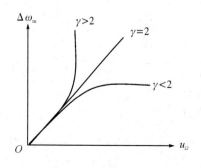

图 8.3.2 调频特性曲线

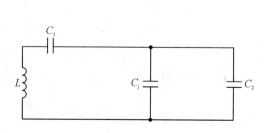

图 8.3.3 部分接入电路原理图

（5）当 $\gamma=1$ 且调制深度 m 较小时称为小频偏情况，频偏与调制信号也有较好的比例关系，且在实际中应用较多。此时的最大频偏满足

$$\frac{\Delta\omega}{\omega_0}=-\frac{1}{2}\frac{\Delta C}{C_{jQ}} \tag{8.3.8}$$

其中 ΔC 为变容二极管电容值偏离 C_{jQ} 的最大值。

例 8-5　调频振荡回路由电感 L 和变容二极管组成，$L=2\ \mu H$，变容二极管参数为：$C_{j0}=225\ pF$，$\gamma=0.5$，$U_D=0.6\ V$，$E_Q=6\ V$，$u_\Omega(t)=3\sin 10^4 t$。求输出调频信号的如下参数：（1）载频 f_0；（2）调制信号引起的载频漂移 Δf_0；（3）最大频偏 Δf_m；（4）调频系数 K_f。

解　电容调制深度为

$$m=\frac{U_\Omega}{E_Q+U_D}=0.455$$

静电工作点时变容二极管电容为

$$C_{jQ}=\frac{C_0}{\left(1+\dfrac{E_Q}{U_D}\right)^\gamma}=\frac{225\times10^{-12}}{\left(1+\dfrac{6}{0.6}\right)^{0.5}}=67.84\ pF$$

因此得到：

（1）

$$f_0=\frac{1}{2\pi\sqrt{LC_{jQ}}}=\frac{1}{2\pi\sqrt{2\times10^{-6}\times67.84\times10^{-12}}}=13.671\ MHz$$

（2）

$$\Delta f_0=\frac{\gamma}{16}(\gamma-2)m^2 f_0=-0.133\ MHz$$

（3）

$$\Delta f_m=\frac{\gamma}{2}m f_0=1.56\ MHz$$

（4）

$$K_f=\frac{\Delta f_m}{U_\Omega}=0.52\ MHz/V$$

8.4　电抗管调频

8.4.1　电抗管及其特性

电抗管一般是由放大管和 $90°$ 相移电路组成的二端有源网络，可等效为一个可调电抗元件。在图 8.4.1 所示的场效应管构成的电抗管电路中，调制电压加在场效应管的栅极上，则 AB 端的电抗会随调制电压 u_Ω 变化，若将 A、B 两端并接在载波振荡器的振荡回路上，振荡器输出的瞬时频率会随调制电压而变化，即可实现直接调频。

如图 8.4.1 所示电路，在不加 u_Ω 的情况下求 AB 端等效阻抗 Z_{AB}。假设在 AB 端外加电压源 $\dot{U}$，端口电

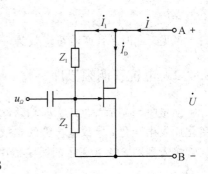

图 8.4.1　场效应管构成的电抗管电路

流为 $\dot{I}$，则存在

$$Z_{AB}=\frac{\dot{U}}{\dot{I}} \qquad (8.4.1)$$

可以看出 $\dot{I}_1=\dfrac{\dot{U}}{Z_1+Z_2}$，若 $Z_1\gg Z_2$，则有

$$\dot{I}_1=\frac{\dot{U}}{Z_1} \qquad (8.4.2)$$

漏极电流为

$$\dot{I}_D=g_D\dot{U}_D=g_D\dot{I}_1Z_2 \qquad (8.4.3)$$

当 $\dot{I}_D\gg\dot{I}_1$ 时，有

$$\dot{I}\doteq\dot{I}_D=g_D\dot{I}_1Z_2=g_D\frac{\dot{U}}{Z_1}Z_2 \qquad (8.4.4)$$

因此有

$$Z_{AB}=\frac{\dot{U}}{\dot{I}}=\frac{1}{g_D}\cdot\frac{Z_1}{Z_2} \qquad (8.4.5)$$

上述等效阻抗的表示式基于两个条件：$Z_1\gg Z_2$ 和 $I_D\gg I_1$。在这两个条件下，如果 Z_1 和 Z_2 其中一个为纯电阻，另一个为纯电抗，则 Z_{AB} 也为纯电抗，且 Z_{AB} 可为容性或感性。表 8.4.1 给出了 Z_1 和 Z_2 为不同阻抗组合时 Z_{AB} 的电抗性质。

表 8.4.1　Z_1、Z_2 和 Z_{AB} 的阻抗性质组合

Z_1	Z_2	Z_{AB}
R	C	L_e
R	L	C_e
C	R	C_e
L	R	L_e

例如：若 $Z_1=\dfrac{1}{j\omega C_1}$，$Z_2=R$，则等效阻抗 Z_i 为

$$Z_i=\frac{Z_1}{g_DZ_2}=\frac{j\omega C}{g_DR}=\frac{1}{j\omega g_DCR}=\frac{1}{j\omega C_i}$$

可见，此时 AB 两端可等效为一个电容，且电容值为 $C_i=g_DCR$，与跨导成正比。

8.4.2　电抗管调频原理

如果将调制信号 $u_\Omega(t)$ 加到场效应管的栅极，则场效应管的跨导会随 $g_D(t)$ 调制信号的变化而发生变化，导致电抗管的电抗 Z_{AB} 也会发生变化，假设电抗管的等效电容为 C_i，将电抗管接入到图 8.4.2 所示的振荡器中，则振荡器的振荡频率 f 为

$$f\approx f_0=\frac{1}{2\pi\sqrt{L(C_0+C_i)}} \qquad (8.4.6)$$

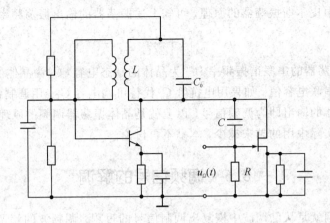

图 8.4.2　电抗管调频电路

根据前述分析，可知当把调制信号 $u_\Omega(t)$ 加到栅极时，其跨导为随调制信号电压变化的时变跨导 $g_D(t)$，则电抗管的等效电容也为随调制信号电压变化的时变电抗，且有

$$C_i(t) = g_D(t)RC \qquad (8.4.7)$$

可见振荡器输出频率 f 将随 $u_\Omega(t)$ 变化，从而实现了调频。

8.5　晶体振荡器调频

因为变容二极管和电抗管直接调频都是在 LC 振荡器上直接进行的，因此产生的调频信号中心频率稳定度较差。为得到高稳定度的调频信号，必须采取稳频措施，如增加自动频率微调电路或锁相环电路。还有一种稳频的简单方法是对晶体振荡器进行直接调频。

变容管可通过与晶体串联或并联的方法接入回路，由于与晶体并联存在许多缺点，因此目前广泛采用的是变容二极管与晶体串联接入的晶体振荡器直接调频电路。变容管的结电容变化将使晶体的等效电抗变化，从而引起等效串联谐振频率或并联谐振频率发生变化。图 8.5.1 为并联型皮尔斯晶体振荡器电路，其稳定度高于密勒电路，其中，变容二极管相当于晶体振荡器的微调电容，它与 C_1、C_2 的串联等效电容作为石英谐振器的负载电容 C_L。

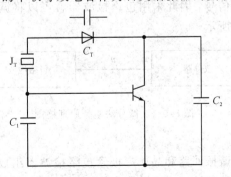

图 8.5.1　并联型皮尔斯晶体振荡器

根据第六章中皮尔斯振荡器的原理，可知上述振荡器的输出振荡频率为

$$f_1 = f_0 \left[1 + \frac{C_g}{2(C_L + C_0)} \right] \tag{8.5.1}$$

其中 f_0 为晶体振荡器的串联谐振频率，C_g 为晶体的动态电容，C_0 为晶体的静态电容。C_L 为 C_1、C_2 和 C_T 的串联电容值。如果用电抗管 C_i 代替可调电容 C_T，用调制信号 $u_\Omega(t)$ 来控制 C_i 的大小，振荡器的输出即为调频信号，以上就是晶体振荡器调频的原理。

间接调频在实际中用的越来越少，本书不再讨论。

8.6　调频信号的解调

调角波的解调就是从已调波中恢复出调制信号的过程。调频波的解调电路称为频率检波器或鉴频器(FD)，调相波的解调电路称为相位检波器或鉴相器(PD)。

8.6.1　鉴频器

在调频波中，调制信息包含在高频振荡频率的变化量中，所以调频波的解调任务就是要求鉴频器输出信号与输入调频波的瞬时频率呈线性关系。

鉴频的方法主要有两种，一种是采用波形变换法将调频波变换成调频调幅波，然后进行包络检波，第二种就是利用鉴相的方式来间接解调。其中波形变换法最常见的有微分法和斜率鉴频法。

1. 微分法

设调制信号为 $u_o(t)$，调频波为

$$u_{FM}(t) = U\cos\left(\omega_0 t + K_f \int_0^t u_\Omega(\tau)\mathrm{d}\tau\right) \tag{8.6.1}$$

对调频信号进行微分，可以得到

$$\frac{\mathrm{d}u_{FM}(t)}{\mathrm{d}t} = -U[\omega_0 + K_f u_\Omega(\tau)]\sin\left(\omega_0 t + K_f \int_0^t u_\Omega(\tau)\mathrm{d}\tau\right) \tag{8.6.2}$$

可以看出经过微分后的调频信号的幅度和频率中都含有调制信号 $u_\Omega(\tau)$，此时的信号可以看成是一个调幅调频信号，因此采用包络检波器就可以将调频信号解调出来。微分法鉴频原理框图如图 8.6.1 所示。

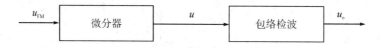

图 8.6.1　微分法鉴频原理框图

2. 斜率鉴频法

斜率鉴频器由失谐单谐振回路和晶体二极管包络检波器组成，如图 8.6.2 所示。其谐振电路不是调谐于调频波的载波频率，而是比载波频率高一些或者低一些，这样就会形成一定的失谐。由于这种鉴频器是利用并联 LC 回路幅频特性的倾斜部分将调频波变换成调幅调频波，故通常称它为斜率鉴频器。

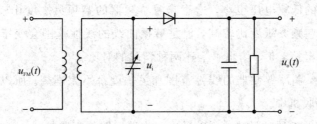

图 8.6.2　斜率鉴频器

　　在实际调整时，为了获得线性的鉴频特性，总是使输入调频波的载波角频率处在谐振特性曲线倾斜部分中接近直线段的中点上，如图 8.6.3 的 M 点（或 M' 点）。这样，谐振电路电压幅度的变化将与频率呈线性关系，就可将调频波转换成调幅调频波。再通过二极管对调幅波进行检波，便可得到调制信号 $u_\Omega(t)$。

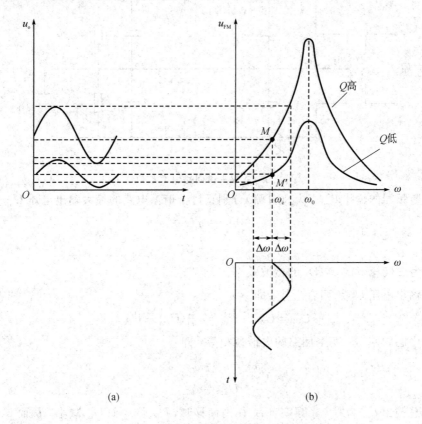

(a)　　　　　　　　　　　　　　　　　　(b)

图 8.6.3　斜率鉴频器的波形图

　　斜率鉴频器的性能在很大程度上取决于谐振电路的品质因数 Q。图 8.6.3 画出了两种不同 Q 值的谐振特性曲线。输入信号的频率随时间呈正弦变化的某调频信号（中心频率为 ω_c，频率偏移为 $\Delta\omega$ 输入到两个不同 Q 值，谐振频率均为 ω_0 的斜率检波器后，检波得到的结果如图 8.6.3(a)所示。即如果 Q 值低，则谐振曲线倾斜部分的线性较好，在调频转换为调幅调频的过程中失真小。但是，这样导致转换后得到的调幅调频波幅度变化小，对于一定频移而言，检得的低频电压也小，这意味着鉴频器的鉴频灵敏度比较低。反之，如果 Q 值高，则鉴频器的鉴频灵敏度比较高，但是谐振曲线的线性范围会变窄。当调频波的频偏较大时，失真较大。图 8.6.3 给出了上述两种情况的对比。

值得说明的是，斜率鉴频器的线性范围和灵敏度都不太理想。所以，一般仅用于质量要求不高的简易接收机中。

为了改善斜率鉴频器的性能，可以采用双失谐回路斜率鉴频器，又叫参差调谐鉴频器，其电路如图 8.6.4 所示。该电路是由两个单失谐回路斜率鉴频器构成的，其中第一个回路的谐振频率 ω_{01} 高于调频波的中心频率 ω_c，第二个回路的谐振频率 ω_{02} 低于 ω_c，它们相对于 ω_c 有一失谐量 $\pm\Delta\omega_c$，如图 8.6.5(a) 所示。

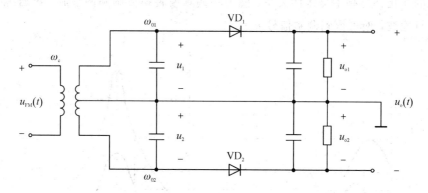

图 8.6.4　双失谐回路斜率鉴频器

每个鉴频器的输出 U_{o1}、U_{o2}（直流）分别正比于谐振电路的最大输出电压 U_{1m}、U_{2m}，即

$$\begin{cases} U_{o1} = \eta_d U_{1m} \\ U_{o2} = \eta_d U_{2m} \end{cases} \tag{8.6.3}$$

式中，η_d 为二极管 VD_1、VD_2 的检波效率。

总的输出电压 U_o 为两者之差，即

$$U_o = U_{o1} - U_{o2} = \eta_d(U_{1m} - U_{2m}) \tag{8.6.4}$$

对于中心频率 ω_c，两个回路的失谐量相等，即

$$\omega_{01} - \omega_c = \omega_c - \omega_{02}$$

$$U_{1m} = U_{2m}$$

因此总输出 U_o 为零。当频率自 ω_c 往高偏移时，U_{1m} 增大而 U_{2m} 减小，从而 U_o 增大；反之，当频率自 f_c 往低偏移时，U_{1m} 减小而 U_{2m} 增大，从而 U_o 减小，如图 8.6.5(a) 所示。可以看出，U_o 与 ω 之间的关系曲线呈 S 形，故称为 S 曲线，它表示鉴频器在鉴频带宽内的鉴频特性具有较好的线性。如果信号为调频波，其频率变化如图 8.6.5(b) 所示，则可借助 S 曲线，得出相应的 U_o 曲线，如图 8.6.5(c) 所示。

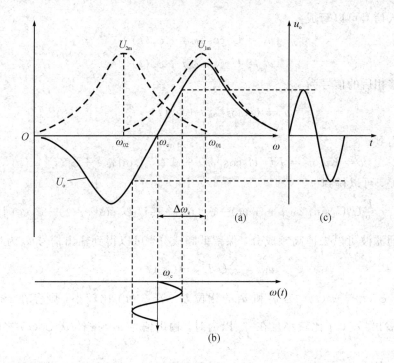

图 8.6.5　双失谐回路斜率鉴频器的工作原理

　　双失谐回路斜率鉴频器和单失谐回路斜率鉴频器相比，其鉴频灵敏度、线性范围都大有改善。

8.6.2　鉴相器

　　鉴相器的作用是比较两个同频信号电压的相位，其输出电压与两个输入信号之间的相位差有确定关系。鉴相器可实现对调相波解调，也广泛应用于调频信号的解调、锁相技术以及频率合成技术中。鉴相器的实现方法主要有两种，乘积型鉴相器和叠加型鉴相器。

1. 乘积型鉴相器

　　乘积型鉴相器将两路频率相同的输入中的其中一路信号 u_2 先进行 $90°$ 相移，然后和另一路输入信号 u_1 相乘，再进行低通滤波后得到输出信号 u_Ω。乘积型鉴相器原理框图如图 8.6.6 所示。

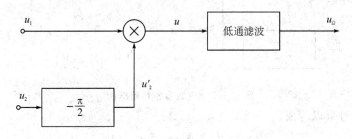

图 8.6.6　乘积型鉴相器原理框图

两路输入信号可以写成

$$\begin{cases} u_1 = U_1 \cos[\omega_0 t + \varphi_1(t)] \\ u_2 = U_2 \cos[\omega_0 t + \varphi_2(t)] \end{cases} \tag{8.6.5}$$

u_2 经过移相后的信号为

$$u_2' = U_2 \cos\left[\omega_0 t + \varphi_2(t) - \frac{\pi}{2}\right] \tag{8.6.6}$$

相乘后可以得到

$$u = K u_1 u_2' = K U_1 U_2 \cos[\omega_0 t + \varphi_1(t)] \sin[\omega_0 t + \varphi_2(t)] \tag{8.6.7}$$

进行积化和差,可以得到

$$u = \frac{K}{2} U_1 U_2 \sin[2\omega_0 t + \varphi_1(t) + \varphi_2(t)] + \frac{K}{2} U_1 U_2 \sin[\varphi_2(t) - \varphi_1(t)] \tag{8.6.8}$$

经过低通滤波可以去掉高频成分,保留低频成分,可以得到输出信号 u_Ω 为

$$u_\Omega = \frac{K}{2} U_1 U_2 \sin(\varphi_e(t)) \tag{8.6.9}$$

其中 $\varphi_e(t) = \varphi_2(t) - \varphi_1(t)$,为 u_2 和 u_1 的相位差。若 $\varphi_e(t)$ 比较小,则存在 $\sin(\varphi_e(t)) \approx \varphi_e(t)$。可以看出:$\varphi_e(t)$ 比较小且在 $\frac{\pi}{12}$ 以内时,输出信号 u_Ω 与相位差 $\varphi_e(t)$ 之间存在线性的关系,即

$$u_\Omega = \frac{K}{2} U_1 U_2 \varphi_e(t) = A_d \varphi_e(t) \tag{8.6.10}$$

其中 A_d 称为鉴相特性曲线直线段的斜率,又称为鉴相灵敏度,单位为 V/rad。

需要注意的是:为了使 $\varphi_e(t) = 0$ 时,低通滤波器的输出 u_Ω 也为零,必须将 u_2 进行 $-\frac{\pi}{2}$ 的移相,即额外引入 $-\frac{\pi}{2}$ 的相移。

2. 叠加型鉴相器

叠加型鉴相器将两路频率相同的输入中的其中一路信号 u_2 先进行 90°相移,然后和另一路输入信号 u_1 相加,再进行低通滤波后得到输出信号 u_Ω。叠加型鉴相器原理框图如图 8.6.7 所示。

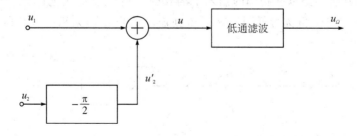

图 8.6.7　叠加型鉴相器框图

两路输入信号可以写成

$$\begin{cases} u_1 = U_1 \cos[\omega_0 t + \varphi_1(t)] \\ u_2 = U_2 \cos[\omega_0 t + \varphi_2(t)] \end{cases} \tag{8.6.11}$$

u_2 经过移相后的信号为

$$u_2' = U_2 \cos\left[\omega_0 t + \varphi_2(t) - \frac{\pi}{2}\right] \tag{8.6.12}$$

相加后可以得到

$$u_\Omega = u_1 + u_2' = U_1 \cos[\omega_0 t + \varphi_1(t)] + U_2 \sin[\omega_0 t + \varphi_2(t)] \tag{8.6.13}$$

由于 u_1 和 u_2' 均为同频率的正弦信号，因此两个正弦信号相加时，可以将对应的相量相加，则相量和对应的正弦量就是两正弦信号之和，其相量图如图 8.6.8 所示。图中 $\dot{U}_1$ 和 $\dot{U}_2'$ 分别为 u_1 和 u_2' 对应的相量，$\dot{U}_\Omega$ 为相加后得到的 u_Ω 对应的相量。

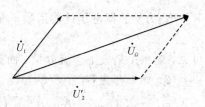

图 8.6.8　叠加型鉴相器相量图

由于 $\dot{U}_1$ 和 $\dot{U}_2'$ 的相位差为 $\frac{\pi}{2} + \varphi_e(t)$，可以得到 $\dot{U}_\Omega$ 的模值为

$$U_\Omega(t) = \sqrt{U_1^2 + U_2^2 - 2U_1 U_2 \cos\left[\frac{\pi}{2} + \varphi_e(t)\right]} \tag{8.6.14}$$

由于 $\cos\left(\frac{\pi}{2} + \alpha\right) = -\sin\alpha$，因此

$$U_\Omega(t) = \sqrt{U_1^2 + U_2^2 + 2U_1 U_2 \sin(\varphi_e(t))} \tag{8.6.15}$$

若两路输入信号其中一个的幅度远大于另一信号，即存在 $U_2 \gg U_1$ 的情况，则式(8.6.15)可以变为

$$U_\Omega(t) = U_2 \sqrt{\left(\frac{U_1}{U_2}\right)^2 + 1 + 2\frac{U_1}{U_2}\sin(\varphi_e(t))}$$

$$\approx U_2 \sqrt{1 + 2\frac{U_1}{U_2}\sin(\varphi_e(t))} \approx U_2\left(1 + \frac{U_1}{U_2}\sin(\varphi_e(t))\right)$$

$$= U_2 + U_1 \sin(\varphi_e(t)) \tag{8.6.16}$$

可以看出 u_Ω 的模值(即包络)中含有二者的相位差 $\varphi_e(t)$，如果采用包络检波，可以检出相位差 $\varphi_e(t)$，不过值得注意的是此时的输出信号中含有直流分量 U_2，并且交流分量为 $U_1 \varphi_e(t)$，可见交流分量远小于直流分量。为了抵消直流分量，且使交流幅度加倍，一般采用平衡电路，在实际中常采用的平衡叠加型鉴相电路原理图如图 8.6.9 所示。

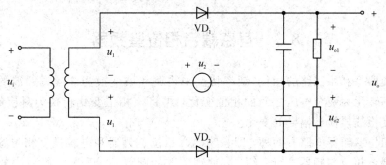

图 8.6.9　平衡叠加型鉴相电路

从图 8.6.9 中可以看出，由 VD_1、VD_2 及 RC 组成两个包络检波器，VD_1 对 $u_1 + u_2$ 进行包络检波，VD_2 对 $-u_1 + u_2$ 进行包络检波。

(1) 如果满足前述 $U_2 \gg U_1$ 的条件，则有

$$\begin{cases} u_{o1} = K_d(U_2 + U_1 \varphi_e(t)) \\ u_{o2} = K_d(U_2 - U_1 \varphi_e(t)) \end{cases} \tag{8.6.17}$$

其中 K_d 为检波器电压传输系数，所以平衡电路的输出为

$$u_o = u_{o1} - u_{o2} = 2K_d U_1 \varphi_e(t) \tag{8.6.18}$$

可见，输出中消去了直流分量，而且达到了交流幅度翻倍的效果。

(2) 如果存在 $U_1 = U_2$ 的情况，则有

$$\begin{cases} u_{o1} = K_d U_{VD1} = K_d \sqrt{U_1^2 + U_2^2 + 2U_1 U_2 \sin(\varphi_e(t))} = \sqrt{2} K_d U_1 \sqrt{1 + \sin(\varphi_e(t))} \\ u_{o2} = K_d U_{VD2} = K_d \sqrt{U_1^2 + U_2^2 - 2U_1 U_2 \sin(\varphi_e(t))} = \sqrt{2} K_d U_1 \sqrt{1 - \sin(\varphi_e(t))} \end{cases}$$
$$\tag{8.6.19}$$

所以有

$$u_o = u_{o1} - u_{o2} = \sqrt{2} K_d U_1 \left(\sqrt{1 + \sin(\varphi_e(t))} - \sqrt{1 - \sin(\varphi_e(t))} \right) \tag{8.6.20}$$

根据三角公式

$$\begin{cases} \sqrt{1 + \sin x} = \cos \dfrac{x}{2} + \sin \dfrac{x}{2} \\ \sqrt{1 - \sin x} = \cos \dfrac{x}{2} - \sin \dfrac{x}{2} \end{cases}$$

式 (8.6.20) 可化简为

$$u_o = 2\sqrt{2} K_d U_1 \sin \frac{\varphi_e(t)}{2} \tag{8.6.21}$$

当 $\varphi_e(t)$ 较小时，存在 $\sin \dfrac{\varphi_e(t)}{2} \approx \dfrac{\varphi_e(t)}{2}$，即输出信号的大小与输入信号的相位差存在线性关系，可以实现线性鉴相。

可以发现，叠加型鉴相器的工作中存在两个过程：一个是调相电压与参考电压叠加成 AM-PM 信号，第二个是包络检波检取，且一定条件下满足线性关系；当叠加的两个电压振幅相差大时，输出电压取决于小信号的大小，当两个电压大小相等时，输出信号幅度变为 U_1、U_2 相差较大时的 $\sqrt{2}$ 倍，灵敏度提高 $\sqrt{2}$ 倍，且鉴相范围从 $\pm \dfrac{\pi}{12}$ 扩展到 $\pm \dfrac{\pi}{6}$。

8.7　互感耦合相位鉴频器

相位鉴频器是利用回路的相位-频率特性来将调频波变换为调幅调频波的。它是将调频信号的频率转化为两个电压之间的相位变化，再将该相位变化转换为对应的幅度变化，然后利用幅度检波器检出幅度的变化。

常用的相位鉴频器电路有两种，即互感耦合相位鉴频器和电容耦合相位鉴频器。下面主要对互感耦合相位鉴频器进行介绍，其原理框图如图 8.7.1 所示。调频信号和经过移相后的调频信号分别与另一路信号相加，然后分别进行包络检波，再将包络检波出来的两路

信号相减，得到的输出信号就包含了两路输入信号的相位差信息。

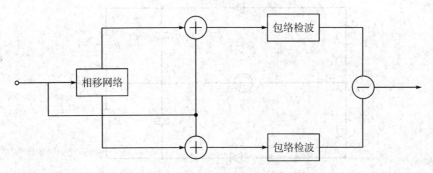

图 8.7.1　互感耦合相位鉴频器原理框图

互感耦合相位鉴频器又称福斯特-西利鉴频器，图 8.7.2 是其典型电路。相移网络为耦合回路。图中，初、次级回路参数相同，$L_1 C_1$ 和 $L_2 C_2$ 是两个松耦合的双调谐电路，都调谐于调频波的中心频率 ω_c 上。其中初级回路 $L_1 C_1$ 一般是限幅放大器的集电极负载。这种松耦合双调谐电路有这样一个特点：当信号角频率 ω 变化时，次级谐振电路电压 $\dot{U}_2$ 相对于初级电压 $\dot{U}_1$ 的相位随之变化。$\dot{U}_1$ 是经过限幅放大后的调频信号，它一方面经隔直电容 C_c 加在后面的两个包络检波器上，另一方面经互感 M 耦合在次级回路两端产生电压 $\dot{U}_2$，L_c 为高频扼流圈，它除了保证输入电压 $\dot{U}_1$ 经 C_c 加在次级回路的次级回路的中心抽头外，还要为后面两个包络检波器提供直流通路。

另外，$\dot{U}_1$ 经耦合电容 C_c 在扼流圈 L_c 上产生的电压为 $\dot{U}_3$。由于 L_c 为高频扼流圈，对高频而言，C_c 的阻抗远小于 L_c 的阻抗，故 $\dot{U}_3$ 近似等于初级电压 $\dot{U}_1$。图 8.7.2 的等效电路如图 8.7.3 所示。

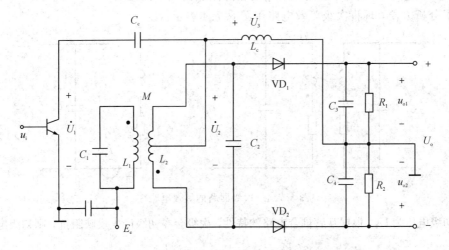

图 8.7.2　互感耦合相位鉴频器

由图 8.7.3 可以看出，加到二极管两端的高频电压由两部分组成，即 L_c 上电压和 L_2 上一半电压 $\dfrac{\dot{U}_2}{2}$ 的矢量和，即

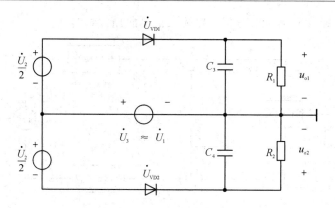

图 8.7.3　互感耦合相位鉴频器等效电路

$$\begin{cases} \dot{U}_{\mathrm{VD1}} = \dot{U}_1 + \dfrac{\dot{U}_2}{2} \\[3mm] \dot{U}_{\mathrm{VD2}} = \dot{U}_1 - \dfrac{\dot{U}_2}{2} \end{cases} \tag{8.7.1}$$

结合上一节叠加型鉴相器的工作原理，可知检波器检出的电压 u_{o1} 和 u_{o2} 与 U_1、U_2 及二者的相位差存在线性关系。并且鉴频器的输出为

$$u_o = u_{o1} - u_{o2} \tag{8.7.2}$$

那么，调频波的瞬时频率变化时如何影响鉴频器输出呢？可以概括如下：

次级电压 $\dot{U}_2$ 对于初级电压 $\dot{U}_1$ 的相位差随角频率而变；检波器的输入电压幅度 U_{VD1}、U_{VD2} 随角频率而变；检出的电压 u_{o1} 和 u_{o2} 幅度随角频率而变；鉴频器的输出电压 u_o 也随频率而变。具体分析如下：

（1）次级电压 $\dot{U}_2$ 对于初级电压 $\dot{U}_1$ 的相位差随角频率而改变。

为了分析方便，现将次级等效电路用图 8.7.4 表示。

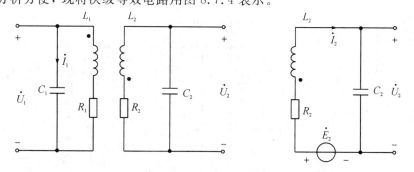

图 8.7.4　次级回路的等效电路

设初级电压为 $\dot{U}_1$，根据互感耦合电路的特性，次级会在初级产生反映阻抗，则初级电流为

$$\dot{I}_1 = \frac{\dot{U}_1}{R_1 + \mathrm{j}\omega L_1 + Z_{\mathrm{f}}} = \frac{\dot{U}_1}{R_1 + \mathrm{j}\omega L_1 + \dfrac{(\omega M)^2}{Z_2}} \tag{8.7.3}$$

式中，R_1、L_1 为初级电阻和电感，M 为 L_1、L_2 之间的互感，Z_2 为次级谐振电路阻抗。若谐振回路的 Q 值较高，初级电感损耗及次级反射到初级的损耗可忽略，则有

$$\dot{I}_1 \approx \frac{\dot{U}_1}{j\omega L_1} \tag{8.7.4}$$

$\dot{I}_1$ 通过 L_1、L_2 之间的互感 M 作用,在次级回路 L_2 中产生的感应电势为

$$\dot{E}_2 \approx -j\omega M\dot{I}_1 \tag{8.7.5}$$

$\dot{E}_2$ 在次级回路中造成的电流为

$$\dot{I}_2 = \frac{\dot{E}_2}{Z_2} = \frac{\dot{E}_2}{R_2 + j\left(\omega L_2 - \dfrac{1}{\omega C_2}\right)} \tag{8.7.6}$$

式中,R_2 为次级线圈电阻,包括代表两个二极管检波电路损耗的等效电阻在内。

由式(8.7.6)可知,$\dot{I}_2$ 的相位随角频率 ω 而变,具体为:当 $\omega = \omega_c$ 时,回路达到谐振,$\dot{I}_2$ 与 $\dot{E}_2$ 同相位;当 $\omega > \omega_c$ 时,回路呈感性,$\dot{I}_2$ 落后 $\dot{E}_2$ 一个角度;当 $\omega < \omega_c$ 时,回路呈容性,$\dot{I}_2$ 超前 $\dot{E}_2$ 一个角度。

$\dot{I}_2$ 流过 C_2 产生的电压为 $\dot{U}_2$,它落后于 $\dot{I}_2$ 90°。$\dot{U}_2$ 的表达式为

$$\dot{U}_2 = \dot{I}_2 \cdot \frac{1}{j\omega C_2} = -\frac{j\omega M\dot{I}_1}{R_2 + j\left(\omega L_2 - \dfrac{1}{\omega C_2}\right)} \times \frac{1}{j\omega C_2}$$

$$= \frac{jM\dot{U}_1}{\omega C_2 L_1\left[R_2 + j\left(\omega L_2 - \dfrac{1}{\omega C_2}\right)\right]} \tag{8.7.7}$$

式(8.7.7)表明,次级电压 $\dot{U}_2$ 对初级电压 $\dot{U}_1$ 的相位差随角频率而变,具体为:当 $\omega = \omega_c$ 时,$\dot{U}_2$ 超前 $\dot{U}_1$ 90°;当 $\omega > \omega_c$ 时,$\dot{U}_2$ 超前 $\dot{U}_1$ 小于 90°;当 $\omega < \omega_c$ 时,$\dot{U}_2$ 超前 $\dot{U}_1$ 大于 90°。

可见,如果将调频信号输入到互感耦合鉴频电路中,随着输入信号瞬时频率的变化,$\dot{U}_2$ 和 $\dot{U}_1$ 的相位差 φ 也随之变化,即可以得到图 8.7.5 所示的频率-相位特性曲线。

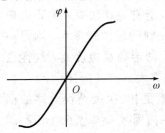

图 8.7.5　频率-相位特性曲线

(2) 检波器的输入电压幅度 U_{VD1}、U_{VD2} 随角频率而变。

由式(8.7.1)可知,U_{VD1}、U_{VD2} 为分别 $\dot{U}_1$ 和 $\dot{U}_2$ 的一半相量和差的模值,即有

$$\begin{cases} \dot{U}_{VD1} = \dfrac{\dot{U}_2}{2} + \dot{U}_1 \\[3mm] \dot{U}_{VD2} = -\dfrac{\dot{U}_2}{2} + \dot{U}_1 \end{cases} \tag{8.7.8}$$

那么，在不同频率下，其相量图如图 8.7.6 所示。由图可以看出，当 $\omega = \omega_c$ 时，$U_{VD1} = U_{VD2}$；$\omega > \omega_c$ 时，U_{VD1} 增大而 U_{VD2} 减小；当 $\omega < \omega_c$ 时，U_{VD1} 减小而 U_{VD2} 增大。

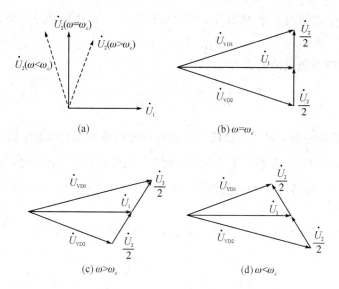

图 8.7.6　不同频率时的 $\dot{U}_1$ 和 $\dot{U}_2$ 矢量图

（3）检出的电压 U_{o1}、U_{o2} 随角频率而变。

由于 $U_{o1} = K_d U_{VD1}$，$U_{o2} = K_d U_{VD2}$，因此检出的电压 U_{o1}、U_{o2} 与前述变化规律一致。

（4）鉴频器输出电压 U_o 也随频率变化。

由于 $U_o = U_{o1} - U_{o2}$，从而使鉴频器的输出电压 U_o 随频率发生如下变化：当 $\omega = \omega_c$ 时，$U_{o1} = U_{o2}$，$U_o = 0$；当 $\omega > \omega_c$ 时，$U_{o1} > U_{o2}$，$U_o > 0$；当 $\omega < \omega_c$ 时，$U_{o1} < U_{o2}$，$U_o < 0$。

上述关系表明输出电压反映了输入信号瞬时频率的偏移 Δf，Δf 与调制信号幅度 U_Ω 成正比，所以可以实现调频信号的解调。其鉴频特性曲线呈图 8.7.7 所示的 S 形。

S 曲线的形状与鉴频器的性能有直接关系，主要表现在：S 曲线的线性好，则失真小；线性段的斜率大，则对一定频移所得的低频电压幅度大，即鉴频灵敏度高；线性段的频率范围大，则允许接收的频移大。

影响 S 曲线形状的主要因素是初、次级谐振电路的耦合程度（用耦合系数 k 表示）和品质因数 Q 以及两个回路的调谐情况。

在 Q 值一定的情况下，当初次级均调谐于载频 ω_c，而改变耦合系数 k 时，S 曲线的形状如图 8.7.8 所示。一般 k 可按下式取值：

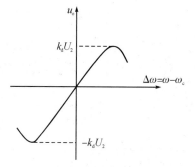

图 8.7.7　鉴频特性曲线

$$k = \frac{1.5}{Q} \tag{8.7.9}$$

此时线性、带宽和灵敏度都比较好。

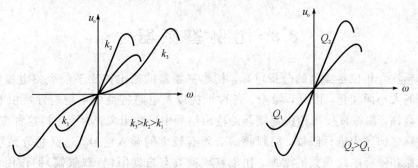

图 8.7.8 耦合系数 k 对 S 曲线的影响　　图 8.7.9 品质因数 Q 对 S 曲线的影响

　　在一定的 k 值下，当初次级均调谐于载频 ω_{c}，而改变 Q 时，S 曲线形状如图 8.7.9 所示。通常 Q 可按下式选取：

$$Q \leqslant \frac{\omega_{\mathrm{c}}}{2\Delta\omega_{\mathrm{m}}} \tag{8.7.10}$$

式中 $\Delta\omega_{\mathrm{m}}$ 为调频波的最大频偏。假设谐振电路对载频失谐，则 S 曲线对载频点($\omega = \omega_{\mathrm{c}}$，$U_{\mathrm{o}} = 0$)的对称性将被破坏，图 8.7.10 和图 8.7.11 分别表示初级失谐和次级失谐两种情况下的 S 曲线。由图可以看出，由于 S 曲线的不对称，实际可用的频率范围缩小，容易造成鉴频失真。所以初、次级两个谐振回路必须仔细地调谐。

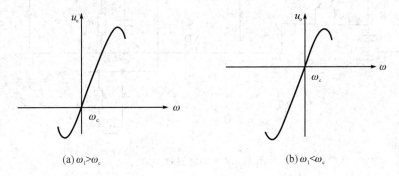

图 8.7.10 初级谐振角频率对 S 曲线的影响

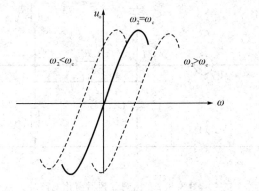

图 8.7.11 次级谐振角频率对 S 曲线的影响

8.8 比例鉴频器

由对互感耦合相位鉴频器的分析可知，相位鉴频器的输出正比于前级集电极电流，它随接收信号的大小而变化。因此，噪声、各种干扰以及电路特性的不均匀性所引起的输入信号的寄生调幅，都将直接在相位鉴频器的输出信号中反映出来。为了去掉这种虚假信号，就必须在鉴频之前预先进行限幅。但限幅器必须有较大的输入信号，这必将导致鉴频器前的中频放大器和限幅电路级数的增加。比例鉴频器具有自动限幅（软限幅）的作用，不仅可以减少前面放大器的级数，而且可以避免使用硬限幅器，在调频广播及电视接收机中得到了广泛的应用。

图 8.8.1 为比例鉴频器的电路，其等效电路如图 8.8.2 所示。

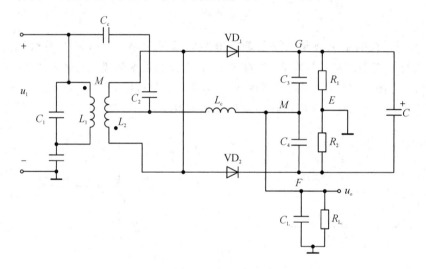

图 8.8.1　比例鉴频器

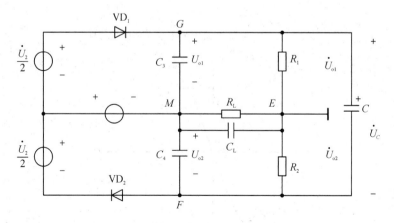

图 8.8.2　比例鉴频器简化电路

与图 8.7.2 的相位鉴频器比较，可以发现比例鉴频器以及相位鉴频器的输入电路和频率-相位变换电路相同。可以看出二极管上的电压有一样的关系式：

$$\begin{cases} \dot{U}_{VD1} = \dfrac{\dot{U}_2}{2} + \dot{U}_1 \\[3mm] \dot{U}_{VD2} = \dfrac{\dot{U}_2}{2} - \dot{U}_1 \end{cases} \tag{8.8.1}$$

因此，比例鉴频器将频率变化转换成幅度变化的过程与相位鉴频器是一致的。

比例鉴频器和相位鉴频器的不同主要有以下几点：

(1) 一个二极管 VD_2 反接；

(2) 检波电阻 R_1、R_2 两端并有大电容 C(一般取 $10~\mu F$)；

(3) 检波电阻中点和检波电容中点断开，输出电压取自 M、E 两端，与相位鉴频器从 G、F 两端输出不同。在负载电阻 R_L 上，C_3 和 C_4 放电电流的方向相反，因而起到了差动输出的作用。

现在着重分析两个问题：为什么检波器的输出可以反映频率的变化？为什么这种电路具有限幅作用？

首先分析检波器输出。

通过 VD_1 和 VD_2 检波后，C_3 和 C_4 分别充电到 U_{o1} 和 U_{o2}，而大电容 C 上的电压 U_C 则为二者之和，即

$$U_C = U_{o1} + U_{o2} \tag{8.8.2}$$

由于 C 很大，故其放电时间常数 $\tau = (R_1 + R_2)C$ 很大(约 $0.1 \sim 0.2~s$)，远大于要解调的低频信号的周期，故在调制信号周期内或寄生调幅干扰电压周期内，可以认为 C 上电压基本不变，近似为一恒定值，并且不会因输入信号幅度瞬时的变化而变化。

又因为 $R_1 = R_2$，所以 R_1 和 R_2 将各分到 U_C 一半的电压，故 F、G 两点对地的电位将分别为

$$\begin{cases} U_F = \dfrac{U_C}{2} \\[3mm] U_G = -\dfrac{U_C}{2} \end{cases} \tag{8.8.3}$$

且它们都是固定不变的。

当信号频率 ω 变化时，C_3 和 C_4 上的电压 U_{o1} 和 U_{o2} 将发生变化。但由于 F、G 两点电位固定，因此 M 点电位 U_M 要发生变化。

当 $\omega = \omega_c$ 时，$U_{VD1} = U_{VD2}$，相应地 $U_{o1} = U_{o2}$，此时 M 点电位恰处于 F、G 电位的中点，即 $U_M = 0$；

当 $\omega > \omega_c$ 时，$U_{VD1} > U_{VD2}$，相应地 $U_{o1} > U_{o2}$，而由于 F、G 电位不变，故 M 点电位将提高，如图 8.8.3 所示。

当 $\omega < \omega_c$ 时，$U_{VD1} < U_{VD2}$，相应地 $U_{o1} < U_{o2}$，故此时 M 点电位将降低。

由此可见，随着频率的变化，M 点电位 U_M 在相应地变化，故 U_M 反映了频率的变化。

下面分析比例鉴频器的限幅作用。

比例鉴频器的限幅作用在于接入大电容 C。当电路中接有大电容 C 后，通过前面分析已经知道，C_3、C_4 上电压之和等于常数 U_C，其值决定于信号的平均强度。假设高频信号瞬

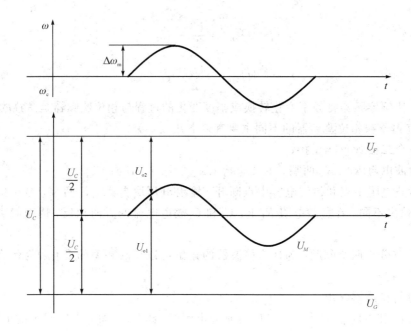

图 8.8.3　比例鉴频器 F、G 和 M 点电位变化情况

时增大，本来 U_{o1} 和 U_{o2} 要相应地增大，但由于跨接了大电容 C，额外的充电电荷几乎都被 C 吸去，使 C_3 和 C_4 的总电压升不上去。这就造成在高频一周期内，充电时间要加长，充电电流要加大。这意味着检波电路此时要吸收更多的高频功率，而这部分功率是由谐振电路供给的，故将造成谐振电路有效 Q 值的下降。这将使谐振电路电压随之降低，对原来信号幅度的增大起着抵消作用。

反之，如果信号幅度瞬时减小，则 Q 值将瞬时增大，从而使槽路电压提高。

综上所述，这种电路具有自动调整 Q 值的作用，在一定程度上抵消了信号强度变化的影响，使输入检波电路的高频电压幅度基本趋于恒定，因而具有限幅的作用。所以用比例鉴频器时可以省掉限幅器，从而简化设备。

但是在相同的 U_{o1} 和 U_{o2} 下，比例鉴频器的输出 U_M 只有相位鉴频器的一半，说明其灵敏度不如相位鉴频器。

由图 8.8.2 和图 8.8.3 可以看出：

$$U_M = \frac{U_C}{2} - U_{o2} \qquad\qquad (8.8.4)$$

又由于 $U_C = U_{o1} + U_{o2}$，所以

$$U_M = \frac{U_{o1} + U_{o2}}{2} - U_{o2} = \frac{U_{o1} - U_{o2}}{2} \qquad\qquad (8.8.5)$$

与相位鉴频器的输出表达式

$$U_o = U_{o1} - U_{o2}$$

比较，可知 U_M 为 U_o 的一半。

式(8.8.5)还可写成以下形式：

$$U_M = \frac{U_{o1} - U_{o2}}{2} = \frac{1}{2}\left[2U_{o1} - (U_{o1} + U_{o2})\right]$$

$$= \frac{1}{2}(U_{o1} + U_{o2})\left(\frac{2U_{o1}}{U_{o1} + U_{o2}} - 1\right)$$

$$= \frac{1}{2}U_C\left[\frac{2}{1 + \dfrac{U_{o2}}{U_{o1}}} - 1\right] \tag{8.8.6}$$

在式(8.8.6)中，由于 U_C 恒定不变，U_M 只取决于比值 $\dfrac{U_{o2}}{U_{o1}}$，所以把这种鉴频器称为比例鉴频器。

例 8 - 6　鉴频器的输入信号为 $u_{FM}(t) = 3\sin(\omega_c t + 10\sin 2\pi \times 10^3 t)$，鉴频灵敏度为 $S_D = -5 \text{ mV/kHz}$，线性鉴频范围大于 $2\Delta f_m$，求输出电压 $u_o(t)$。

解
$$\omega(t) = \frac{\mathrm{d}\theta(t)}{\mathrm{d}t} = \omega_c + 2\pi \times 10^4 \cos 2\pi \times 10^3 t$$

$$\Delta f_m = \frac{1}{2\pi} \times 2\pi \times 10^4 = 10^4 \text{ Hz}$$

$$\Delta f(t) = 10^4 \cos 2\pi \times 10^3 t$$

$$u_o(t) = S_D \Delta f(t) = -50(\cos 2\pi \times 10^3 t) \text{ mV}$$

思考题与习题

8.1　若调制信号为锯齿波，如题 8.1 图所示，大致画出调频波的波形图。

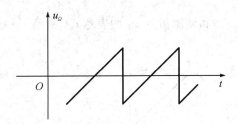

题 8.1 图

8.2　设调制信号 $u_\Omega(t) = U_{\Omega m}\cos\Omega t$，载波信号为 $u(t) = U_0\cos\omega_0 t$，调频的比例系数为 $K_f(\text{rad}/(\text{V} \cdot \text{s}))$。

试写出调频波的以下各量：

(1) 瞬时角频率 $\omega(t)$；

(2) 瞬时相位 $\theta(t)$；

(3) 最大频移 $\Delta\omega_f$；

(4) 调频指数 m_f；

(5) 调频波 $u_{FM}(t)$ 的数学表达式。

8.3　为什么调幅波的调制系数不能大于 1？而角度调制的调制系数可以大于 1？

8.4　已知载波频率 $f_s = 100 \text{ MHz}$，载波电压幅度 U_m 为 5 V，调制信号 $u_\Omega(t) =$

$\cos 2\pi 10^3 t + 2\cos 2\pi 500 t$，试写出调频波的数学表示式(设两调制信号最大频偏均为 $\Delta f_{\max} =$ 20 kHz)。

8.5　载频振荡的频率为 $f_c = 25$ MHz，振幅为 $U_m = 4$ V，调制信号为单频余弦波，频率为 $F = 400$ Hz，频偏为 $\Delta f = 10$ kHz。

(1)写出调频波和调相波的数学表达式;

(2)若仅将调制频率变为 2 kHz，其他参数不变，试写出调频波与调相波的数学表达式。

8.6　有一调幅波和一调频波，它们的载频均为 1 MHz，调制信号均为 $u_\Omega(t) = 0.1\sin(2\pi \times 10^3 t)$ (V)。已知调频时，单位调制电压产生的频偏为 1 kHz/V。

(1)试求调幅波的频带宽度 B_{AM} 和调频波的有效频谱宽度 B_{FM};

(2)若调制信号改为 $u_\Omega(t) = 20\sin(2\pi \times 10^3 t)$，试求 B_{AM} 和 B_{FM}。

8.7　给定调频信号中心频率 $f_c = 50$ MHz，频偏 $\Delta f = 75$ kHz，调制信号为正弦波，试求调频波在以下三种情况下的调制指数和频带宽度(按 10% 的规定计算带宽)。

(1)调制信号频率为 $F = 300$ Hz;

(2)调制信号频率为 $F = 3$ kHz;

(3)调制信号频率为 $F = 15$ kHz。

8.8　若调制信号频率为 400 Hz，振幅为 2.4 V，调制指数为 60。当调制信号频率减小为 250 Hz，同时振幅上升为 3.2 V 时，调制指数将变为多少?

8.9　鉴频器的鉴频特性曲线如题 8.9 图所示。鉴频器的输出电压 $u_o(t) = \cos 4\pi 10^4 t$ (V)。

(1)试求鉴频跨导。

(2)写出输入信号 $u_{FM}(t)$ 和调制信号 u_Ω 的表达式。

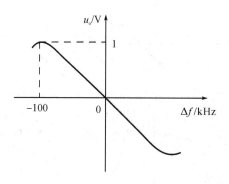

题 8.9 图

8.10　斜率鉴频器中应用单谐振回路和小信号选频放大器中应用单谐振回路的目的有何不同? Q 值高低对于二者的工作特性各有何影响?

8.11　为什么比例鉴频器有抑制寄生调频的作用?

第九章 噪声与干扰

9.1 概　述

电子设备的性能在很大程度上与干扰和噪声有关。例如，接收机的理论灵敏度可以非常高，但是考虑了噪声以后，实际灵敏度就不可能做得很高。而在通信系统中，提高接收机的灵敏度比增加发射机的功率更为有效。在其他电子仪器中，它们的工作准确性、灵敏度等也与噪声有很大的关系。各种干扰的存在大大影响了接收机的工作，因此，研究各种干扰和噪声的特性以及降低干扰和噪声的方法，是十分必要的。

干扰一般指外部干扰，可分为自然的和人为的干扰。自然干扰包括天电干扰、宇宙干扰和大地干扰等，人为干扰则主要指工业干扰、无线电台干扰等。

噪声一般指内部噪声，也可以分为自然的和人为的噪声。自然噪声有热噪声、散粒噪声和闪烁噪声等，人为噪声有交流噪声、感应噪声、接触不良噪声等。

本章主要讨论自然噪声。

9.2 内部噪声的来源与特点

内部噪声主要是由电阻、谐振电路和晶体管内部带电微粒的无规则运动所产生的。这种无规则运动具有起伏噪声的性质，如图 9.2.1 表示。数学分析表明，这种噪声是一种随机过程。对于随机过程，不可能用一个确定的时间函数来表示，但是它遵循着某种确定的统计规律，可以用概率分布特性来充分描述。

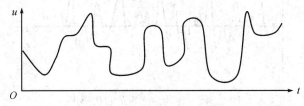

图 9.2.1　起伏噪声示意图

随机过程的特性通常用它的平均值、均方值、频谱和功率谱来描述。

1. 起伏噪声电压的平均值

起伏噪声电压的平均值可以表示为

$$\overline{U}_n = \lim_{T \to \infty} \frac{1}{T} \int_0^T u_n(t) \mathrm{d}t \tag{9.2.1}$$

它代表 $u_n(t)$ 的直流分量。

起伏噪声电压的变化是不规则的，没有一定的周期，因此必须在长时间内即时间 T 趋于无限大时取平均值，才有意义。

2. 起伏噪声电压的均方值

如图 9.2.2 所示，$u_n(t)$ 是在其平均值 $\overline{U}_n$ 上下起伏的，在 t 时刻的起伏为

$$\Delta u_n(t) = u_n(t) - \overline{U}_n \tag{9.2.2}$$

$\Delta u_n(t)$ 是随机的，可正可负，其平均值为 0。将 $\Delta u_n(t)$ 平方后再取平均值，称为噪声电压的均方值或方差，其表达式为

$$\overline{\Delta u_n^2(t)} = \overline{(u_n(t) - \overline{U}_n)^2} = \lim_{T \to \infty} \frac{1}{T} \int_0^T \Delta u_n^2(t)\,\mathrm{d}t = \overline{U_n^2} \tag{9.2.3}$$

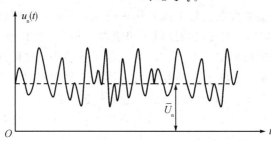

图 9.2.2　平均值为 $\overline{U}_n$ 的起伏噪声

将图 9.2.2 的横轴向上移 $\overline{U}_n$，可以得到图 9.2.3 所示的平均值为零的起伏噪声。此时噪声电压的均方值为

$$\overline{U_n^2} = \lim_{T \to \infty} \frac{1}{T} \int_0^T u_n^2(t)\,\mathrm{d}t \tag{9.2.4}$$

式中：$\overline{U_n^2}$ 代表噪声功率的大小。均方根值 $\sqrt{\overline{U_n^2}}$ 表示噪声电压交流分量的有效值。

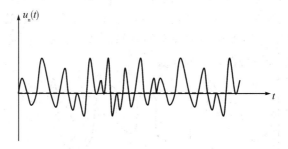

图 9.2.3　平均值为零的起伏噪声

3. 非周期噪声电压的频谱

电阻等电子器件内部带电微粒的无规则运动产生的起伏噪声电压可看成是无数个持续时间 τ 极短（$10^{-13} \sim 10^{-14}$ s）的脉冲叠加的结果。对一个脉冲宽度为 τ，振幅为 1 的单位脉冲，如图 9.2.4(a) 所示，其振幅频谱密度为

$$|F(\omega)| = \tau \frac{\sin(\omega\tau/2)}{\omega\tau/2} = \frac{1}{\pi f}\sin\pi f\tau \tag{9.2.5}$$

$|F(\omega)|$ 与频率 f 的关系如图 9.2.4(b) 所示，从图中可以看出，其第一个零值点在 $1/\tau$

处，且 τ 远小于信号周期 T，$T=\dfrac{1}{f}$，故 $\pi f\tau = \pi\tau/T \ll 1$，因此有 $\sin\pi f\tau \approx \pi f\tau$，式(9.2.5)变为

$$|F(\omega)| = \tau \tag{9.2.6}$$

结论：单个噪声脉冲电压的振幅频谱密度 $|F(\omega)|$ 在无线电频率范围内是均等的。

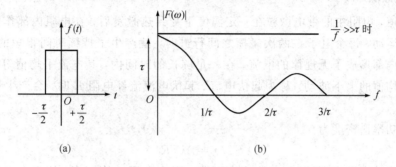

图 9.2.4　单个噪声脉冲的波形及其频谱

4. 起伏噪声的功率谱

将噪声电压加到 1 Ω 电阻上，电阻损耗的平均功率即为不同频率的振幅频谱平方在 1 Ω电阻上所损耗功率的总和。因此，常用功率频谱来说明起伏噪声的频率特性。式(9.2.4)可表明噪声功率，即

$$\overline{U_{\text{n}}^2} = \lim_{T\to\infty} \frac{1}{T} \int_0^T u_{\text{n}}^2(t)\,\mathrm{d}t$$

积分表明 $u_{\text{n}}(t)$ 施加于 1 Ω 电阻上在时间区间 $(0\sim T)$ 内的全部噪声能量，它再除 T，即为平均功率。当时间无限增长时，平均功率 P 趋近于一个常数，且等于起伏噪声的均方值，即

$$\overline{U_{\text{n}}^2} = \lim_{T\to\infty} P = \lim_{T\to\infty} \frac{1}{T} \int_0^T u_{\text{n}}^2(t)\,\mathrm{d}t \tag{9.2.7}$$

令 $S(f)\mathrm{d}f$ 表示 $f\sim f+\mathrm{d}f$ 之间的平均功率，则总的平均功率为

$$P = \int_0^\infty S(f)\,\mathrm{d}f \tag{9.2.8}$$

式中，$S(f)$ 称为噪声功率谱密度，单位为 W/Hz(单组频带内噪声电压均方值)。

注意：起伏噪声频谱在极宽的频带内有均匀的功率谱密度，如图 9.2.5 所示，因此起伏噪声又称为白噪声(与白光类似有均匀功率谱)。在实际的无线电系统中，只有位于设备通频带 Δf_{n} 内的噪声功率才能进入系统。

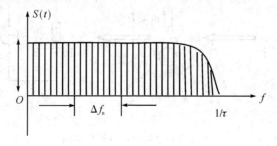

图 9.2.5　起伏噪声的频谱

9.3　电子元件中噪声的来源及分类

1. 电阻热噪声

我们知道，电阻中的带电微粒在一定温度下受到热激发后，在电阻内部作大小和方向都无规则的运动，每个电子在两次碰撞之间行进时，就产生了持续时间很短的脉冲电流，从而在电阻内部形成了无规律的电流。在一足够长的时间内，其电流平均值等于零，而瞬时值就在平均值的上下波动，称为起伏电流。起伏电流流经电阻 R 时，会产生噪声电压 u_n 和噪声功率。

噪声的功率谱密度为

$$S(f) = 4kTR \tag{9.3.1}$$

由于噪声功率谱密度 $S(f)$ 表示单位频带内噪声电压的均方值，故噪声电压的均方值（噪声功率）为

$$\overline{U_n^2} = 4kTR\Delta f_n \tag{9.3.2}$$

噪声电流的均方值为

$$\overline{I_n^2} = 4kTG\Delta f_n \tag{9.3.3}$$

以上各式中 k 为波耳兹曼常数，等于 1.38×10^{23} J/K；T 为电阻的绝对温度，单位为 K；Δf_n 为带宽或等效带宽；R（或 G）为 Δf_n 内的电阻（或电导）。

因此，噪声电压的有效值为

$$\sqrt{\overline{U_n^2}} = \sqrt{4kTR\Delta f_n} \tag{9.3.4}$$

注意：

（1）热运动电子速度比外电场作用下的电子漂移速度大得多，因此噪声电压与外加电动势通过导体的直流电流无关。且每个电阻的噪声电压均是独立的。

（2）实际中可把电阻 R 看作一个噪声电压源（或电流源）和一个理想无噪声的电阻串联（或并联），如图 9.3.1 所示。

（3）多个电阻串联时，总噪声电压等于各个电阻所产生的噪声电压的均方值相加；多个电阻并联时，总噪声电流等于各个电导所产生的噪声电流的均方值相加。

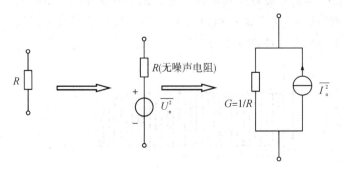

图 9.3.1　电阻的噪声等效电路

例 9 - 1　图 9.3.2(a)所示并联谐振回路产生的噪声电压的均方值为 $\overline{U_n^2}=4kTR_P\Delta f_n$，其中 R_P 为谐振电阻。已知 $R=1\ \text{k}\Omega$，$\Delta f_n=500\ \text{kHz}$，$T=300\ \text{K}(27\ ℃)$。求噪声电压有效值和均方值。

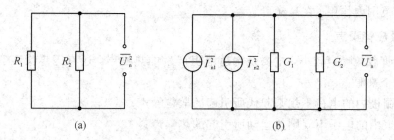

(a)　　　　　　　　　　　(b)

图 9.3.2　例 9 - 1 图

解　噪声电压有效值为

$$\sqrt{\overline{U_n^2}}=\sqrt{4kTR_P\Delta f_n}=2.88\ \mu\text{V}$$

等效电流源如图 9.3.2(b)所示，由式(9.3.3)可知

$$\overline{I_{n1}^2}=4kTG_1\Delta f_n,\ G_1=\frac{1}{R_1}$$

$$\overline{I_{n2}^2}=4kTG_2\Delta f_n,\ G_2=\frac{1}{R_2}$$

因此

$$\overline{I_n^2}=\overline{I_{n1}^2}+\overline{I_{n2}^2}=4kT(G_1+G_2)\Delta f_n$$

噪声电压均方值为

$$\overline{U_n^2}=\frac{\overline{I_n^2}}{(G_1+G_2)^2}=4kT\Delta f_n\frac{R_1R_2}{R_1+R_2}$$

2. 天线热噪声

天线等效电路由辐射电阻 R_A 和电抗 X_A 组成。辐射电阻只表示天线接收或辐射信号功率，它不同于天线导体本身的电阻。所以就天线本身而言，热噪声是非常小的。但是，天线周围的介质微粒处于热运动状态。这种热运动产生扰动的电磁波辐射，而这种扰动辐射被天线接收，然后又由天线辐射出去。热平衡状态下，天线中热噪声电压为

$$\overline{U_n^2}=4kT_AR_A\Delta f_n \tag{9.3.5}$$

式中 R_A 为天线辐射电阻，T_A 为天线等效噪声温度。

3. 晶体管的噪声

晶体管的噪声主要有热噪声、散粒噪声、分配噪声和 $1/f$ 噪声等。

（1）热噪声。热噪声主要存在于基极电阻 r_{bb} 内，是由于电子热运动所产生的噪声。发射极和集电极电阻的热噪声一般很小。

（2）散粒噪声。由于每个载流子通过 PN 结是随机的，即单位时间内注入的载流子数目不同，因而到达集电极的载流子数目也不同，这种由于载流子随机起伏流动产生的噪声称为散粒噪声。由于发射结正偏，集电结反偏（放大时），故发射结散粒噪声起主要作用。

（3）分配噪声。分配噪声指集电极电流随基区载流子复合数量的变化而变化所引起的

噪声(基区载流子复合不均匀)。

(4)闪烁噪声(1/f 噪声)。由于半导体材料及制造工艺水平造成表面清洁处理不好引起的噪声称为闪烁噪声。其电流噪声谱密度与频率近似成反比,又称 1/f 噪声。闪烁噪声主要在低频范围内作用,在高频可忽略。

4. 场效应管噪声

场效应管散粒噪声较小,主要是沟道电阻产生的热噪声,还有闪烁噪声等。场效应管的噪声有四个来源:

(1)由栅极内的电荷不规则起伏所引起的散粒噪声;

(2)沟道内的电子不规则热运动所引起的热噪声;

(3)漏极和源极之间的等效电阻噪声;

(4)闪烁噪声。

9.4 噪声的表示和计算方法

9.4.1 噪声的表示方法

1. 信噪比

电路中某一点信号功率 P_s 与噪声功率 P_n 之比称为信号噪声比,简称信噪比(SNR),用 P_s/P_n 或 S/N 表示。

2. 噪声系数 F_n

放大器输入端信号噪声比 P_{si}/P_{ni} 与输出端信号噪声比 P_{so}/P_{no} 的比值称为噪声系数。

$$F_n=\frac{P_{si}/P_{ni}}{P_{so}/P_{no}}=\frac{输入端信噪比}{输出端信噪比} \tag{9.4.1}$$

一般用分贝数表示:

$$F_n(dB)=10\lg\frac{P_{si}/P_{ni}}{P_{so}/P_{no}} \tag{9.4.2}$$

噪声系数的意义:由于电路和系统总有附加噪声,故放大后输出端信噪比较输入端信噪比低,即 $F_n>1$,F_n 表示信号通过放大器后信号噪声比变坏的程度。

根据功率增益的定义有 $A_P=P_{so}/P_{si}$,带入式(9.4.1),可得

$$F_n=\frac{P_{si}/P_{ni}}{P_{so}/P_{no}}=\frac{P_{no}}{P_{ni}A_P} \tag{9.4.3}$$

令 $P_{noⅠ}=P_{ni}\cdot A_P$,$P_{noⅠ}$ 表示噪声通过放大器后产生的噪声功率,带入式(9.4.3),有

$$F_n=\frac{P_{no}}{P_{noⅠ}} \tag{9.4.4}$$

可见,噪声系数的大小与输入信号的大小无关。

又因为 $P_{no}=P_{noⅠ}+P_{noⅡ}$,其中 $P_{noⅡ}$ 指放大器本身产生的噪声在输出端呈现的噪声功率,则式(9.4.4)又可以写为

$$F_n = 1 + \frac{P_{no\,\mathbb{I}}}{P_{no\,\mathbb{I}}} \tag{9.4.5}$$

F_n 越大，表示放大器本身产生的噪声越大。

注意：

(1) 噪声系数的定义只适用于线性或准线性电路。接收机的噪声系数适用于检波器以前的部分。对于变频器，虽然其本质上是非线性电路，但它对信号而言只产生频率搬移，因此可以看成准线性电路。信号和噪声满足线性叠加。

(2) 由于实际网络通带内不同频率点的传输系数不同，所以其噪声系数也不同。为此，在不同的特征频率点，分别测出其对应的单位频带内的信号功率和噪声功率，然后再计算出各自的噪声系数，此系数称为点噪声系数。

(3) 噪声系数还可表示为

$$F_n = \frac{U_{no}^2}{U_{nio}^2}, \quad F_n = \frac{I_{no}^2}{I_{nio}^2} \tag{9.4.6}$$

其中 U_{no}^2 和 I_{no}^2 分别是网络输出端开路和短路时总输出的均方噪声电压和电流。U_{nio}^2 和 I_{nio}^2 为网络输入端开路和短路时理想网络的均方噪声电压和电流。

9.4.2 噪声系数的计算

1. 额定功率

为了便于计算和测量，噪声系数也可用额定功率和额定增益的关系来定义。为此先引入额定功率(资用功率)的概念。额定功率指信号源所能输出的最大功率，如图 9.4.1 所示，为了使信号源有最大输出功率，显然必须使 $R_s = R_i$，即放大器的输入电阻 R_i 与信号源内阻 R_s 相匹配。

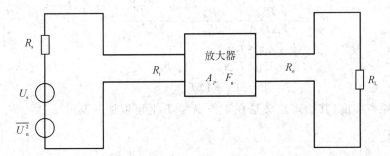

图 9.4.1 表示额定功率和噪声系数定义的电路

额定输入信号功率为

$$P'_{si} = \frac{U_s^2}{4R_s} \quad (\text{变为电流源时 } P'_{si} = \frac{1}{4}I_s^2 R_s) \tag{9.4.7}$$

额定输入噪声功率为

$$P'_{ni} = \frac{\overline{U_n^2}}{4R_s} = \frac{4kTR_s \Delta f_n}{4R_s} = kT\Delta f_n \tag{9.4.8}$$

同理，在输出端，当输出端匹配($R_L = R_o$ 时)，有额定信号功率 P'_{so} 和额定噪声功率 P'_{no}。

需要注意的是：如果 $R_s \neq R_i$ 和 $R_o \neq R_L$，即输入端或者输出端不匹配时，输出端的额定信号功率和额定噪声功率值不变，但这时额定信号功率并不表示实际信号功率。

2. 额定功率增益

额定功率增益是指放大器（或线性四端网络）的输入端和输出端分别匹配时（$R_s = R_i$，$R_o = R_L$）的功率增益，即

$$A_{PH} = \frac{P'_{so}}{P'_{si}} \tag{9.4.9}$$

3. 噪声系数的计算

根据噪声系数的定义，$F_n = \dfrac{P'_{si}/P'_{ni}}{P'_{so}/P'_{no}}$ ，将式（9.4.8）和式（9.4.9）代入，可以得到

$$F_n = \frac{P'_{no}}{kT \Delta f_n A_{PH}} \tag{9.4.10}$$

推论：图 9.4.1 中放大器为无源四端网络时（可为振荡回路、电抗或电阻元件等），其输出额定噪声功率为 $P'_{no} = kT \Delta f_n$，则式（9.4.10）可以变为

$$F_n = \frac{1}{A_{PH}} = L \tag{9.4.11}$$

其中，L 为网络衰减倍数。

4. 噪声温度

将线性电路的附加噪声折算到输入端，此附加噪声可以用提高信号源内阻上的温度来等效（或可看作是放大器输入端接一个匹配电阻所产生的噪声功率），这就是噪声温度。

若折算到输入端后的额定输入噪声功率为 P''_{ni}，则输出噪声功率 $P'_{no2} = P''_{ni} A_{PH}$。考虑到原有的噪声 $P'_{ni} = kT \Delta f_n$，并令 $P'_{no1} = A_{PH} P'_{ni}$，$P''_{ni} = kT_i \Delta f_n$，则式（9.4.10）可以写为

$$F_n = \frac{P'_{no}}{kT \Delta f_n A_{PH}} = \frac{P'_{no}}{P'_{no1}} = \frac{P'_{no1} + P'_{no2}}{P'_{no1}} = 1 + \frac{P'_{no2}}{P'_{no1}}$$

$$= 1 + \frac{A_{PH} k T_i \Delta f_n}{A_{PH} k T_i \Delta f_n} = 1 + \frac{T_i}{T} \tag{9.4.12}$$

即

$$T_i = (F_n - 1)T \tag{9.4.13}$$

T_i 即为噪声温度（其物理意义是在工作温度 T 上再增加一温度 T_i 后，R_s 上所增加的输出噪声功率）。

9.4.3　多级放大器的噪声系数

n 级级联放大器的噪声系数为

$$F_{n总} = F_{n1} + \frac{F_{n2} - 1}{A_{PH1}} + \frac{F_{n3} - 1}{A_{PH1} A_{PH2}} + \cdots + \frac{F_{nn} - 1}{A_{PH1} A_{PH2} \cdots A_{PH(n-1)}} \tag{9.4.14}$$

由式（9.4.14）可以看出：多级放大器总的噪声系数主要取决于第一级噪声系数，而和后面各级的噪声系数几乎没有多大关系。这是因为 A_{PH} 的乘积很大，所以后面各级的影响很小。F_{n1} 小，则总的噪声系数小；A_{PH1} 大，则使后级的噪声系数在总的噪声系数中所起的作用减小。因此，在多级放大器中，最关键的是第一级，不仅要求它的噪声系数低，而且要

求额定功率增益尽可能高。

例 9 - 2　某接收机高频小信号放大器和混频器噪声系数和功率增益如图 9.4.2 所示，求前端电路的噪声系数(本振噪声忽略)。

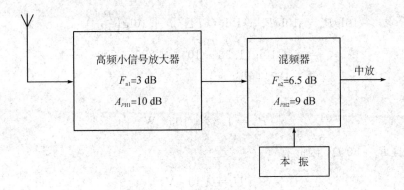

图 9.4.2　某接收机前端电路

解　将图 9.4.2 中的 dB 化为倍数，有

$$A_{PH1}=10^1=10,\ F_{n1}=10^{0.3}=2$$
$$A_{PH2}=10^{0.9}=7.94,\ F_{n2}=10^{0.65}=4.47$$

因此，前端电路的噪声系数为

$$F_{n总}=F_{n1}+\frac{F_{n2}-1}{A_{PH1}}=2+0.35=2.35=3.7\ dB$$

综上所述，减少噪声系数的措施如下：

(1) 选用低噪声器件与元件。

(2) 正确选择晶体管放大器的直流工作点。

(3) 选择合适的信号源内阻。

(4) 选择合适的带宽。

(5) 选择合适的放大电路。

(6) 降低噪声温度。

9.4.4　灵敏度

当系统的输出信噪比(P'_{so}/P'_{no})给定时，有效输入信号功率 P'_{si} 称为系统灵敏度。此时输入电压称为最小可检测电压，表明接收微弱信号的能力。

匹配时的输入信号功率为

$$P'_{si}=\frac{U_s^2}{4R_s}\tag{9.4.15}$$

输入噪声功率为

$$P'_{ni}=kT\Delta f_n\tag{9.4.16}$$

则由 $F_n=\dfrac{P'_{si}/P'_{ni}}{P'_{so}/P'_{no}}$ 得灵敏度为

$$P'_{si}=F_n(kT\Delta f_n)\left(\frac{P'_{so}}{P'_{no}}\right)\tag{9.4.17}$$

例 9 - 3 在输入阻抗等于 $50\ \Omega$，噪声系数 F_n 为 8 dB，带宽为 2.1 kHz 的系统中，若输出信噪比为 1 dB，则最小输入信号电压是多少？设温度为 290 K。

解 根据灵敏度的定义可知

$$10\lg P'_{si} = 10\lg F_n + 10\lg(kT\Delta f_n) + 10\lg\left(\frac{P'_{so}}{P'_{no}}\right)$$

$$= 8 + 10\lg(1.38 \times 10^{-23} \times 290 \times 2100) + 1$$

$$= -157.4\ \text{dB}$$

因此有

$$P'_{si} = 1.82 \times 10^{-16}\ \text{W}$$

又 $P'_{si} = \dfrac{U_s^2}{4R_s}$ 且 $R_s = 50\ \Omega$，因此有

$$U_s = 0.19\ \mu\text{V}$$

即最小可检测输入电压为 0.19 μV。

9.4.5 等效噪声频带宽度

设二端网络的电压传输系数为 $A(f)$，输入噪声功率谱密度为 $S_i(f)$，则输出噪声功率谱密度为

$$S_o(f) = A^2(f)S_i(f) \tag{9.4.18}$$

若输入端的噪声 $S_i(f)$ 为白噪声，显然经过二端网络后的 $S_o(f)$ 将不再是白噪声，而是有色噪声了。

等效噪声带宽是按噪声功率相等（几何面积相等）来进行等效的。

如图 9.4.3 所示，使宽度为 Δf_n、高度为 $S_o(f_0)$ 的矩形面积与曲线 $S_o(f)$ 下的面积相等，则 Δf_n 为等效噪声带宽，即

$$\int_0^\infty S_o(f)\mathrm{d}f = S_o(f_0)\Delta f_n \tag{9.4.19}$$

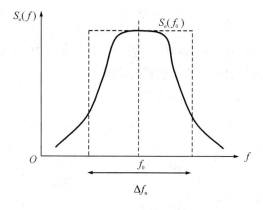

图 9.4.3 等效噪声带宽示意图

将式(9.4.18)代入，可以得到

$$\Delta f_n = \frac{\int_0^\infty A^2(f)\mathrm{d}f}{A^2(f_0)} \tag{9.4.20}$$

例 9-4　某接收机输入阻抗为 50 Ω，噪声系数为 6 dB，用一个 10 m 长，衰减量为 0.3 dB/m，阻抗为 50 Ω 的电缆将天线连至接收机，总噪声系数为多少？

解　该系统为两级，第一级为电缆，第二级为接收机，因明确无源纯电阻网络的噪声系数与功率增益和衰减量的关系为

$$F_n = \frac{1}{A_{RH}} = L$$

由题意知第一级的衰减量为

$$L = 0.3 \times 10 = 3 \text{ dB} = 2$$

即有

$$A_{PH1} = \frac{1}{2}, \quad F_{n1} = 2, \quad F_{n2} = 6 \text{ dB} = 4$$

总噪声系数为

$$F_n = F_{n1} + \frac{F_{n2} - 1}{A_{PH1}} = 2 + \frac{4 - 1}{\frac{1}{2}} = 8$$

例 9-5　求图 9.4.4 所示虚线框内电路的噪声系数。

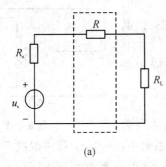 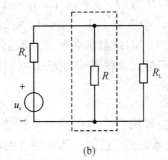

(a)　　　　　　　　　　　　　　(b)

图 9.4.4　例 9-5 图

解　对于 9.4.4(a)，用额定功率法求噪声系数。在输出端，等效戴维南电路参数为

$$U_s' = U_s, \quad R_o = R_s + R$$

则

$$P_{si}' = \frac{U_s^2}{4R_s}$$

$$P_{so}' = \frac{U_s'^2}{4(R_s + R)} = \frac{U_s'^2}{4R_o}$$

故噪声系数为

$$F_n = \frac{P_{si}'}{P_{so}'} = \frac{R_s + R}{R_s} = 1 + \frac{R}{R_s}$$

对于图 9.4.4(b)，在输出端，等效戴维南电路参数为

$$U'_s=\frac{R}{R+R_s}U_s,\quad R_o=\frac{RR_s}{R+R_s}$$

则

$$P'_{si}=\frac{U_s^2}{4R_s}$$

$$P'_{so}=\frac{U'^2_s}{4R_o}=\frac{RU_s^2}{4R_s(R+R_s)}$$

故噪声系数为

$$F_n=\frac{P'_{si}}{P'_{so}}=\frac{R+R_s}{R}=1+\frac{R_s}{R}$$

思考题与习题

9.1　晶体管和场效应管噪声的主要来源是哪些？为什么场效应管内部噪声较小？

9.2　一个 1000 Ω 电阻在温度 290 K 和 10 MHz 频带内工作，试计算它两端产生的噪声电压和噪声电流的均方根值。

9.3　三个电阻 R_1、R_2 和 R_3，其温度保持在 T_1、T_2 和 T_3。如果电阻串联连接，并看成等效于温度 T 的单个电阻 R，求 R 和 T 的表达式。如果电阻改为并联连接，求 R 和 T 的表达式。

9.4　某晶体管的 $r_{bb'}=70\ \Omega$，$I_E=1$ mA，$\alpha_0=0.95$，$f_\alpha=500$ MHz。求室温 19℃、通频带为 200 kHz 时，此晶体管在频率为 10 MHz 处的各噪声源数值。

9.5　证明题 9.5 图所示并联谐振回路的等效噪声带宽为 $\Delta f_n=\frac{\pi f_0}{2Q}$。

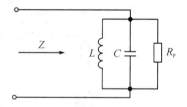

题 9.5 图

9.6　某接收机的前端电路由高频放大器、晶体混频器和中频放大器组成。已知晶体混频器的功率传输系数 $K_{PC}=0.2$，噪声温度 $T_i=60$ K，中频放大器的噪声系数 $F_{ni}=6$ dB。现用噪声系数为 3 dB 的高频放大器来降低接收机的总噪声系数。如果要使总噪声系数降低到10 dB，则高频放大器的功率增益至少要几分贝？

9.7　电路如题 9.7 图所示，不考虑 R_L 的噪声，求虚线框内线性网络的噪声系数 F_n。

9.8　当接收机线性级输出端的信号功率对噪声功率的比值超过 40 dB 时，接收机会输出满意的结果。该接收机输入级的噪声系数是 10 dB，损耗为 8 dB，下一级的噪声系数为 3 dB，并具有较高的增益。若输入信号功率与噪声功率的比值为 1×10^5，问这样的接收机构造形式是否满足要求，是否需要一个前置放大器？若前置放大器增益为 10 dB，则其噪声系数应为多少？

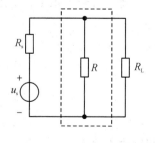

题 9.7 图

第十章　高频通信电子电路应用举例

10.1　基于 AD9854 的直接数字频率合成器(DDS)

近年来，随着无线电通信技术的迅速发展，对振荡信号源的要求也不断提高，不但要求它的频率稳定度和准确度高，而且要求能方便地改变频率。我们知道石英晶体振荡器的频率稳定度和准确度是很高的，但改变频率不方便，只宜用于固定频率场合；*LC* 振荡器改变频率方便，但频率稳定度和准确度又不够高。能不能设法将这两种振荡器的特点结合起来，既有较高的频率稳定度与准确度，又便于改变频率呢？近年来获得迅速发展的频率合成技术就能够满足上述要求。

10.1.1　DDS 原理概述

常用的频率合成器有直接数字频率合成器(DDS)和数字锁相环路构成的频率合成器。其中 DDS 突破了模拟频率合成的原理，从"相位"的概念出发进行频率合成。这种方法不仅可以产生不同频率的正弦波，而且可以控制波形的初始相位，甚至还可以产生各种任意波形。本节介绍利用 DDS 芯片 AD9854 产生高精度可变频率的振荡信号，首先介绍 DDS 产生振荡信号的原理，其原理框图如图 10.1.1 所示。

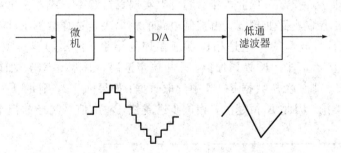

图 10.1.1　DDS 原理框图

在微机内插入一块 D/A 转换卡，然后编制一段程序，让微机控制 D/A 卡的输出。如连续进行加 1 运算到一定值，然后连续进行减 1 运算回到原值，再反复运行该程序，则微机输出的数字量经 D/A 转换变成小阶梯模拟量，再经过低通滤波器滤除引起小阶梯的高频分量，则得到三角波输出，如图 10.1.1 所示。若更换程序，令输出 1(高电平)一段时间再输出 0(低电平)一段时间，反复运行这段程序则会得到方波输出。实际上可以将要输出的波形数据(如表 10.1.1 所示的正弦查找表)预先存在 ROM(或 RAM)单元中，然后在系统标准时钟(CLK)频率作用下，按一定的顺序从 ROM(或 RAM)单元中读出数据，再进行 D/A

转换就可以得到一定频率的输出波形。

表 10.1.1　正弦查找表

地址码	相 位	幅度(满度值为1)	幅值编码
0000	0°	0.000	00000
0001	6°	0.105	00011
0010	12°	0.207	00111
0011	18°	0.309	01010
0100	24°	0.406	01101
0101	30°	0.500	10000
0110	36°	0.558	10011
0111	42°	0.669	10101
1000	48°	0.743	11000
1001	54°	0.809	11010
1010	60°	0.866	11100
1011	66°	0.914	11101
1100	72°	0.951	11110
1101	78°	0.978	11111
1110	84°	0.994	11111
1111	90°	1.000	11111

　　设时钟的频率为固定值 f_c，在时钟 CLK 的作用下，如果按照 0000、0001、0010、1111 的顺序(即地址码加 1)在每个时钟周期读出 ROM 中的数据，即表 10.1.1 中的幅值编码，可以得到正弦输出信号，该正弦信号频率为 f_{o1}；如果每个时钟周期读取数据时的地址码都加 2(即按 0000、0010、0100…1110 顺序)，则其输出信号频率为 f_{o2}，可见，输出信号的频率提高了一倍，即 $f_{o2} = 2f_{o1}$。依此类推，就可以实现直接频率合成器输出频率的调节。

　　上述过程是由控制电路实现的，由控制电路的输出决定选择数据 ROM 的地址(即正弦波的相位)。输出信号波形的产生是相位逐渐累加的结果，由累加器实现，称为相位累加器，如图 10.1.2 所示。图中 K 为累加值，即相位步进码，也称频率码。如果 K=1，每次累加结果的增量为 1，则依次从数据 ROM 中读取数据；如果 K=2，则每隔一个 ROM 地址读一次数据；依此类推。因此 K 值越大，相位步进越快，输出信号波形的频率就越高。

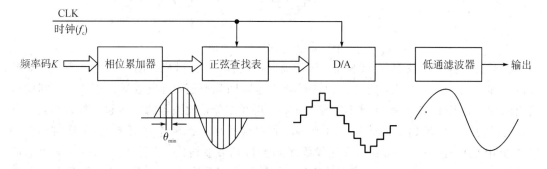

图 10.1.2　基于 ROM 的 DDS 原理图

　　假设控制时钟频率为 f_c，ROM 地址码位数为 n，当 $K = K_{min} = 1$ 时，输出频率 f_o 的最

小值为

$$f_{。} = \frac{f_c}{2^n} \tag{10.1.1}$$

由于正弦波一个周期至少需要四个采样点，因此 K 的最大值为 $n-2$，可以得到输出频率 $f_。$ 的最大值为

$$f_{omax} = \frac{f_c}{4} \tag{10.1.2}$$

现在讨论 DDS 的频率分辨率。如前所述，频率分辨率是两个相邻频率之间的间隔，现在定义 f_1 和 f_2 为两个相邻的频率，若

$$f_1 = K \times \frac{f_c}{2^n} \tag{10.1.3}$$

则

$$f_2 = (K+1) \times \frac{f_c}{2^n} \tag{10.1.4}$$

因此，频率分辨率为

$$\Delta f = f_2 - f_1 = (K+1) \times \frac{f_c}{2^n} - K \times \frac{f_c}{2^n} = \frac{f_c}{2^n} \tag{10.1.5}$$

10.1.2　AD9854 简介

DDS 芯片品种繁多，ADI 公司生产的就有几十种之多，其中 AD9854 输出频率较高，功能较强，应用较广泛，且有 I、Q 两路正交信号输出，具有一定的代表性。下面重点介绍 AD9854 芯片的使用。

从图 10.1.3 所示的 AD9854 的内部结构框图可以看出，AD9854 主要由时钟乘法器、48 位频率累加器、14 位相位累加器、正弦转换表、反 sinc 函数滤波器、数字幅度调制乘法器、程序寄存器、频率和相位控制字寄存器、FM 控制逻辑、12 位正交数模转换器、I/O 端口缓冲器、比较器等组成。该芯片能够在单片上完成频率调制、相位调制、幅度调制以及 I/Q 正交调制等多种功能。

AD9854 把 DDS 技术和高速 D/A 转换器结合在一起，形成一个全数字化、可编程的频率合成器，在一个精确时钟的控制下，可产生一个频谱纯正，频率、相位、幅度可编程的正弦波信号。

AD9854 工作频率高，I/O 端口功能丰富，其主要功能特点如下：

- 高达 300 MHz 的系统时钟；
- 能输出一般调制信号、FSK、BPSK、PSK、CHIRP、AM 等；
- 100 MHz 时具有 80 dB 的信噪比；
- 内部有 4 倍到 20 倍的可编程时钟倍频器；
- 两个 48 位频率控制字寄存器，能够实现很高的频率分辨率；
- 两个 14 位相位偏置寄存器，提供初始相位设置；
- 带有 100 MHz 的 8 位并行数据传输口或 10 MHz 的串行数据传输口。

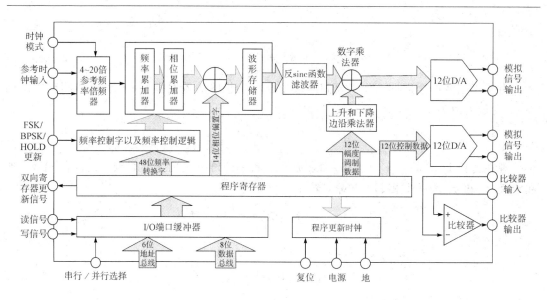

图 10.1.3　AD9854 的内部结构框图

AD9854 采用 80 脚 LQFP 封装，其引脚排列如图 10.1.4 所示。

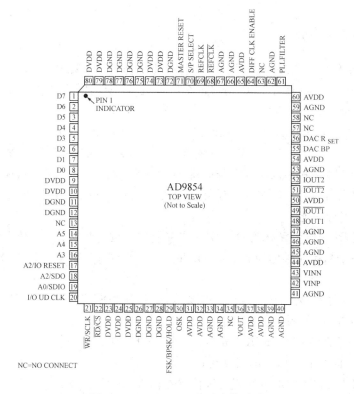

图 10.1.4　AD9854 的引脚排列图

AD9854 内部共有 40 个 8 位的控制寄存器，分别用来控制输出信号频率、相位、幅度、步进斜率等，此外还有一些特殊控制位。表 10.1.2 和表 10.1.3 给出了内部寄存器的功能及其默认值。

表 10.1.2　AD9854 内部寄存器

并行地址	寄存器功能	默认值
0x00	相位调整控制字♯1<13：8>(15、14 位无效)	0x00
0x01	相位调整控制字♯1<7：0>	0x00
0x02	相位调整控制字♯2<13：8>(15、14 位无效)	0x00
0x03	相位调整控制字♯2<7：0>	0x00
0x04	频率调谐字♯1<47：40>	0x00
0x05	频率调谐字♯1<39：32>	0x00
0x06	频率调谐字♯1<31：24>	0x00
0x07	频率调谐字♯1<23：16>	0x00
0x08	频率调谐字♯1<15：8>	0x00
0x09	频率调谐字♯1<7：0>	0x00
0x0A	频率调谐字♯2<47：40>	0x00
0x0B	频率调谐字♯2<39：32>	0x00
0x0C	频率调谐字♯2<31：24>	0x00
0x0D	频率调谐字♯2<23：16>	0x00
0x0E	频率调谐字♯2<15：8>	0x00
0x0F	频率调谐字♯2<7：0>	0x00
0x10	频率步进控制字<47：40>	0x00
0x11	频率步进控制字<39：32>	0x00
0x12	频率步进控制字<31：24>	0x00
0x13	频率步进控制字<23：16>	0x00
0x14	频率步进控制字<15：8>	0x00
0x15	频率步进控制字<7：0>	0x00
0x16	内部刷新时钟控制字<31：24>	0x00
0x17	内部刷新时钟控制字<23：16>	0x00
0x18	内部刷新时钟控制字<15：8>	0x00
0x19	内部刷新时钟控制字<7：0>	0x40

并行地址	寄存器功能	默认值
0x1A	渐变速率时钟<19：16>（23、22、21、20 不起作用）	0x00
0x1B	渐变速率时钟<15：8>	0x00
0x1C	渐变速率时钟<7：0>	0x00
0x1D	节电控制	0x00
0x1E	时钟倍频控制器	0x64
0x1F	DDS 模式控制与累加器清零控制	0x20
0x20	传输模式和 OSK 控制	0x10
0x21	输出幅度调整控制字 I<11：8>（15、14、13、12 不起作用）	0x00
0x22	输出幅度调整控制字 I<7：0>	0x00
0x23	输出幅度调整控制字 Q<11：8>（15、14、13、12 不起作用）	0x00
0x24	输出幅度调整控制字 Q<7：0>	0x00
0x25	输出幅度渐变速率<7：0>	0x80
0x26	IDAC，I 通道 D/A 输入<11：8>	0x00
0x27	QDAC，Q 通道 D/A 输入<7：0>	0x00

通过并行总线将数据写入程序寄存器时，实际上只是暂存在 I/O 缓冲区中，只有提供更新信号，这些数据才会更新到程序寄存器。AD9854 提供两种更新方式，内部更新和外部更新。内部更新通过更新时钟计数器完成，当计数器计数自减为零后会产生一个内部更新信号；外部更新需要在外部更新引脚上给予一个高电平脉冲。默认的更新模式为内部更新，可以通过设置控制寄存器 0x1F 的 0 位进行修改。

表 10.1.3 AD9854 控制寄存器功能

地址	7	6	5	4	3	2	1	0	默认值
0x1D	N	N	N	比较器	0	控制 DAC	I 通道 DAC	数字 部分	0x00
0x1E	N	PLL 范围	PLL 低通	倍频 4 位	倍频 3 位	倍频 2 位	倍频 1 位	倍频 0 位	0x64
0x1F	ACC1 清零	ACC2 清零	Triangle	N	Mode 2	Mode1	Mode0	内部 更新	0x01
0x20	N	开输出 滤波	OSK 使能	OSK 模式	N	N	串行低位 字节优先	SDO 有效	0x20

10.1.3　AD9854 工作模式及与单片机的接口

AD9854 能够产生多种形式的输出信号，工作模式的选择是通过对控制寄存器 0x1F 中的三位（Mode2、Mode1、Mode0）的控制来实现的。其工作模式如表 10.1.4 所示。

表 10.1.4　AD9854 工作模式对照表

Mode2	Mode1	Mode0	结　果
0	0	0	SingleTone（单频）模式
0	0	1	FSK
0	1	0	Ramped FSK
0	1	1	线性调频脉冲
1	0	0	BPSK

事实上，除上表中的工作方式外，通过不同工作方式的组合控制，还可以产生更多的输出信号形式（例如非线性调频信号）。下面对各种工作模式进行简要介绍。

1. 单频（SingleTone）模式

单频模式是 AD9854 复位后的缺省工作模式。输出频率由写入控制寄存器 04H～09H 中的 48 位频率调谐字 1 决定，相位由控制寄存器 00H～01H 中的 14 位相位调谐字决定，I 和 Q 通道的输出信号幅度可分别由控制寄存器 21H～22H、23H～24H 中的两个 12 位幅度调整控制字决定。此时，频率调谐字 2(0AH～0DH) 和相位调谐字 2(02H～03H) 不用。

频率调谐字（FTW）的取值由以下公式决定：

$$\text{FTW} = \frac{f_{\text{out}} \cdot 2^N}{f_{\text{sysclk}}} \tag{10.1.6}$$

其中，f_{out} 为输出信号频率；N 为相位累加器的分辨率，这里是 48 位；f_{sysclk} 为系统时钟。

值得注意的是，I 和 Q 通道的输出在任何时候都是正交的。另外，所有频率的改变都是相位连续的。

2. 频移键控（FSK）模式

两个频率 f_1、f_2 分别由 FTW1 和 FTW2 中的值决定，输出哪个频率由芯片 29 引脚的电平决定，若 29 引脚为"0"，输出 f_1，若 29 引脚为"1"，则输出 f_2。

3. 频率渐变 FSK（Ramped FSK）

AD9854 提供一种频率渐变的 FSK 输出模式，可改善输出信号的带宽性能。其输出波形与传统 FSK 的差别如图 10.1.5 所示。此时，频率由 f_1 到 f_2 的变化不是突变的，而是按一定的斜率逐渐从 f_1 变化到 f_2，该斜率由 20 位的渐变速率时钟（Ramp Rate Clock，RRC，1AH～1CH）寄存器和 48 位的频率步进字（Delta Frequency Word，DFW，10H～15H）寄存器中的值共同决定。

FTW1 寄存器中置低频控制字，FTW2 寄存器中置高频控制字；RRC 寄存器中置渐变

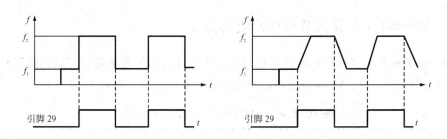

图 10.1.5　传统 FSK 和频率渐变 FSK 的区别

过程中每个中间频率的持续时间控制字。48 位的 DFW 寄存器中的值决定了每次频率的步进量。频率的上升或下降由 29 脚的电平决定。29 脚电平为"0"，频率上升；29 脚电平为"1"，则频率下降。当频率上升到达终点频率或者下降到达起始频率后，则停止渐变并保持该频率不变。

通过改变以下三个不同控制位，频率渐变 FSK 可以得到其他的输出信号：

(1) 若置位控制寄存器 0x1F 中的 Triangle 位，则无需 29 脚上的电平控制，AD9854 就能按照 RRC 和 DFW 寄存器中的设置产生从 f_1 到 f_2，然后立刻再从 f_2 到 f_1 的锯齿形频率输出。

(2) 控制位 CLRACC1(0x1F 寄存器最高位)：当该位置"1"时，则停止现行的频率渐变过程，回到起始频率重新开始下一个渐变过程。

(3) 控制位 CLRACC2(0x1F 寄存器次高位)：该位置"1"时，AD9854 输出直流信号(0 Hz)。

4. 二进制相移键控(BPSK)模式

这种工作方式的控制类似于 FSK 模式。两个输出相位 P1 和 P2 分别由两个 14 位相位调整控制字寄存器(00H~01H，02H~03H)决定，29 脚的电平决定用哪个作为起始相位。输出信号的频率由 FTW1 寄存器中的值决定。相位分辨率为

$$\frac{360°}{2^{14}} = 0.022° \tag{10.1.7}$$

5. 线性调频(FM Chirp)模式

AD9854 可以按用户所要求的频率分辨率、调频斜率、扫频方向和频率范围产生精确的线性或非线性调频信号。此时，寄存器 FTW1 中装入的值决定起点频率，频率步进量由寄存器 DFW 决定，中间频率持续时间由寄存器 RRC 决定，29 脚为高电平时，Chirp 过程暂停，输出频率保持此前值不变，直至 29 脚又重新变为低电平后，再以原来的斜率继续原 Chirp 过程。

需要注意的是，Chirp 模式只规定了起点频率，而没有设定终点频率，所以需要由用户来决定何时停止该过程。若没有及时发出停止指令，频率会持续上升到 $f_{\text{sysclk}}/2$ 为止。

在实际使用中，通过单片机或者 FPGA 芯片对 AD9854 的寄存器进行相应的读写就可以控制 AD9854 的输出，图 10.1.6 给出了利用 STM32 微控制器控制 AD9854 输出信号的典型接口电路。

```
         AD9854                              STM32
      DDS_RST ────────────────────────── PA6
      UNCLK ──────────────────────────── PA4
      WR ─────────────────────────────── PA5
      RD ─────────────────────────────── PA8
      OSK ────────────────────────────── PA2
      FSK ────────────────────────────── PB10
      D0 ─────────────────────────────── PC0
      D1 ─────────────────────────────── PC1
      D2 ─────────────────────────────── PC2
      D3 ─────────────────────────────── PC3
      D4 ─────────────────────────────── PC4
      D5 ─────────────────────────────── PC5
      D6 ─────────────────────────────── PC6
      D7 ─────────────────────────────── PC7
      A0 ─────────────────────────────── PC8
      A1 ─────────────────────────────── PC9
      A2 ─────────────────────────────── PC10
      A3 ─────────────────────────────── PC11
      A4 ─────────────────────────────── PC12
      A5 ─────────────────────────────── PC13
      GND ────────────────────────────── GND
```

10.1.6 STM32 芯片与 AD9854 的接口电路

10.2 基于 ADF4351 的锁相环频率合成器

DDS 构成的频率合成器有许多优点，但是输出信号频率不太高，它受到两方面的限制，一是时钟频率 f_c 的限制，晶振的频率太高时，晶片容易震碎；二是 ADC 和 DAC 转换速度的限制。上面提到 AD9854 时钟频率最高为 300 MHz，而且这么高的时钟频率还是采用锁相环倍频得到的。根据奈奎斯特定律，最高输出频率只能达到 150 MHz，实际上只能达到 130 MHz，若振荡器的输出频率大于 100 MHz，建议采用 PLL 构成的频率合成器。

10.2.1 锁相环频率合成器的工作原理

数字锁相环频率合成器的原理框图如图 10.2.1 所示，主要由参考振荡器、参考分频器（$\div A$），鉴相器（PD）、环路滤波器（LF）、压控振荡器（VCO）、固定分频器（$\div M$）和可编程分频器（$\div N$）等部分组成。

参考振荡器就是晶体振荡器，可以产生一个频率稳定、准确度高的正弦信号。

参考分频器（$\div A$）对参考信号进行分频，得到一个 f_r/A 的方波信号，$f_1 = f_r/A$ 决定了该合成器的步进值。

来自参考振荡器的信号 f_r/A 与来自压控振荡器的信号 f_o/MN 在鉴相器（PD）中进行比较，产生了一个误差信号 $U_e(t)$。

环路滤波器（LF）实际上就是一个低通滤波器，滤除高频成分，保留直流或低频成分，形成控制信号 $U_c(t)$，该控制信号去控制压控振荡器（VCO）的频率或相位。

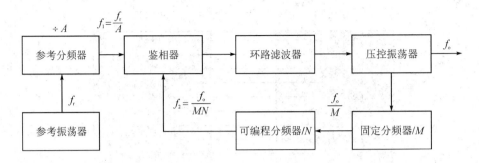

图 10.2.1　数字锁相环频率合成器原理方框图

压控振荡器(VCO)的输出信号频率随输入信号幅度改变。

可编程序分频器也叫射频取样分频器，一般由高速固定分频器和可编程分频器构成。高速固定分频器的作用就是将输出的高频信号变换成可编程分频器可以接受的频率信号。可编程分频器就是通过程序改变分频比。

若该系统被锁定，则 $f_1 = f_2$，即

$$\frac{f_r}{A} = f_1 = f_2 = \frac{f_o}{MN} \tag{10.2.1}$$

所以

$$f_o = \frac{MN}{A} f_r \tag{10.2.2}$$

可以看出，压控振荡器输出的振荡频率 f_o 为原参考振荡信号 f_r 的 $\dfrac{MN}{A}$ 倍。因此，通过改变 A、M 和 N 的数值就可以得到不同频率的输出信号。

10.2.2　大规模频率合成器芯片 ADF4351 介绍

ADF4351 结合外部环路滤波器和参考频率使用时，可实现小数 N 分频或整数 N 分频锁相环(PLL)频率合成器。ADF4351 内部集成了 VCO，其基波输出的频率范围为 $2.2 \sim 4.4$ GHz。此外，利用 1/2/4/8/16/32/64 分频电路，用户可以产生低至 35 MHz 的射频输出频率。ADF4351 的所有片内寄存器均通过简单的 SPI 接口进行控制。

1. 特性

- 输出频率范围：$35 \sim 4400$ MHz。
- 小数分频器和整数分频器。
- 具有低相位噪声的 VCO。
- 可编程的 1/2/4/8/16/32/64 分频输出。
- 抖动(RMS)典型值：0.3 ps。
- 电源：$3.0 \sim 3.6$ V。
- 逻辑兼容性：1.8 V。
- 可编程双模预分频器：4/5 或 8/9。
- 可编程的输出功率。

- RF 输出静音功能。
- 三线式串行接口。
- 模拟和数字锁定检测。
- 在带宽内快速锁定模式。
- 周跳减少。

2. ADF4351 的内部结构、引脚排列及功能描述

ADF4351 引脚排列如图 10.2.2 所示。

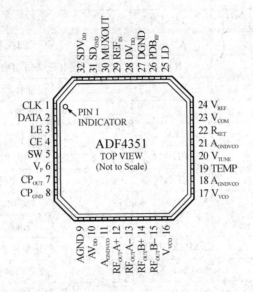

图 10.2.2　ADF4351 引脚排列图

ADF4351 引脚功能描述见表 10.2.1。

表 10.2.1　ADF4351 引脚功能描述

引脚编号	名　称	描　述
1	CLK	串行时钟输入
2	DATA	串行数据输入
3	LE	加载使能
4	CE	芯片使能
5	SW	快速锁定开关
6	V_p	电荷泵电源
7	CP_{OUT}	电荷泵输出
8	CP_{GND}	电荷泵接地
9	AGND	模拟地
10	AV_{DD}	模拟电源
11、18、21	A_{GNDVCO}	VCO 的模拟地

引脚编号	名　称	描　述
12	$RF_{OUT}A+$	VCO 输出
13	$RF_{OUT}A-$	互补 VCO 输出
14	$RF_{OUT}B+$	辅助 VCO 输出
15	$RF_{OUT}B-$	互补辅助 VCO 输出
16、17	V_{VCO}	VCO 电源
19	TEMP	温度补偿输出
20	V_{TUNE}	VCO 的控制输入
22	R_{SET}	用于设置电荷泵输出电流 $I_{cp}=25.5/R_{SET}$
23	V_{COM}	内部补偿节点
24	V_{REF}	基准电压
25	LD	锁定检测引脚
26	PDB_{RF}	RF 关断。低电平时 RF 输出静音
27	DGND	数字地
28	DV_{DD}	数字电源
29	REF_{IN}	基准输入
30	MUXOUT	多路复用器输出
31	SD_{GND}	数字调制器地
32	SDV_{DD}	数字调制器电源

ADF4351 功能框图如图 10.2.3 所示。

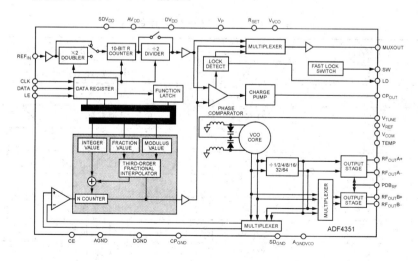

图 10.2.3　ADF4351 的功能框图

3. 时序特性

ADF4351 在工作时需要利用单片机对寄存器进行配置。ADF4351 与单片机的通信方式是串行通信，它与单片机相连的接口由 CLK、DATA、LE 和 CE 四根线组成，其具体时序如图 10.2.4 所示。

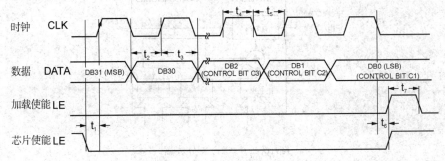

图 10.2.4　ADF4351 时序图

数据在 CLK 的每个上升沿时逐个输入 32 位移位寄存器。数据输入方式是 MSB(Most Significant Bit，最高有效位)优先。在 LE 上升沿时，数据从移位寄存器传输至六个锁存器之一。目标锁存器由移位寄存器中的三个控制位(C3、C2 和 C1)的状态决定，这些控制位是三个 LSB(Least　Significant　Bit，最低有效位)：DB2、DB1 和 DB0。

除非另有说明，$AV_{DD} = DV_{DD} = V_{VCO} = SDV_{DD} = V_P = 3.3V \pm 10\%$；$AGND = DGND = 0$ V；使用 1.8 V 和 3 V 逻辑电平；$TMIN \leqslant T_A \leqslant T_{MAX}$。图 10.2.4 所示时序图中相关的时间详情如表 10.2.2 所示。

表 10.2.2　时序图中的时间详情

参　数	限　值	单　位	描　述
t_1	20	ns(最小值)	LE 建立时间
t_2	10	ns(最小值)	DATA 到 CLK 建立时间
t_3	10	ns(最小值)	DATA 到 CLK 保持时间
t_4	25	ns(最小值)	CLK 高电平持续时间
t_5	25	ns(最小值)	CLK 低电平持续时间
t_6	10	ns(最小值)	CLK 到 LE 建立时间
t_7	20	ns(最小值)	LE 脉冲宽度

4. 电路描述

1) 参考输入级

参考输入级如图 10.2.5 所示。SW1 和 SW2 为常闭开关，SW3 为常开开关。启动关断程序后，SW3 闭合，SW1 和 SW2 断开，确保关断期间 REF_{IN} 引脚无负载。

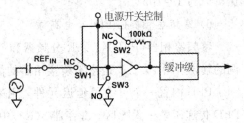

图 10.2.5　参考输入级

2）RF N 分频器

RF N 分频器可以在 PLL 反馈路径中提供一

个分频比。分频比由构成此分频器的 INT、FRAC 和 MOD 的值决定，如图 10.2.6 所示。

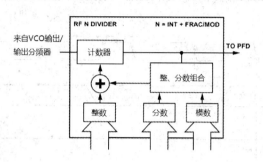

图 10.2.6　RF N 分频器

3）INT、FRAC、MOD 与 R 分频器的关系

利用 INT、FRAC 和 MOD 的值以及 R 分频器，可以产生步进值为鉴频鉴相器（PFD）频率除以 MOD 值的输出频率。RF VCO 频率（RF_{OUT}）的计算公式为

$$RF_{OUT} = f_{PFD} \times \left(INT + \frac{FRAC}{MOD} \right) \tag{10.2.3}$$

式中：RF_{OUT} 是电压控制振荡器（VCO）的输出频率；INT 是二进制 16 位计数器的预设分频比（4/5 预分频器为 23～65 535，8/9 预分频器为 75～65 535）；FRAC 是小数分频的分子（0 至 MOD－1）；MOD 是预设的小数模数（2～4095）。

PFD 频率（f_{PFD}）的计算公式为

$$f_{PFD} = REF_{IN} \times \left[\frac{1 + D}{R \times (1 + T)} \right] \tag{10.2.4}$$

式中 REF_{IN} 是参考输入频率；D 是 REF_{IN} 倍频器位（0 或 1）；R 是二进制 10 位可编程参考计数器的预设分频比（1～1023）；T 是 REF_{IN} 2 分频位（0 或 1）。

4）整数 N 分频模式

如果 FRAC＝0 且寄存器 2 的 DB8（LDF）设为 1，则频率合成器工作在整数 N 分频模式。若要进行整数 N 数字锁定检测，应将寄存器 2 的 DB8 设为 1。

5）R 分频器

利用 10 位 R 分频器，可以细分输入参考频率（REF_{IN}）以产生 PFD 的参考时钟。分频比可以为 1～1023。

6）鉴频鉴相器（PFD）和电荷泵

鉴频鉴相器（PFD）接受 R 分频器和 N 分频器的输入，产生与二者的相位和频率差成比例的输出。图 10.2.7 是该鉴频鉴相器的简化原理图。

PFD 内置一个可编程延迟元件，用来设置防反冲脉冲（ABP）的宽度。此脉冲可确保 PFD 传递函数中无死区。寄存器 3（R3）中的 DB22 位用于设置 ABP：

• DB22 位设为 0 时，ABP 宽度为 6 ns，这是小数 N 分频应用的推荐值。

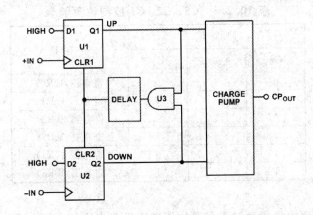

图 10.2.7 PFD 简化原理图

· DB22 位设为 1 时，ABP 宽度为 3 ns，这是整数 N 分频应用的推荐值。

对于整数 N 分频应用，较短的脉冲宽度有助于改善带内噪声。这种模式下，PFD 的工作频率最高可达 90 MHz。当 PFD 工作频率高于 45 MHz 时，必须将寄存器 1 中的相位调整（DB28）设为 1 以禁用 VCO 频段选择。

7) MUXOUT 和锁定检测

ADF4351 的多路复用器输出允许用户访问芯片的各种内部点。MUXOUT 状态由寄存器 2 中的 M3、M2 和 M1 位控制。图 10.2.8 以框图形式显示了 MUXOUT 部分。

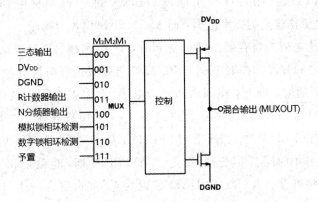

图 10.2.8 MUXOUT 原理图

8) 输入移位寄存器

ADF4351 数字部分包括一个 10 位 RFR 计数器、一个 16 位 RFN 计数器、一个 12 位 FRAC 计数器和一个 12 位模数计数器。数据在 CLK 的每个上升沿时逐个输入 32 位移位寄存器。数据输入方式是 MSB 优先。在 LE 上升沿时，数据从移位寄存器传输至六个锁存器之一。目标锁存器由移位寄存器中的三个控制位（C3、C2 和 C1）的状态决定，如图 10.2.3 所示，这些控制位是三个 LSB：DB2、DB1 和 DB0。表 10.2.3 是这些位的真值表。

表 10.2.3 C3、C2、C1 控制位真值表

控 制 位			寄 存 器
C3	C2	C1	
0	0	0	寄存器 0(R0)
0	0	1	寄存器 1(R1)
0	1	0	寄存器 2(R2)
0	1	1	寄存器 3(R3)
1	0	0	寄存器 4(R4)
1	0	1	寄存器 5(R5)

9）编程模式

ADF4351 的编程主要通过对寄存器的值进行设置来进行，具体的寄存器选择可以参照表 10.2.3 的控制位信息，在"5. 寄存器映射"中会对寄存器的定义有详细讲解。

ADF4351 的下列设置采用双缓冲：相位值、模数值、参考倍频器、参考 2 分频、R 分频器值和电荷泵电流设置。器件要使用任何双缓冲设置的新值，必须发生两个事件：首先通过写入适当的寄存器将新值锁存至器件中；其次对寄存器 0（R0）执行一次新的写操作。

例如，更新模数值时，必须写入寄存器 0（R0），以确保模数值正确加载。寄存器 4（R4）中的分频器选择值也是双缓冲，但条件是寄存器 2（R2）的 DB13 位设为 1。

10）VCO

ADF4351 的 VCO 内核由三个独立的 VCO 组成，每个 VCO 使用 16 个重叠频段，如图 10.2.9 所示，以便覆盖较宽的频率范围，而 VCO 灵敏度（K_V）则较小，不会导致相位噪声和杂散性能较差。上电时或寄存器 0（R0）更新时，VCO 和频段选择逻辑会自动选择正确的 VCO 和频段。VCO 和频段选择取 10 个 PFD 周期与频段选择时钟分频器值的乘积。VCO V_{TUNE} 与环路滤波器的输出断开，连到内部基准电压。R 计数器用作频段选择逻辑的时钟。R 计数器输出端有一个可编程分频器，允许进行 1～255 整数分频，该分频器值由寄存器 4（R4）中的位［DB19:DB12］设置。当所需的 PFD 频率高于 125 kHz 时，应设置分频比，为正确选择频段提供足够的时间。频段选择需要 10 个 PFD 周期，也就是 80 μs。如果需要更快的锁定时间，必须将寄存器 3（R3）的 DB23 位设为 1。此设置允许用户选择最高 500 kHz 的频段选择时钟频率，从而最短频段选择时间缩短到 20 μs。对于相位调整和小频率（<1 MHz）调整，用户可以将寄存器 1（R1）的 DB28 位设为 1，从而禁用 VCO 频段选择。此设置选择相位调整特性。

选择频段之后，恢复正常 PLL 操作。当 N 分频器采用 VCO 输出或此值除以 D 的商驱动时，K_V 的标称值为 40 MHz/V。如果 N 分频器采用 RF 分频器输出驱动（由寄存器 4 中的编程位［DB22:DB20］予以选择），则 D 为输出分频器值。ADF4351 内置线性电路，用以将 I_{CP} 与 K_V 乘积的变化降至最小，从而保持环路带宽不变。

V_{TUNE} 在频段内和频段间变化时，VCO 的 K_V 随之变化。针对频率范围较宽（且输出分频器不断变化）的宽带应用，40 MHz/V 是最精确的 K_V 值，因为它最接近平均值。图

10.2.10显示了 K_V 随 VCO 基频的变化以及频段的平均值。使用窄带设计时，用户可能更倾向于使用此图。

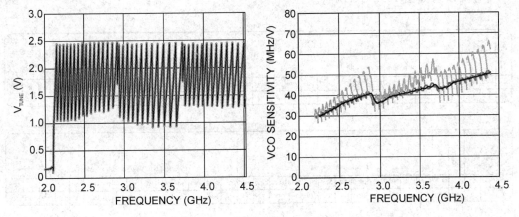

图 10.2.9　V_{TUNE} 与频率的关系　　　　　图 10.2.10　VCO 灵敏度(K_V)与频率的关系

11) 输出级

ADF4351 的 $\text{RF}_{\text{OUT}}\text{A}+$ 和 $\text{RF}_{\text{OUT}}\text{A}-$ 引脚连到由 VCO 的缓冲输出驱动的 NPN 差分对的集电极，如图 10.2.11 所示。为了优化功耗与输出功率之间的关系，用户可以通过寄存器 4 (R4)中的位[DB4:DB3]设置该差分对的尾电流，可以设置四种电流值。使用 50 Ω 电阻与 AV_{DD} 相连并交流耦合至 50 Ω 负载时，这些电流值分别提供 -4 dBm、-1 dBm、$+2$ dBm和$+5$ dBm的输出功率。此外，也可以将两路输出合并在一个 1 + 1∶1 变压器或 180°微带耦合器中。

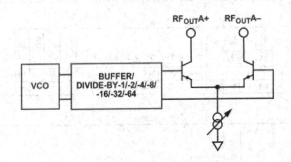

图 10.2.11　输出级

如果单独使用这些输出，则最佳输出级应包含一个与 V_{VCO} 相连的分流电感。未使用的互补输出必须采用与已使用输出相似的电路端接。引脚 $\text{RF}_{\text{OUT}}\text{B}+$ 和 $\text{RF}_{\text{OUT}}\text{B}-$ 上有一个辅助输出级，可提供第二组差分输出，用来驱动其他电路。辅助输出级只能在已使能主要输出的情况下使用。如果不使用辅助输出级，可以将其关断。

ADF4351 的另一个特性是可以切断 RF 输出级的电源电流，直到数字锁定检测电路检测到器件实现锁定为止。此特性可通过设置寄存器 4 (R4)中的"静音至检测到锁定"(MTLD)位使能。

5. 寄存器映射

寄存器映射如图 10.2.12 所示。

REGISTER 0

	16-BIT INTEGER VALUE (INT)																12-BIT FRACTIONAL VALUE (FRAC)													CONTROL BITS		
RESERVED																															
DB31	DB30	DB29	DB28	DB27	DB26	DB25	DB24	DB23	DB22	DB21	DB20	DB19	DB18	DB17	DB16	DB15	DB14	DB13	DB12	DB11	DB10	DB9	DB8	DB7	DB6	DB5	DB4	DB3	DB2	DB1	DB0
0	N16	N15	N14	N13	N12	N11	N10	N9	N8	N7	N6	N5	N4	N3	N2	N1	F12	F11	F10	F9	F8	F7	F6	F5	F4	F3	F2	F1	C3(0)	C2(0)	C1(0)

REGISTER 1

Fields: RESERVED | PHASE ADJUST | PRESCALER | 12-BIT PHASE VALUE (PHASE) DBR[1] | 12-BIT MODULUS VALUE (MOD) DBR[1] | CONTROL BITS

DB31	DB30	DB29	DB28	DB27	DB26	DB25	DB24	DB23	DB22	DB21	DB20	DB19	DB18	DB17	DB16	DB15	DB14	DB13	DB12	DB11	DB10	DB9	DB8	DB7	DB6	DB5	DB4	DB3	DB2	DB1	DB0
0	0	0	PH1	PR1	P12	P11	P10	P9	P8	P7	P6	P5	P4	P3	P2	P1	M12	M11	M10	M9	M8	M7	M6	M5	M4	M3	M2	M1	C3(0)	C2(0)	C1(1)

REGISTER 2

Fields: RESERVED | LOW NOISE AND LOW SPUR MODES | MUXOUT | REFERENCE DOUBLER DBR[1] | RDIV2 DBR[1] | 10-BIT R COUNTER DBR[1] | DOUBLE BUFFER | CHARGE PUMP CURRENT SETTING DBR[1] | LDF | LDP | PD POLARITY | POWER-DOWN | CP THREE-STATE | COUNTER RESET | CONTROL BITS

DB31	DB30	DB29	DB28	DB27	DB26	DB25	DB24	DB23	DB22	DB21	DB20	DB19	DB18	DB17	DB16	DB15	DB14	DB13	DB12	DB11	DB10	DB9	DB8	DB7	DB6	DB5	DB4	DB3	DB2	DB1	DB0
0	L2	L1	M3	M2	M1	RD2	RD1	R10	R9	R8	R7	R6	R5	R4	R3	R2	R1	D1	CP4	CP3	CP2	CP1	U6	U5	U4	U3	U2	U1	C3(0)	C2(1)	C1(0)

REGISTER 3

Fields: RESERVED | BAND SELECT CLOCK MODE | ABP | CHARGE CANCEL | RESERVED | CSR | RESERVED | CLK DIV MODE | 12-BIT CLOCK DIVIDER VALUE | CONTROL BITS

DB31	DB30	DB29	DB28	DB27	DB26	DB25	DB24	DB23	DB22	DB21	DB20	DB19	DB18	DB17	DB16	DB15	DB14	DB13	DB12	DB11	DB10	DB9	DB8	DB7	DB6	DB5	DB4	DB3	DB2	DB1	DB0
0	0	0	0	0	0	0	0	F4	F3	F2	0	0	F1	0	C2	C1	D12	D11	D10	D9	D8	D7	D6	D5	D4	D3	D2	D1	C3(0)	C2(1)	C1(1)

REGISTER 4

Fields: RESERVED | FEEDBACK SELECT | RF DIVIDER SELECT DBB[2] | 8-BIT BAND SELECT CLOCK DIVIDER VALUE | VCO POWER-DOWN | MTLD | AUX OUTPUT SELECT | AUX OUTPUT ENABLE | AUX OUTPUT POWER | RF OUTPUT ENABLE | OUTPUT POWER | CONTROL BITS

DB31	DB30	DB29	DB28	DB27	DB26	DB25	DB24	DB23	DB22	DB21	DB20	DB19	DB18	DB17	DB16	DB15	DB14	DB13	DB12	DB11	DB10	DB9	DB8	DB7	DB6	DB5	DB4	DB3	DB2	DB1	DB0
0	0	0	0	0	0	0	0	D13	D12	D11	D10	BS8	BS7	BS6	BS5	BS4	BS3	BS2	BS1	D9	D8	D7	D6	D5	D4	D3	D2	D1	C3(1)	C2(0)	C1(0)

REGISTER 5

Fields: RESERVED | LD PIN MODE | RESERVED | RESERVED | RESERVED | CONTROL BITS

DB31	DB30	DB29	DB28	DB27	DB26	DB25	DB24	DB23	DB22	DB21	DB20	DB19	DB18	DB17	DB16	DB15	DB14	DB13	DB12	DB11	DB10	DB9	DB8	DB7	DB6	DB5	DB4	DB3	DB2	DB1	DB0
0	0	0	0	0	0	0	0	D15	D14	0	1	1	0	0	0	0	0	0	0	0	0	0	0	0	0	0	0	0	C3(1)	C2(0)	C1(1)

[1] DBR = DOUBLE-BUFFERED REGISTER-BUFFERED BY THE WRITE TO REGISTER 0.
[2] DBB = DOUBLE-BUFFERED BITS-BUFFERED BY THE WRITE TO REGISTER 0, IF AND ONLY IF DB13 OF REGISTER 2 IS HIGH.

图 10.2.12　寄存器小结

1) 寄存器 0

(1) 控制位。当位[C3:C1]设置为 000 时，可对寄存器 0 进行编程。图 10.2.13 显示对此寄存器进行编程的输入数据格式。

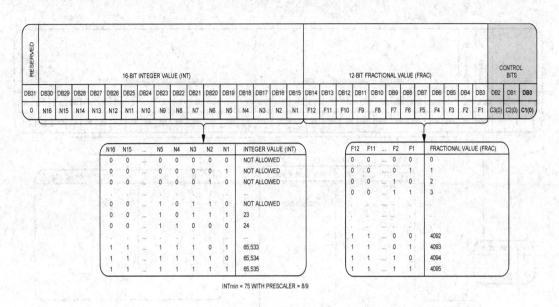

图 10.2.13 寄存器 0(R0)

(2) 16 位整数值(INT)。这 16 个 INT 位(位[DB30:DB15])设置 INT 值,它决定反馈分频系数的整数部分,如式(10.2.3)所示。对于 4/5 预分频器,可以设置 23 到 65 535 的整数值;对于 8/9 预分频器,最小整数值为 75。

(3) 12 位小数值(FRAC)。12 个 FRAC 位(位[DB14:DB3])设置 Σ−Δ 调制器小数输入的分子。它与 INT 值一起指定频率合成器所锁定的新频率通道。FRAC 值的范围是从 0 到 MOD−1,所涵盖的通道频率范围与 PFD 基准频率相同。

2) 寄存器 1

(1) 控制位。当位[C3:C1]设置为 001 时,可对寄存器 1 进行编程。图 10.2.14 显示对此寄存器进行编程的输入数据格式。

(2) 相位调整位。相位调整位(位 DB28)决定是否允许对给定输出频率的输出相位进行调整。相位调整使能(位 DB28 设为 1)时,器件在寄存器 0 更新时不执行 VCO 频段选择或相位再同步。相位调整禁用(位 DB28 设为 0)时,器件在寄存器 0 更新时执行 VCO 频段选择和相位再同步(前提是寄存器 3 中的相位再同步(位[DB16:DB15])使能)。建议不要禁用 VCO 频段选择,除非是固定频率应用或相对于原始选择频率的偏差小于 1 MHz。

(3) 预分频器值。双模预分频器(P/P+1)与 INT、FRAC 和 MOD 值一起,决定从 VCO 输出到 PFD 输入的整体分频比。寄存器 1 中的 PR1 位(DB27)设置预分频器值。预分频器工作在 CML 电平时,从 VCO 输出获得时钟,并针对分频器进行分频。预分频器基于同步 4/5 内核。当预分频器设置为 4/5 时,容许的最大 RF 频率为 3.6 GHz。因此,当 ADF4351 的工作频率超过 3.6 GHz 时,必须将预分频器设置为 8/9。预分频器会限制 INT 值:

· 预分频器 = 4/5,N_{MIN} = 23

· 预分频器 = 8/9,N_{MIN} = 75

(4) 12 位相位值。位[DB26:DB15]控制相位字。相位字必须小于寄存器 1 中设置的

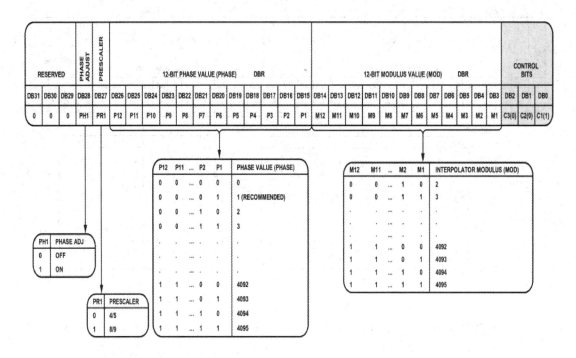

图 10.2.14　寄存器 1(R1)

MOD 值。相位字用来设置 RF 输出相位，从 0°到 360°，分辨率为 360°/MOD。多数应用中，RF 信号与参考信号之间的相位关系不是很重要。对于这些应用，相位值可用来优化小数和次分小数杂散水平。如果相位再同步和杂散优化功能均不使用，建议将相位字设置为 1。

（5）12 位模数值（MOD）。12 个 MOD 位（位[DB14:DB3]）设置小数模数，即 PFD 频率与 RF 输出端通道步进分辨率的比值。

3）寄存器 2

（1）控制位。当位[C3:C1]设置为 010 时，可对寄存器 2 进行编程。图 10.2.15 显示对此寄存器进行编程的输入数据格式。

（2）低噪声和低杂散模式。ADF4351 的噪声模式由寄存器 2 中的位[DB30:DB29]控制。噪声模式允许用户优化设计，以改善杂散性能或相位噪声性能。选择低杂散模式将使能扰动。扰动会将使小数量化噪声随机化，使其类似于白色噪声，而不是杂散噪声。因此，器件的杂散性能便得以改善。对于 PLL 闭环带宽较宽的快速锁定应用，一般使用低杂散模式。宽环路带宽是指大于 RF$_{OUT}$ 通道步进分辨率（f_{RES}）1/10 的环路带宽。宽环路滤波器无法将杂散衰减到与窄环路带宽相同的水平。

为获得最佳噪声性能，可以使用低噪声模式选项。选择低噪声模式将禁用扰动。此模式会确保电荷泵工作在使噪声性能最佳的区域。当环路滤波器带宽较窄时，低噪声模式非常有用。频率合成器会确保噪声极低，滤波器则会衰减杂散。

（3）MUXOUT。片内多路复用器由位[DB28:DB26]控制。注意，为使 VCO 频段选择正常工作，必须禁用 N 分频器输出。

（4）参考倍频器。当 DB25 位设置为 0 时，倍频器禁用，REF$_{IN}$ 信号直接输入 10 位 R 分

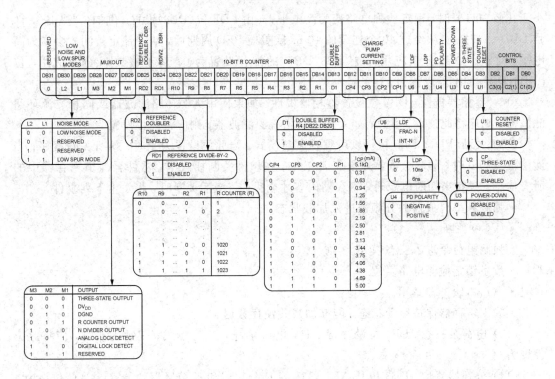

图 10.2.15　寄存器 2(R2)

频器。当此位设置为 1 时，REF_{IN} 频率加倍，然后输入 10 位 R 分频器。倍频器禁用时，REF_{IN} 下降沿是小数频率合成器的 PFD 输入端的有效沿。倍频器使能时，REF_{IN} 的上升沿和下降沿均是 PFD 输入端的有效沿。当使能倍频器且选择低杂散模式时，带内相位噪声性能对 REF_{IN} 占空比敏感。对于 $45\% \sim 55\%$ 范围之外的 REF_{IN} 占空比，相位噪声性能下降可能多达 5 dB。在低噪声模式下，并且倍频器禁用时，相位噪声性能对 REF_{IN} 占空比不敏感。倍频器使能时，最大容许 REF_{IN} 频率为 30 MHz。

（5）RDIV2。当 DB24 位设置为 1 时，R 分频器与 PFD 之间将插入一个二分频触发器，以扩大 REF_{IN} 最大输入速率。此功能使得 PFD 输入端信号占空比为 50%，这对于减少周跳是必要的。

（6）10 位 R 分频器。利用 10 位 R 分频器(位[DB23:DB14])，可以细分输入参考频率(REF_{IN})以产生 PFD 的参考时钟。分频比可以为 $1 \sim 1023$。

（7）双缓冲器。DB13 位用于使能或禁用对寄存器 4 中的位[DB22:DB20]的双缓冲。

（8）电荷泵电流设置。位[DB12:DB9]用于设置电荷泵的电流。应将电荷泵电流为环路滤波器的设计电流(参见图 10.2.15)。

（9）锁定检测功能(LDF)。DB8 位设置锁定检测功能(LDF)。LDF 控制 PFD 周期数，锁定检测电路监视该周期数以确定是否实现锁定。DB8 设为 0 时，监视的 PFD 周期数为 40。DB8 设为 1 时，监视的 PFD 周期数为 5。对于小数 N 分频模式，建议将 DB8 位设为 0；对于整数 N 分频模式，建议将其设为 1。

（10）锁定检测精度(LDP)。锁定检测精度位(DB7)设置锁定检测电路的比较窗口。DB7 设为 0 时，比较窗口为 10 ns；DB7 设为 1 时，比较窗口为 6 ns。当 n 个连续 PFD 周期小于比较窗口值时，锁定检测电路变为高电平；n 由 LDF 位（DB8）设置。例如，当 DB8 = 0 且 DB7 = 0 时，必须经过 40 个连续的 10 ns 或更短 PFD 周期后，数字锁定检测才会变为高电平。对于小数 N 分频应用，位[DB8:DB7]的推荐设置为 0；对于整数 N 分频应用，位[DB8:DB7]的推荐设置为 1。

（11）鉴相器极性。DB6 位设置鉴相器极性。如果使用无源环路滤波器或同相有源环路滤波器，则应将此位设置为 1；如果使用反相有源滤波器，则应将此位设置为 0。

（12）关断（PD）。DB5 位提供可编程关断模式。当此位设置为 1 时，执行关断程序；当此位设置为 0 时，频率合成器恢复正常工作。在软件关断模式下，器件会保留寄存器中的所有信息。只有当切断电源时，寄存器内容才会丢失。激活关断时，将发生下列事件：

- 强制频率合成器的分频器进入加载状态。
- VCO 关断。
- 强制电荷泵进入三态模式。
- 数字锁定检测电路复位。
- RF_{OUT} 缓冲器禁用。
- 输入寄存器保持活动状态，能够加载并锁存数据。

（13）电荷泵三态。DB4 位设置为 1 时，电荷泵进入三态模式；正常工作时，应将此位设置为 0。

（14）分频器复位。DB3 位是 ADF4351 的 R 分频器和 N 分频器的 reset。当此位设为 1 时，RF 频率合成器 N 分频器和 R 分频器处于复位状态；正常工作时，此位应设置为 0。

4）寄存器 3

（1）控制位。当位[C3:C1]设置为 011 时，可对寄存器 3 进行编程。图 10.2.16 显示对此寄存器进行编程的输入数据格式。

（2）频段选择时钟模式。DB23 位设为 1 时，选择较快的频段选择逻辑序列，这种设置适合高 PFD 频率，对于快速锁定应用是必要的。对于低 PFD（<125 kHz）值，建议将 DB23 位设为 0。对于较快的频段选择逻辑模式（DB23 设为 1），频段选择时钟分频器的值必须小于或等于 254。

（3）防反冲脉冲宽度（ABP）。DB22 位设置 PFD 防反冲脉冲宽度。DB22 位设为 0 时，PFD 防反冲脉冲宽度为 6 ns，建议小数 N 分频使用此设置；DB22 位设为 1 时，PFD 防反冲脉冲宽度为 3 ns，可改善整数 N 分频操作的相位噪声和杂散性能。对于小数 N 分频操作，不建议使用 3 ns 设置。

（4）电荷消除。DB21 位设为 1 时，将具有电荷泵电荷消除功能，这可以降低整数 N 分频模式下的 PFD 杂散。在小数 N 分频模式下，此位应设置为 0。

（5）CSR 使能。DB18 位设置为 1 将使能周跳减少（CSR）功能。利用此功能可缩短锁定时间。注意，为使周跳减少有效，鉴频鉴相器（PFD）的信号必须有 50% 的占空比，电荷泵电流也必须为最小值。

（6）时钟分频器模式。位[DB16:DB15]设置为 10 时将激活相位再同步；设置为 01 时将激活快速锁定；设置为 00 时将禁用时钟分频器。

（7）12 位时钟分频器值。位[DB14:DB3]设置 12 位时钟分频器值。此值是激活相位再同步的

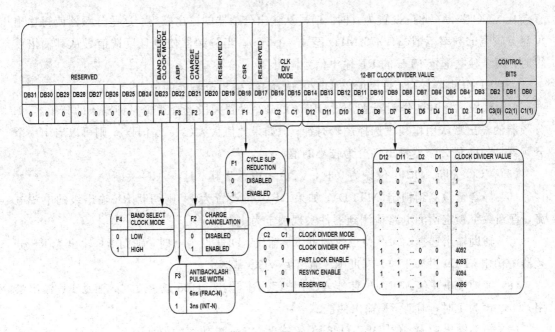

图 10.2.16　寄存器 3(R3)

超时计数器。时钟分频器值还用于设置快速锁定的超时计数器。

5）寄存器 4

（1）控制位。当位[C3:C1]设置为 100 时，可对寄存器 4 进行编程。图 10.2.17 显示对此寄存器进行编程的输入数据格式。

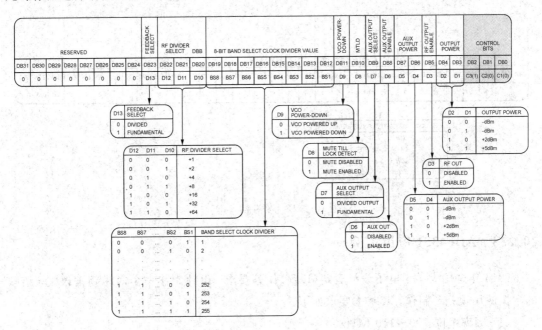

图 10.2.17　寄存器 4(R4)

（2）反馈选择。DB23 位选择从 VCO 输出到 N 计数器的反馈。此位设置为 1 时，信号直接从 VCO 获得；此位设置为 0 时，信号从输出分频器的输出获得。这些分频器使得输出可涵盖较宽的频率范围(34.375 MHz 至 4.4 GHz)。当分频器使能且反馈信号从其输出获得时，两个独立配置 PLL 的 RF 输出信号同相。

(3) RF 分频器选择。位[DB22:DB20]选择 RF 输出分频器的值。

(4) 频段选择时钟分频器值。位[DB19:DB12]设置频段选择逻辑时钟输入的分频器。R 分频器的输出默认用作频段选择逻辑时钟，但如果此值太大(>125 kHz)，则可以启用一个分频器，以将 R 分频器输出细分为较小的值。

(5) VCO 关断。DB11 位设为 0 时，VCO 上电；设为 1 时，VCO 关断。

(6) 静音至检测到锁定(MTLD)。如果 DB10 位设置为 1，则切断 RF 输出级的电源电流，直到数字锁定检测电路检测到器件实现锁定为止。

(7) 辅助输出选择。DB9 位设置辅助 RF 输出。DB9 设为 0 时，辅助 RF 输出为 RF 分频器的输出；DB9 设为 1 时，辅助 RF 输出为 VCO 基频。

(8) 辅助输出使能。DB8 位使能或禁用辅助 RF 输出。DB8 设为 0 时，辅助 RF 输出禁用；DB8 设为 1 时，辅助 RF 输出使能。

(9) 辅助输出功率。位[DB7:DB6]设置辅助 RF 输出功率的值。

6) 寄存器 5

(1) 控制位。当位[C3:C1]设置为 101 时，可对寄存器 5 进行编程。图 10.2.18 显示对此寄存器进行编程的输入数据格式。

(2) 锁定检测引脚工作方式。位[DB23:DB22]设置锁定检测(LD)引脚的工作方式。

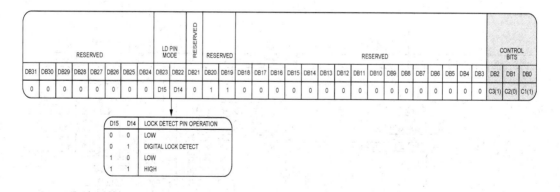

图 10.2.18　寄存器 5(R5)

10.2.3　ADF4351 应用实例

2015 年全国大学生电子设计竞赛(E 题)任务要求：设计制作一个简易频谱仪。频谱仪的本振源用锁相环制作，其基本要求如下：

(1) 频率范围：90~110 MHz。

(2) 频率步进：100 kHz。

(3) 输出电压幅度：10~100 mV。

（4）在整个频率范围内可自动扫描，扫描时间在 1～5 s 可调；可手动扫描；还可以预置在某一个特定频率。

（5）显示频率。

（6）制作一个附加电路用于观察整个锁定过程。

（7）锁定时间小于 1 ms。

1. 电路设计

由 ADF4351 构成的本振源如图 10.2.19 所示。

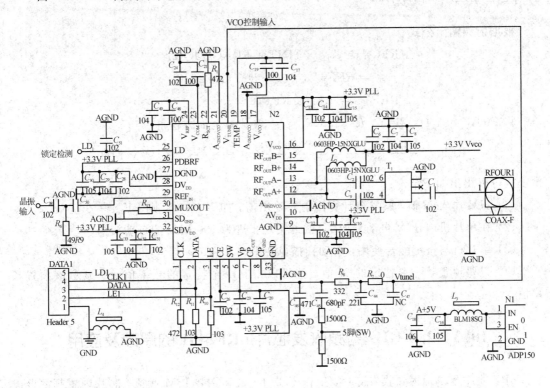

图 10.2.19　由 ADF4351 构成的本振源电路

时钟信号（CLK）、数据信号（DATA）、加载使能信号（LE）分别从 ADF4351 的 1 脚、2 脚、3 脚输入。这些信号全部由单片机提供。参考信号从 29 脚引入。射频信号从 12 脚、13 脚输出。鉴相器的误差信号从 7 脚输出，经过 C_{45}、R_8、C_{44}、R_7、C_{47} 构成的环路滤波器后得到的控制信号加到 20 脚，控制 VCO 的频率，达到稳定频率的目的。25 脚（LD）是锁相检测端口，可通过该端口用示波器观察锁相过程，并测量锁定时间。

2. 理论计算

根据题目要求输出频率范围为 90～110 MHz，频率步进为 100 kHz，而 ADF4351 的 VCO 输出频率范围为 2.2～4.4 GHz，故取射频分频器的分频数 $K=32$，取输出频率范围为 68.75～137.5 MHz，完全可以满足题目要求（90～110 MHz）。反过来射频输出 90～110 MHz 对应 VCO 输出的频率范围应该是 2880～3520 MHz。射频输出的频率步进为

100 kHz，VCO 输出频率步进应该为 32×100 kHz＝3.2 MHz。

取鉴相频率 $f_{PFD}=3.2$ MHz($D=0$，$T=0$，$R=1$)，有

$$N_{\min}=\frac{2880}{3.2}=900=(0000，0011，1000，0100)_2$$

$$N_{\max}=\frac{3520}{3.2}=1100=(0000，0100，0100，1100)_2$$

且令 FRAC=0，$D=T=0$，$R=1$。由 90～110 MHz 按 100 kHz 频率步进，则总的步数为 $M=\frac{110-90}{0.1}=200$(步)。

根据射频输出公式有

$$\begin{cases} RF_{VCO}=f_{PFD}\times(INT+FRAC/MOD) \\ f_{PFD}=REF_{IN}\times[(1+D)/(R(1+T))] \\ REF_{OUT}=RF_{VCO}/RF_{Divider} \end{cases}$$

将 FRAC=0，$D=T=0$，$R=1$，$RF_{Divider}=32$ 代入上面方程得

$$REF_{OUT}=\frac{INT\times f_{PFD}}{32}=\frac{INT\times REF_{IN}}{32}=\frac{N\times f_{REF}}{32}=0.1\times N(MHz)$$

由上式可以得出如下结论：

（1）只要输入 N 值，就立刻计算出射频输出值，如 $N=900$，则 $RF_{OUT}=90$ MHz；

（2）在单片机内让 N 自动累加 1，就可实现步进为 100 kHz 的自动扫描；

（3）单片机与按键配合使用，手动扫描也变得非常简单；

（4）只要预置某一个特定的 N 值，就可以得到一个特定的频率值，并显示该预置频率值。

10.3　2.4 GHz 射频收发芯片 nRF2401 的原理及应用

nRF2401 是单片射频收发芯片，工作于 2.4～2.5 GHz ISM 频段，芯片内置频率合成器、功率放大器、晶体振荡器和调制器等功能模块，输出功率和通信频道可通过程序进行配置。nRF2401 芯片能耗非常低，以－6 dBm 的功率发射时，工作电流只有 9 mA，接收时工作电流只有 12.3 mA，掉电模式和待机模式功耗更低。nRF2401 适用于多种无线通信的场合，如无线数据传输系统、无线鼠标、遥控开锁、遥控玩具等。

10.3.1　nRF2401 简介

1. 芯片结构

nRF2401 内置地址解码器、先入先出堆栈区、解调处理器、时钟处理器、GFSK 滤波器、低噪声放大器、频率合成器，功率放大器等功能模块，仅需要很少的外围元件，因此使用起来非常方便。nRF2401 的功能模块如图 10.3.1 所示。

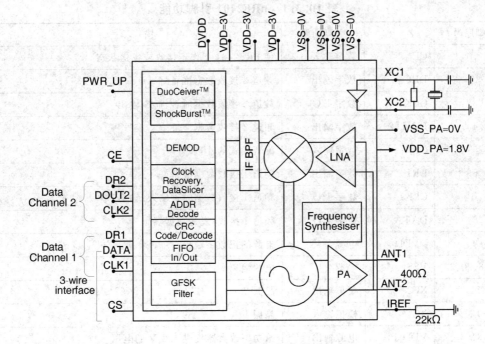

图 10.3.1 nRF2401 及外部接口

2. 引脚说明

nRF2401 芯片采用 24 引脚 QFN 封装,其外形尺寸只有 5 mm×5 mm。具体的引脚分布如图 10.3.2 所示。

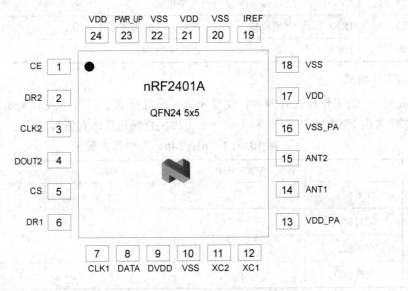

图 10.3.2 nRF2401 引脚分布

各引脚的具体功能如表 10.3.1 所示。

表 10.3.1 nRF2401 引脚功能

引脚序号	名　称	引脚功能	描　　述
1	CE	数字输入	使 nRF2401 工作于接收或发送状态
2	DR2	数字输出	频道 2 接收数据准备好
3	CLK2	数字 I/O	频道 2 接收数据时钟输入/输出
4	DOUT2	数字输出	频道 2 接收数据
5	CS	数字输入	配置模式的片选端
6	DR1	数字输出	频道 1 接收数据准备好
7	CLK1	数字 I/O	频道 1 接收数据时钟输入/输出
8	DATA	数字 I/O	频道 1 接收/发送数据端
9	DVDD	电源	电源的正数字输出
10、18、20、22	VSS	电源	电源地
11	XC2	模拟输出	晶振 2
12	XC1	模拟输入	晶振 1
13	VDD_PA	电源输出	给功率放大器提供 1.8 V 的电压
14	ANT1	天线	天线接口 1
15	ANT2	天线	天线接口 2
16	VSS_PA	电源	电源地
17、21、24	VDD	电源	电源正端
19	IREF	模拟输入	模数转换的内部参考电压
23	PWR_UP	数字输入	芯片激活端

3. 工作模式

nRF2401 的工作模式有四种：收发模式、配置模式、空闲模式和关机模式。nRF2401 的工作模式由 PWR_UP 、CE 和 CS 三个引脚决定，其具体真值表见表 10.3.2。

表 10.3.2 nRF2401 工作模式配置

	PWR_UP	CE	CS
收发模式	1	1	0
配置模式	1	0	1
空闲模式	1	0	0
关机模式	0	×	×

1）收发模式

nRF2401 的收发模式有 ShockBurst 收发模式和直接收发模式两种，由器件配置字决定，具体和芯片寄存器的配置有关，将在"4.器件配置"部分详细介绍。

（1）ShockBurst 收发模式。

在 ShockBurst 收发模式下，使用片内的先入先出堆栈区，数据低速从微控制器送入，但高速（1 Mb/s）发射，这样可以减少发射时间，达到节能的目的。因此，使用低速的微控制器也能得到很高的射频数据发射速率。与射频协议相关的所有高速信号处理都在片内进行，这种做法有三大好处：耗能少；系统费用低（低速微处理器也能进行高速射频发射）；数据在空中停留时间短，抗干扰性强。RF2401 的 ShockBurst 技术同时也减小了整个系统的平均工作电流。在 ShockBurst 收发模式下，nRF2401 自动处理前导码和 CRC（循环冗余校验）码。在接收数据时，自动把前导码和 CRC 码移去。在发送数据时，自动加上前导码和 CRC 码，当发送过程完成后，数据准备好引脚通知微处理器数据发射完毕。

将 nRF2401 设置为 ShockBurst 模式发射信号后，芯片与微处理器的接口引脚为 CE、CLK1、DATA，其时序如图 10.3.3 所示，具体流程为：

A. 当微控制器有数据要发送时，其把 CE 置高，使 nRF2401 工作；

B. 把接收机的地址和要发送的数据按时序送入 nRF2401；

C. 微控制器把 CE 置低，激发 nRF2401 进行 ShockBurst 发射；

D. nRF2401 的 ShockBurst 发射流程：

① 给射频前端供电；

② 射频数据打包（加前导码、CRC 码）；

③ 高速发射数据包；

④ 发射完成，nRF2401 进入空闲状态。

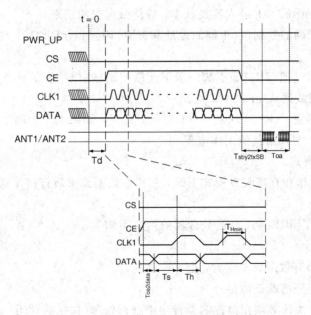

图 10.3.3　ShockBurst 发送时序

将 nRF2401 设置为 ShockBurst 接收模式后，芯片与微处理器的接口引脚为 CE、DR1、CLK1 和 DATA（接收通道 1），其时序如图 10.3.4 所示。

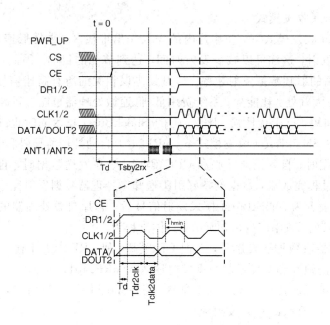

图 10.3.4　ShockBurst 接收时序

具体流程为：

A. 配置本机地址和要接收的数据包大小；

B. 进入接收状态，把 CE 置高；

C. 200 μs 后，nRF2401 进入监视状态，等待数据包的到来；

D. 当接收到正确的数据包（正确的地址和 CRC 码）时，nRF2401 自动把前导码、地址和 CRC 位移去；

E. nRF2401 通过把 DR1（该引脚一般引起微控制器中断）置高通知微控制器；

F. 微控制器把数据从 nRF2401 移出；

G. 所有数据移完，nRF2401 把 DR1 置低，此时，如果 CE 为高，则等待下一个数据包，如果 CE 为低，则开始其他工作流程。

（2）直接收发模式。

当 nRF2401 工作在直接收发模式下时，芯片在数据到来后直接发送，不需要对数据进行缓存。

直接发送模式下 nRF2401 与微处理器的接口引脚为 CE、DATA，其时序如图 10.3.5 所示，具体流程为：

A. 当微控制器有数据要发送时，把 CE 置高；

B. nRF2401 射频前端被激活；

C. 所有的射频协议必须在微控制器程序中进行处理（包括前导码、地址和 CRC 码）。

直接接收模式下 nRF2401 与微处理器的接口引脚为 CE、CLK1 和 DATA，其时序如图 10.3.6 所示，具体流程为：

A. 一旦 nRF2401 被配置为直接接收模式，DATA 引脚电平将根据天线接收到的信号开始出现高低变化；

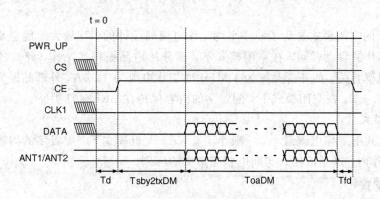

图 10.3.5 直接收发模式发送时序

B. CLK1 引脚也开始工作;

C. 一旦接收到有效的前导码,CLK1 引脚和 DATA 引脚将协调工作,把射频数据包以其被发射时的数据从 DATA 引脚送给微控制器;

D. 前导码必须是 8 位;

E. DR 引脚没用上,所有的地址和 CRC 校验必须在微控制器内部进行。

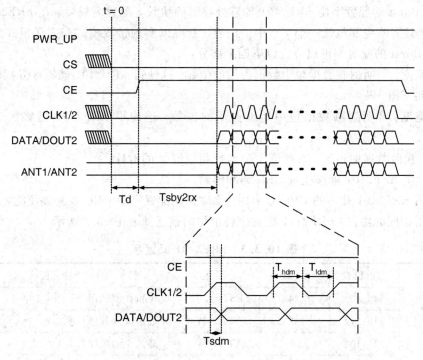

图 10.3.6 直接收发模式接收时序

2) 配置模式

在配置模式下,15 字节的配置字被送到 nRF2401,需要通过 CS、CLK1 和 DATA 三个引脚完成,具体的配置方法请参考"4.器件配置"部分。

3）空闲模式

nRF2401的空闲模式是为了减小平均工作电流而设计的，其最大的优点是在实现节能的同时缩短芯片的启动时间。在空闲模式下，部分片内晶振仍在工作，此时的工作电流跟外部晶振的频率有关，如外部晶振为 4 MHz 时工作电流为 12 μA，外部晶振为 16 MHz 时工作电流为 32 μA。在空闲模式下，配置字的内容保持在 nRF2401 片内。

4）关机模式

在关机模式下工作电流最小，一般小于 1 μA。关机模式下，配置字的内容也会被保持在 nRF2401 片内，这是该模式与断电状态最大的区别。

4. 器件配置

nRF2401的所有配置都在配置寄存器中，所有寄存器的配置都是通过 SPI 口进行的。具体的寄存器配置请参考芯片数据手册。

nRF2401 的所有配置工作都是通过 CS、CLK1 和 DATA 三个引脚完成的，把其配置为 ShockBurst 收发模式需要 15 字节的配置字，而配置为直接收发模式只需要 2 字节的配置字。官方推荐 nRF2401 工作在 ShockBurst 收发模式，因此着重介绍把 nRF2401 配置为 ShockBurst 收发模式的器件配置方法。

ShockBurst 的配置字使 nRF2401 能够处理射频协议，配置完成后，在 nRF2401 工作的过程中，只需改变其最低一个字节中的内容，就可以实现接收模式和发送模式之间的切换。ShockBurst 的配置字可以分为以下四个部分：

数据宽度：声明射频数据包中数据占用的位数。这使得 nRF2401 能够区分接收数据包中的数据和 CRC 码。

地址宽度：声明射频数据包中地址占用的位数。这使得 nRF2401 能够区分地址和数据。

地址：接收数据的地址，有通道 1 的地址和通道 2 的地址。

CRC：使 nRF2401 能够生成 CRC 码和解码。

当使用 nRF2401 片内的 CRC 技术时，要确保在配置字中 CRC 校验被使能，并且发送和接收使用相同的协议。nRF2401 配置字各个位的描述如表 10.3.3 所示。

表 10.3.3　nRF2401 配置字

	位的位置	位 数	名 称	功 能
ShockBurst 配置	143:120	24	TEST	保留作测试用
	119:112	8	DATA2_W	通道 2 的数据长度
	111:104	8	DATA1_W	通道 1 的数据长度
	103:64	40	ADDR2	接收数据通道 2 的地址，最大为 5 字节
	63:24	40	ADDR1	接收数据通道 1 的地址，最大为 5 字节
	23:18	6	ADDR_W	接收地址的位数
	17	1	CRC_L	选择 8 或 16 位 CRC
	16	1	CRC_EN	使能片上 CRC 功能

	位的位置	位数	名称	功　能
常用器件配置	15	1	RX2_EN	允许通道 2
	14	1	CM	通信模式设置
	13	1	RFDR_SB	通信速率(1 Mb/s 的通信速率需选择 16 MHz 的晶振)
	12:10	3	XO_F	晶振频率
	9:8	2	RF_PWR	发射功率设置
	7:1	7	RF_CH♯	通道频率
	0	1	RXEN	发射/接收选择

　　在配置模式下,注意保证 PWR_UP 引脚为高电平,CE 引脚为低电平。配置字从最高位开始,依次送入 nRF2401。在 CS 引脚的下降沿,新送入的配置字开始工作。

10.3.2　nRF2401 应用实例

1. 应用电路

　　nRF2401 的外围电路及与微处理器的接口如图 10.3.7 所示。由图可知,它只需要 15 个外围元件,电路相对简单。nRF2401 应用电路一般工作于 3 V,它可用多种低功耗微控制器进行控制。在设计过程中,设计者可使用单鞭天线或环形天线,图中为 50 Ω 单鞭天线的应用电路。在使用不同的天线时,为了得到尽可能大的收发距离,电感和电容的参数应适当调整。

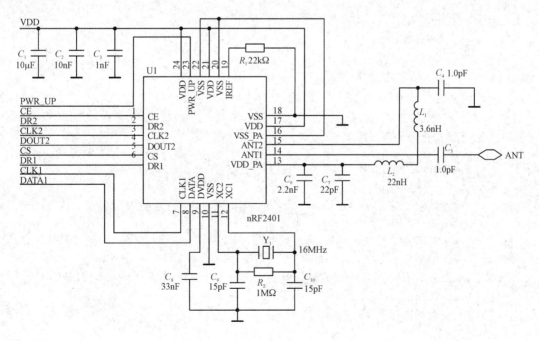

图 10.3.7　nRF2401 外围电路

2. PCB 设计

PCB 设计对 nRF2401 整体性能的影响很大,是收发系统开发过程中主要的工作之一。进行 PCB 设计时,必须考虑到各种电磁干扰,注意调整电阻、电容和电感的位置,特别要注意电容的位置。

nRF2401 的 PCB 一般都是双层板,底层作为地层一般不放置元件,顶层的空余地方一般都敷铜,这些敷铜通过过孔与底层的地相连。直流电源及电源滤波电容应尽量靠近 VDD 引脚。nRF2401 的供电电源应通过电容隔开,这样有利于给 nRF2401 提供稳定的电源。在 PCB 中应尽量多打一些通孔,使顶层和底层的地能够充分接触。

附录　余弦脉冲系数表

θ^0	$\cos\theta$	α_0	α_1	$g_1(\theta)$
0	1.000	0.000	0.000	0.000
1	1.000	0.004	0.007	2.000
2	0.999	0.007	0.015	2.000
3	0.999	0.011	0.022	2.000
4	0.998	0.015	0.030	1.999
5	0.996	0.019	0.037	1.999
6	0.995	0.022	0.044	1.998
7	0.993	0.026	0.052	1.997
8	0.990	0.030	0.059	1.996
9	0.988	0.033	0.066	1.995
10	0.985	0.037	0.074	1.994
11	0.982	0.041	0.081	1.993
12	0.978	0.044	0.088	1.991
13	0.974	0.048	0.096	1.990
14	0.970	0.052	0.103	1.988
15	0.966	0.055	0.110	1.986
16	0.961	0.059	0.117	1.985
17	0.956	0.063	0.125	1.983
18	0.951	0.067	0.132	1.980
19	0.946	0.070	0.139	1.978
20	0.940	0.074	0.146	1.976
21	0.934	0.078	0.153	1.973
22	0.927	0.081	0.160	1.971
23	0.921	0.085	0.167	1.968
24	0.914	0.089	0.174	1.965
25	0.906	0.092	0.181	1.962
26	0.899	0.096	0.188	1.959
27	0.891	0.100	0.195	1.956

θ^0	$\cos\theta$	α_0	α_1	$g_1(\theta)$
28	0.883	0.103	0.202	1.953
29	0.875	0.107	0.208	1.950
30	0.866	0.111	0.215	1.946
31	0.857	0.114	0.222	1.942
32	0.848	0.118	0.229	1.939
33	0.839	0.122	0.235	1.935
34	0.829	0.125	0.242	1.931
35	0.819	0.129	0.248	1.927
36	0.809	0.132	0.255	1.923
37	0.799	0.136	0.261	1.919
38	0.788	0.140	0.267	1.914
39	0.777	0.143	0.274	1.910
40	0.766	0.147	0.280	1.905
41	0.755	0.151	0.286	1.900
42	0.743	0.154	0.292	1.896
43	0.731	0.158	0.298	1.891
44	0.719	0.161	0.304	1.886
45	0.707	0.165	0.310	1.881
46	0.695	0.169	0.316	1.876
47	0.682	0.172	0.322	1.870
48	0.669	0.176	0.328	1.865
49	0.656	0.179	0.333	1.860
50	0.643	0.183	0.339	1.854
51	0.629	0.186	0.344	1.848
52	0.616	0.190	0.350	1.843
53	0.602	0.193	0.355	1.837
54	0.588	0.197	0.361	1.831
55	0.574	0.200	0.366	1.825
56	0.559	0.204	0.371	1.819
57	0.545	0.208	0.376	1.813
58	0.530	0.211	0.381	1.806
59	0.515	0.215	0.386	1.800
60	0.500	0.218	0.391	1.794

θ^0	$\cos\theta$	α_0	α_1	$g_1(\theta)$
61	0.485	0.221	0.396	1.787
62	0.469	0.225	0.401	1.781
63	0.454	0.228	0.405	1.774
64	0.438	0.232	0.410	1.767
65	0.423	0.235	0.414	1.760
66	0.407	0.239	0.419	1.754
67	0.391	0.242	0.423	1.747
68	0.375	0.246	0.427	1.740
69	0.358	0.249	0.431	1.733
70	0.342	0.252	0.436	1.725
71	0.326	0.256	0.440	1.718
72	0.309	0.259	0.444	1.711
73	0.292	0.263	0.447	1.704
74	0.276	0.266	0.451	1.696
75	0.259	0.269	0.455	1.689
76	0.242	0.273	0.458	1.681
77	0.225	0.276	0.462	1.674
78	0.208	0.279	0.465	1.666
79	0.191	0.283	0.469	1.658
80	0.174	0.286	0.472	1.651
81	0.156	0.289	0.475	1.643
82	0.139	0.293	0.478	1.635
83	0.122	0.296	0.481	1.627
84	0.105	0.299	0.484	1.619
85	0.087	0.302	0.487	1.611
86	0.070	0.306	0.490	1.603
87	0.052	0.309	0.492	1.595
88	0.035	0.312	0.495	1.587
89	0.017	0.315	0.498	1.579
90	0.000	0.318	0.500	1.571
91	−0.017	0.321	0.502	1.563
92	−0.035	0.325	0.505	1.554
93	−0.052	0.328	0.507	1.546

θ^0	$\cos\theta$	α_0	α_1	$g_1(\theta)$
94	−0.070	0.331	0.509	1.538
95	−0.087	0.334	0.511	1.530
96	−0.105	0.337	0.513	1.521
97	−0.122	0.340	0.515	1.513
98	−0.139	0.343	0.516	1.505
99	−0.156	0.346	0.518	1.496
100	−0.174	0.349	0.520	1.488
101	−0.191	0.352	0.521	1.480
102	−0.208	0.355	0.523	1.471
103	−0.225	0.358	0.524	1.463
104	−0.242	0.361	0.525	1.454
105	−0.259	0.364	0.527	1.446
106	−0.276	0.367	0.528	1.438
107	−0.292	0.370	0.529	1.429
108	−0.309	0.373	0.530	1.421
109	−0.326	0.376	0.531	1.412
110	−0.342	0.379	0.532	1.404
111	−0.358	0.381	0.532	1.396
112	−0.375	0.384	0.533	1.387
113	−0.391	0.387	0.534	1.379
114	−0.407	0.390	0.534	1.371
115	−0.423	0.393	0.535	1.362
116	−0.438	0.395	0.535	1.354
117	−0.454	0.398	0.536	1.346
118	−0.469	0.401	0.536	1.337
119	−0.485	0.403	0.536	1.329
120	−0.500	0.406	0.536	1.321
121	−0.515	0.409	0.536	1.313
122	−0.530	0.411	0.537	1.305
123	−0.545	0.414	0.537	1.297
124	−0.559	0.416	0.536	1.289
125	−0.574	0.419	0.536	1.281
126	−0.588	0.421	0.536	1.273

θ^0	$\cos\theta$	α_0	α_1	$g_1(\theta)$
127	−0.602	0.424	0.536	1.265
128	−0.616	0.426	0.536	1.257
129	−0.629	0.429	0.535	1.249
130	−0.643	0.431	0.535	1.241
131	−0.656	0.433	0.535	1.234
132	−0.669	0.436	0.534	1.226
133	−0.682	0.438	0.534	1.219
134	−0.695	0.440	0.533	1.211
135	−0.707	0.443	0.533	1.204
136	−0.719	0.445	0.532	1.196
137	−0.731	0.447	0.531	1.189
138	−0.743	0.449	0.531	1.182
139	−0.755	0.451	0.530	1.175
140	−0.766	0.453	0.529	1.168
141	−0.777	0.455	0.528	1.161
142	−0.788	0.457	0.528	1.154
143	−0.799	0.459	0.527	1.147
144	−0.809	0.461	0.526	1.140
145	−0.819	0.463	0.525	1.134
146	−0.829	0.465	0.524	1.127
147	−0.839	0.467	0.523	1.121
148	−0.848	0.469	0.522	1.115
149	−0.857	0.470	0.521	1.109
150	−0.866	0.472	0.520	1.103
151	−0.875	0.474	0.520	1.097
152	−0.883	0.475	0.519	1.091
153	−0.891	0.477	0.518	1.085
154	−0.899	0.478	0.517	1.080
155	−0.906	0.480	0.516	1.074
156	−0.914	0.481	0.515	1.069
157	−0.921	0.483	0.514	1.064
158	−0.927	0.484	0.513	1.059
159	−0.934	0.485	0.512	1.054

θ^0	$\cos\theta$	α_0	α_1	$g_1(\theta)$
160	−0.940	0.487	0.511	1.050
161	−0.946	0.488	0.510	1.045
162	−0.951	0.489	0.509	1.041
163	−0.956	0.490	0.508	1.037
164	−0.961	0.491	0.508	1.033
165	−0.966	0.492	0.507	1.029
166	−0.970	0.493	0.506	1.026
167	−0.974	0.494	0.505	1.023
168	−0.978	0.495	0.505	1.019
169	−0.982	0.496	0.504	1.016
170	−0.985	0.496	0.503	1.014
171	−0.988	0.497	0.503	1.011
172	−0.990	0.498	0.502	1.009
173	−0.993	0.498	0.502	1.007
174	−0.995	0.499	0.501	1.005
175	−0.996	0.499	0.501	1.004
176	−0.998	0.499	0.501	1.002
177	−0.999	0.500	0.500	1.001
178	−0.999	0.500	0.500	1.001
179	−1.000	0.500	0.500	1.000
180	−1.000	0.500	0.500	1.000

参 考 文 献

[1]　张肃文. 高频电子线路[M]. 4版. 北京：高等教育出版社，2004.

[2]　王松林，吴大正，李小平，等. 电路基础[M]. 3版. 西安：西安电子科技大学出版社，2008.

[3]　于洪珍. 通信电子电路[M]. 3版. 北京：清华大学出版社，2016.

[4]　康华光. 电子技术基础（模拟部分）[M]. 5版. 北京：高等教育出版社，2006.

[5]　高吉祥，高广珠. 高频电子线路[M]. 4版. 北京：电子工业出版社，2016.

[6]　曾兴雯，刘乃安，陈健. 通信电子线路[M]. 北京：科学出版社，2006.

[7]　高吉祥. 全国大学生电子设计竞赛培训系列教程：高频电子线路设计[M]. 北京：高等教育出版社，2013.

[8]　曾兴雯. 高频电子线路[M]. 2版. 北京：高等教育出版社，2009.

[9]　维德林，帕维奥，罗德，等. 线性与非线性微波电路设计[M]. 雷振亚，谢拥军，译. 北京：电子工业出版社，2010.

[10]　樊昌信，曹丽娜. 通信原理[M]. 北京：国防工业出版社，2010.

[11]　远坂俊昭. 锁相环电路设计与应用[M]. 何希才，译. 北京：科学出版社，2006.